中学教科書ワーク　学習カード

ポケットスタディ

数 学 2 年

Pocket Study

JN085240

1 多項式の次数

次の式は何次式？

$$3x^2y - 5xy + 13x$$

2 同類項

次の式の同類項をまとめると？

$$-x - 8y + 5x - 17y$$

3 多項式の加法

次の式を計算すると？

$$(4x - 5y) + (-6x + 2y)$$

4 多項式の減法

次の式を計算すると？

$$(4x - 5y) - (-6x + 2y)$$

5 単項式の乗法

次の式を計算すると？

$$-5x \times (-8y)$$

6 単項式の除法

次の式を計算すると？

$$-72x^2y \div 9xy$$

7 式の値

$x = -1$，$y = 6$ のとき，次の式の値は？

$$-72x^2y \div 9xy$$

8 文字式の利用

n を整数としたときに，偶数，奇数を n を使って表すと？

9 等式の変形

次の等式を y について解くと？

$$\frac{1}{3}xy = 6$$

各項の次数を考える

$3x^2y + (-5xy) + 13x$

次数3　　　次数2　　　次数1

答 **3次式** ← 各項の次数のうちで
もっとも大きいものが，
多項式の次数。

使い方

◎ミシン目で切り取り，穴をあけてリング
などを通して使いましょう。

◎カードの表面が問題，裏面が解答と解説
です。

すべての項を加える

$(4x-5y)+(-6x+2y)$ → 符号は
そのまま。

$=4x-5y-6x+2y$

$=4x-6x-5y+2y$

$=-2x-3y$ … 答

$ax+bx=(a+b)x$

$-x \quad -8y \quad +5x \quad -17y$ → 項を並べかえる。

$=-x \quad +5x \quad -8y \quad -17y$ → 同類項をまとめる。

$=4x-25y$ … 答

係数の積に文字の積をかける

$-5 \; x \times (-8 \; y)$

係数
文字

$=-5 \times (-8) \times x \times y$

$=40xy$ … 答

ひく式の符号を反対にする

$(4x-5y)-(-6x+2y)$ → 符号を
反対にする。

$=4x-5y+6x-2y$

$=4x+6x-5y-2y$

$=10x-7y$ … 答

式を簡単にしてから代入

$-72x^2y \div 9xy$ → 式を簡単にする。

$=-8x$ → $x=-1$ を代入する。

$=-8 \times (-1)$

$=8$ … 答

分数の形になおして約分

$-72x^2y \div 9xy$ → わる式を分母にする。

$=\dfrac{-72x^2y}{9xy}$ → 約分する。

$=-8x$ … 答

$y=○$ の形に変形する

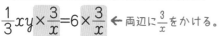

$\dfrac{1}{3}xy \times \dfrac{3}{x}=6 \times \dfrac{3}{x}$ ← 両辺に $\dfrac{3}{x}$ をかける。

$y=\dfrac{18}{x}$ … 答

偶数は2の倍数

答 偶数　**2n** ← 2の倍数

奇数　**2n-1** ← 偶数 -1

または，**2n+1** ← 偶数 +1

10 連立方程式の解

次の連立方程式で，解が$x=2$，$y=-1$であるものはどっち？

㋐ $\begin{cases} 3x-4y=10 \\ 2x+3y=-1 \end{cases}$ ㋑ $\begin{cases} 4x+7y=1 \\ -x+5y=-7 \end{cases}$

11 加減法

次の連立方程式を解くと？

$\begin{cases} 2x-y=3 & \cdots ① \\ -x+y=2 & \cdots ② \end{cases}$

12 加減法

次の連立方程式を解くと？

$\begin{cases} 2x-y=5 & \cdots ① \\ x-y=1 & \cdots ② \end{cases}$

13 代入法

次の連立方程式を解くと？

$\begin{cases} x=-2y & \cdots ① \\ 2x+y=6 & \cdots ② \end{cases}$

14 1次関数の式

次の式で，1次関数をすべて選ぶと？

㋐ $y=\dfrac{1}{2}x-4$ ㋑ $y=\dfrac{24}{x}$

㋒ $y=x$ ㋓ $y=-4+x$

15 変化の割合

次の1次関数の**変化の割合**は？

$y=3x-2$

16 1次関数とグラフ

次の1次関数のグラフの**傾きと切片**は？

$y=\dfrac{1}{2}x-3$

17 直線の式

右の図の直線の式は？

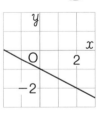

18 方程式とグラフ

次の方程式のグラフは，右の図のどれ？

$2x-3y=6$

19 $y=k$，$x=h$ のグラフ

次の方程式のグラフは，右の図のどれ？

$7y=-14$

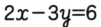

①＋②で y を消去

$$2x-y=3$$
$$+) \ -x+y=2$$
$$\overline{x=5}$$

$x=5$ を②に代入
$$-5+y=2$$
$$y=7$$

答 $x=5, \ y=7$

代入して成り立つか調べる

答 イ ← どちらの方程式も成り立たせる x, y の値が解。

⑦ 上の式　左辺＝$3×2-4×(-1)=10$　○
　下の式　左辺＝$2×2+3×(-1)=1$　×
④ 上の式　左辺＝$4×2+7×(-1)=1$　○
　下の式　左辺＝$-1×2+5×(-1)=-7$　○

---

①を②に代入して x を消去

$$2×(-2y)+y=6$$
$$-3y=6$$
$$y=-2$$

$y=-2$ を①に代入
$$x=-2×(-2)$$
$$x=4$$

答 $x=4, \ y=-2$

---

①－②で y を消去

$$2x-y=5$$
$$-) \ \ x-y=1$$
$$\overline{x=4}$$

$x=4$ を②に代入
$$4-y=1$$
$$y=3$$

答 $x=4, \ y=3$

---

x の係数に注目

答 3

> 1次関数 $y=ax+b$ では，変化の割合は一定で a に等しい。
> （変化の割合）＝$\dfrac{（yの増加量）}{（xの増加量）}=a$

---

y が x の1次式か考える

答 ⑦, ⑦, ①
　　　↑
　$b=0$ の場合。

> 1次関数の式
> $y=ax+b$
> ax … x に比例する部分
> b … 定数の部分

切片と傾きから求める

答 $y=-\dfrac{1}{2}x-1$
　　　↑　　　↑
　　　傾き　切片

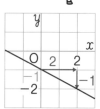

---

a, b の値に注目

答 傾き $\dfrac{1}{2}$

切片 -3

> 1次関数 $y=ax+b$ のグラフは，傾きが a，切片が b の直線である。

$y=k, \ x=h$ の形にする

答 ①

$$7y=-14$$
$$y=-2 ←$$

x 軸に平行な直線。

⑦ $x=-2$
④ $x=2$
⑦ $y=2$
① $y=-2$

---

y について解く

答 ⑦

$2x-3y=6$ を y について解くと，

$y=\dfrac{2}{3}x-2$ ← 傾き $\dfrac{2}{3}$，切片 -2 のグラフ。

20 対頂角

右の図で，
∠xの大きさは？

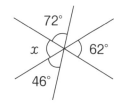

21 平行線と同位角，錯角

右の図で，
$\ell \,/\!/\, m$のとき，
∠x，∠yの
大きさは？

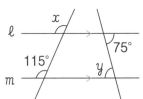

22 三角形の内角と外角

右の図で，
∠xの大きさは？

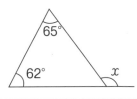

23 多角形の内角

内角の和が1800°の多角形は何角形？

24 多角形の外角

1つの外角が20°である正多角形は？

   ・・・

25 三角形の合同条件

次の三角形は合同といえる？

26 二等辺三角形の性質

二等辺三角形の性質2つは？

27 二等辺三角形の角

右の図で，
AB＝ACのとき，
∠xの大きさは？

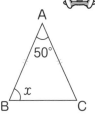

28 二等辺三角形になる条件

右の△ABCは，
二等辺三角形と
いえる？

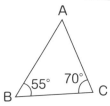

29 直角三角形の合同条件

次の三角形は合同といえる？

 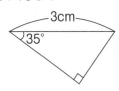

同位角，錯角を見つける

答 ∠x=115°
　∠y=75°

同位角

ℓ

115°

m

75°

錯角

2 直線が平行ならば
同位角，錯角は等しい。

対頂角は等しい

答 ∠x=62°

向かい合った角を → x
対頂角といい，
対頂角は等しい。

72°
62°
46°

内角の和の公式から求める

答 十二角形

$180° \times (n-2)=1800°$
　　　$n-2=10$
　　　　$n=12$

n角形の内角の和は
$180° \times (n-2)$

三角形の外角の性質を利用する

答 ∠x=127°

∠x=62°+65°
　　=127°

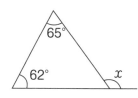

65°
62°
x

合同条件にあてはまるか考える

答 いえる

3 組の辺がそれぞれ等しい。

2 組の辺とその間の角がそれぞれ等しい。

1 組の辺とその両端の角がそれぞれ等しい。

多角形の外角の和は 360°

答 正十八角形

$360° \div 20°=18$

正多角形の外角はすべて等しい。

多角形の外角の和は 360° である。

底角は等しいから∠B=∠C

答 ∠x=65°

∠x=(180°-50°)÷2
　　=65°

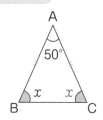

A
50°
x　x
B　　C

底角，底辺などに注意

答 ・底角は等しい。

　・頂角の二等分線は，
　　底辺を垂直に 2 等分する。

合同条件にあてはまるか考える

答 いえる

直角三角形の

　斜辺と 1 つの鋭角がそれぞれ等しい。

　斜辺と他の 1 辺がそれぞれ等しい。

2 つの角が等しいか考える

答 いえる

∠A=∠B=55°より，

180°-(55°+70°)=55°

2 つの角が等しいので，
二等辺三角形といえる。

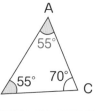

A
55°
55°　70°
B　　　C

平行四辺形の性質３つは？

平行四辺形になるための条件５つは？

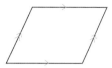

長方形，ひし形，正方形の定義は？

長方形，ひし形，正方形の対角線の
性質は？

１つのさいころを投げるとき，
出る目の数が６の約数に
なる確率は？

２枚の硬貨A，Bを投
げるとき，１枚が表
でもう１枚が裏に
なる確率は？

A，B，Cの３人の中
から２人の当番を選
ぶとき，Cが当番に
選ばれる確率は？

大小２つのさいころ
を投げるとき，出た
目の数が同じになる
確率は？

大小２つのさいころ
を投げるとき，出た
目の数が同じになら
ない確率は？

次の箱ひげ図で，データの第１四分位数，
中央値，第３四分位数の位置は？

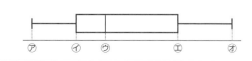

定義，性質の逆があてはまる

答・2組の対辺がそれぞれ平行である。（定義）

・2組の対辺がそれぞれ等しい。

・2組の対角がそれぞれ等しい。

・対角線がそれぞれの中点で交わる。

・1組の対辺が平行でその長さが等しい。

対辺，対角，対角線に注目

答・2組の対辺はそれぞれ等しい。

・2組の対角はそれぞれ等しい。

・対角線はそれぞれの中点で交わる。

長さが等しいか垂直に交わる

答 長方形 → 対角線の長さは等しい。

ひし形 → 対角線は垂直に交わる。

正方形 → 対角線の長さが等しく，
垂直に交わる。

角や，辺の違いを覚える

答 長方形 → 4つの角がすべて等しい。

ひし形 → 4つの辺がすべて等しい。

正方形 → 4つの角がすべて等しく，
4つの辺がすべて等しい。

樹形図をかいて考える

$\dfrac{2}{4} = \dfrac{1}{2}$ …答

出方は全部で4通り。
1枚が表で1枚が裏の
場合は2通り。

何通りになるか考える

$\dfrac{4}{6} = \dfrac{2}{3}$ …答

目の出方は全部で6通り。

6の約数の目は4通り。
↑
1，2，3，6

表をかいて考える

$\dfrac{6}{36} = \dfrac{1}{6}$ …答

出方は全部で36通り。
同じになるのは6通り。

	1	2	3	4	5	6
1	○					
2		○				
3			○			
4				○		
5					○	
6						○

〔A,B〕，〔B,A〕を同じと考える

答 $\dfrac{2}{3}$

選び方は全部で3通り。
Cが選ばれるのは2通り。

箱ひげ図を正しく読み取ろう

答 第1四分位数…イ

中央値（第2四分位数）…ウ

第3四分位数…エ

アはデータの最小値，オは最大値

（起こらない確率）＝1－（起こる確率）

答 $\dfrac{5}{6}$

$1 - \dfrac{1}{6} = \dfrac{5}{6}$
↑ 同じになる確率

	1	2	3	4	5	6
1	×					
2		×				
3			×			
4				×		
5					×	
6						×

東京書籍版 数学2年 もくじ

ステージ1 ステージ2 ステージ3

発展 →この学年の学習指導要領には示されていない内容を取り上げています。学習に応じて取り組みましょう。

確認のワーク　ステージ 1　1節　式の計算
1 多項式の計算(1)

例1 単項式と多項式 ────────── 教 p.12 →基本問題 1

多項式 $3x^2-7x-1$ について，次の問に答えなさい。

(1) 単項式の和の形で表しなさい。　　(2) 項をいいなさい。

考え方 (1) $-7x=+(-7x)$ などの関係を使う。

(2) 和の形で表した**ひとつひとつの単項式が項**である。

解き方 (1) $3x^2-7x-1$

$=3x^2+(\boxed{①}\quad)+(-1)$ ⟩単項式の和の形にする。

　単項式　　単項式　　単項式

(2) 項は，(1)より，$3x^2$，$\boxed{②}$，$\boxed{③}$

覚えておこう

単項式…数や文字についての乗法だけでつくられた式。
多項式…単項式の和の形で表された式。
項…単項式の和で表された多項式で，ひとつひとつの単項式。

例2 単項式，多項式の次数 ────────── 教 p.12 →基本問題 2 3

次の問に答えなさい。

(1) 式 $2xy^3$ の次数をいいなさい。　　(2) 多項式 $4x^2y-3xy+2y$ は何次式ですか。

考え方 (1) 単項式でかけられている**文字の個数**を，その式の次数という。

(2) 多項式では，各項の次数のうちで**もっとも大きいもの**を，その多項式の次数という。

解き方 (1) $2xy^3=2\times x \times y \times y \times y$ ← 積の形にする。
文字は4個

だから，$2xy^3$ の次数は，$\boxed{④}$

(2) $4x^2y$，$-3xy$，$2y$ のうち，次数がもっとも大きいものは

$4x^2y$ で，その次数は，$\boxed{⑤}$　← $4x^2y=4\times x\times x\times y$

したがって，この式は$\boxed{⑥}$次式である。

たいせつ

各項の次数のうち，もっとも大きいもので次数が決まる。
$\underbrace{(4x^2y)}_{次数③}+\underbrace{(-3xy)}_{次数②}+\underbrace{2y}_{次数①}$
↳もっとも大きいので3次式

例3 同類項をまとめる ────────── 教 p.13 →基本問題 4

$5a^2-4a+3a+7a^2$ を計算しなさい。

考え方 1 文字の部分が同じである項 (同類項) の順に項を並べかえる。

2 同類項を分配法則を使って，1つの項にまとめる。

解き方 $5a^2\ -4a\ +3a\ +7a^2$

$=5a^2\ +7a^2\ -4a\ +3a$ ⟩項を並べかえる。
⟩同類項をまとめる。

$=(5+7)a^2+(-4+3)a$

$=\boxed{⑦}$

分配法則の利用

$ⓐx+ⓑx=(ⓐ+ⓑ)x$

基本問題

1 多項式の項　次の多項式の項をいいなさい。

(1) $3x+4y$ (2) $-6a+1$

(3) $2a+3b-9$ (4) $2x^2-4x-3$

ミス注意

(4)で, $2x^2$, $4x$, 3 としてしまうまちがいに気をつけよう。

(5) $\frac{1}{2}x^2-y+\frac{2}{5}$ (6) m^2n-2mn

2 単項式の次数　次の式の次数をいいなさい。

(1) $3xy$ (2) $-4x^2$ (3) $8y$

(4) $5a^2b$ (5) $-7ab^2$ (6) $\frac{1}{3}x^3y^2$

3 多項式の次数　次の式は何次式ですか。

(1) $-3a+b$ (2) $2m^2-3m+7$

ここがポイント

次数がもっとも大きい項に注目する。

$2m^2-3m+7$
↑
次数がもっとも大きい

(3) $a^2b-2ab+5b$ (4) $x^2y^3+xy^2+3x^2$

4 同類項をまとめる　次の計算をしなさい。

(1) $5a+4b-3a+6b$ (2) $8x-7y-x+5y$

(3) $-2a-3b+a+4b$ (4) $a^2-3a-2a^2+5a$

(5) $5ab+3a-2ab-3a$ (6) $a+2b-\frac{1}{3}a-\frac{1}{2}b$

左ページの例の答え　① $-7x$　② $-7x$　③ -1　④ 4　⑤ 3　⑥ 3　⑦ $12a^2-a$

確認のワーク ステージ1　1節　式の計算
❶ 多項式の計算(2)

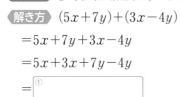

例1 多項式の加法
教 p.14 → 基本問題❶❸

$(5x+7y)+(3x-4y)$ を計算しなさい。

考え方 多項式の加法は，そのままかっこをはずして同類項をまとめる。

解き方 $(5x+7y)+(3x-4y)$

$=5x+7y+3x-4y$ … そのままかっこをはずす。

$=5x+3x+7y-4y$ … 項を並べかえる。

$=$ ① □ … 同類項をまとめる。

知ってると得
縦に計算することもできる。
$5x+7y$
$+)3x-4y$
① □

例2 多項式の減法
教 p.14 → 基本問題❷❸

$(5x+7y)-(3x-4y)$ を計算しなさい。

考え方 多項式の減法は，ひくほうの多項式の各項の符号を変えて加える。

解き方 $(5x+7y)-(3x-4y)$

$=5x+7y-3x+4y$ … ひくほうの式の各項の符号を変える。
符号が変わる。

$=5x-3x+7y+4y$ … 項を並べかえる。

$=$ ② □ … 同類項をまとめる。

覚えておこう
縦に計算することもできる。
$5x+7y$　　　$5x+7y$
$-)3x-4y$ ➡ $+)-3x+4y$
② □

例3 多項式と数の乗法，除法
教 p.15 → 基本問題❹

次の計算をしなさい。

(1) $-4(2x-y+3)$　　　(2) $(9x-6y)÷3$

考え方 (1) 多項式と数の乗法は，分配法則を使ってかっこをはずす。

(2) 多項式と数の除法は，わる数の逆数をかけて，乗法になおして計算する。

分配法則の利用
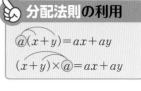
$a(x+y)=ax+ay$
$(x+y)×a=ax+ay$

解き方

(1) $-4(2x-y+3)$

$=-4×2x-4×(-y)-4×3$ … 分配法則を使ってかっこをはずす。

$=$ ③ □

(2) $(9x-6y)÷3$

$=(9x-6y)×\dfrac{1}{3}$ … わる数の逆数をかける。

$=\overset{3}{9}x×\dfrac{1}{3}-\overset{2}{6}y×\dfrac{1}{3}$ … 分配法則を使ってかっこをはずす。

$=$ ④ □

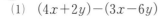 **基本問題** ·········· 解答 p.2

1 多項式の加法 次の計算をしなさい。 教 p.14問5

(1) $(x+2y)+(4x+y)$　　(2) $(x-y)+(3x-2y)$

(3) $(2x-3y)+(2y+5x)$　(4)
$$\begin{array}{r} 3a-\ b \\ +)\,7a+4b \\ \hline \end{array}$$

思い出そう

係数の1は省略されている。

例 $x-3x$
$=1x-3x$
$=-2x$

2 多項式の減法 次の計算をしなさい。 教 p.14問6

(1) $(4x+2y)-(3x-6y)$　　(2) $(2x+y)-(x+5y)$

(3) $(4a-b)-(-3a+2b)$　　(4)
$$\begin{array}{r} 5x-4y+3 \\ -)\,2x-\ y-1 \\ \hline \end{array}$$

3 多項式の加法，減法 次の2つの式があります。 教 p.14問7

$$3a+4b,\ 2a-5b$$

(1) 2つの式の和を求めなさい。

(2) 左の式から右の式をひいた差を求めなさい。

かっこをつけて計算しよう。
(1) $(3a+4b)+(2a-5b)$
(2) $(3a+4b)-(2a-5b)$

4 多項式と数の乗法，除法 次の計算をしなさい。 教 p.15問8,問9

(1) $3(x-4y)$　　(2) $-5(-2x+3y)$

(3) $8\left(\dfrac{a}{4}+\dfrac{b}{2}\right)$　　(4) $(6x-8y+12)\times\left(-\dfrac{1}{2}\right)$

(5) $(12x-24y)\div6$　　(6) $(27x^2+9x-18)\div(-3)$

 ① $8x+3y$ ② $2x+11y$ ③ $-8x+4y-12$ ④ $3x-2y$

確認のワーク　ステージ1

1節　式の計算
❶ 多項式の計算(3)

例1 かっこのついた式の計算
教 p.16 →基本問題❶❷

$4(2x+y)-2(x-3y)$ を計算しなさい。

考え方 分配法則を利用してかっこをはずし，同類項をまとめる。

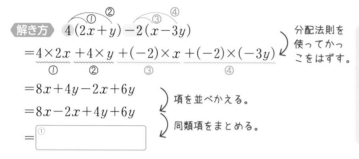

解き方

$$4\underset{①}{(2x}\underset{②}{+y)}-2\underset{③}{(x}\underset{④}{-3y)}$$

分配法則を使ってかっこをはずす。

$$=\underset{①}{4\times 2x}+\underset{②}{4\times y}+\underset{③}{(-2)\times x}+\underset{④}{(-2)\times(-3y)}$$

$$=8x+4y-2x+6y$$

項を並べかえる。

$$=8x-2x+4y+6y$$

同類項をまとめる。

$$=\boxed{①}$$

思い出そう

$$4(2x+1)-2(x-3)$$
$$=4\times 2x+4\times 1+(-2)\times x+(-2)\times(-3)$$
$$=8x+4-2x+6$$
$$=8x-2x+4+6$$
$$=6x+10$$

例2 分数の形の式の計算
教 p.16 →基本問題❸❹

次の(1)，(2)の方法で $\dfrac{3x+y}{2}-\dfrac{x-4y}{4}$ を計算しなさい。

(1) 通分して計算しなさい。　　　(2) (分数)×(多項式)の形にして計算しなさい。

考え方 (1) 通分して，1つの分数にまとめて計算する。

　　　(2) (分数)×(多項式)の形になおして，分配法則を使ってかっこをはずす。

解き方

(1) $\dfrac{3x+y}{2}-\dfrac{x-4y}{4}$

↓ 通分する。

$$=\dfrac{2(3x+y)}{4}-\dfrac{x-4y}{4}$$

2と4の最小公倍数の4で通分する。

↓ 1つの分数にまとめる。

$$=\dfrac{2(3x+y)-(x-4y)}{4}$$

← $x-4y$ にかっこをつける。

↓ かっこをはずす。

$$=\dfrac{6x+\boxed{②}-x+\boxed{③}}{4}$$

↓ 同類項をまとめる。

$$=\boxed{④}$$

(2) $\dfrac{3x+y}{2}-\dfrac{x-4y}{4}$

↓ (分数)×(多項式)の形になおす。

$$=\dfrac{1}{2}(3x+y)-\dfrac{1}{4}(x-4y)$$

←  $\dfrac{\blacksquare}{2}=\dfrac{1}{2}\times\blacksquare$ となる。

↓ かっこをはずす。

$$=\dfrac{3}{2}x+\boxed{⑤}-\dfrac{1}{4}x+\boxed{⑥}$$

↓ 同類項をまとめる。

$$=\left(\dfrac{3}{2}-\dfrac{1}{4}\right)x+\left(\dfrac{1}{2}+1\right)y$$

↓ 係数を計算する。

$$=\boxed{⑦}$$

← ⑦を通分すると④になるので，どちらの方法で計算しても，答えは同じになる。

どちらの方法でもできるようにしておこう。

 解答 p.3

1 かっこのついた式の計算① 次の計算をしなさい。

(1) $4(2x-y)+3(2x-5y)$

(2) $7(a-2b)+5(-a+3b)$

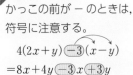

ミス注意

かっこの前が － のときは，符号に注意する。

$4(2x+y)\underline{-3}(x-y)$
$=8x+4y\underline{-3}x\underline{+3}y$

(3) $4(2x+y)-3(x-y)$

(4) $4(x^2+3x+2)-6(2x-3)$

2 かっこのついた式の計算② $2x-5y$ の 3 倍から，$-4x-3y$ の 2 倍をひいたときの差を求めなさい。 教 p.16問11

3 分数の形の式の計算① 次の(1)，(2)の方法で $\dfrac{2x-y}{3}-\dfrac{4x-3y}{2}$ を計算しなさい。

 教 p.16例9

(1) 通分して計算しなさい。

(2) (分数)×(多項式) の形にして計算しなさい。

4 分数の形の式の計算② 次の計算をしなさい。 教 p.16問12

(1) $\dfrac{x+y}{4}+\dfrac{x-3y}{2}$

(2) $\dfrac{2a-3b}{3}+\dfrac{a+2b}{5}$

(3) $\dfrac{x-y}{5}-\dfrac{x-3y}{10}$

(4) $\dfrac{5x-y}{2}-\dfrac{3x+y}{3}$

(5) $\dfrac{2a-b}{8}-\dfrac{4a-3b}{6}$

(6) $x-2y+\dfrac{3x-y}{4}$

左ページの 例 の答え ① $6x+10y$ ② $2y$ ③ $4y$ ④ $\dfrac{5x+6y}{4}$ ⑤ $\dfrac{1}{2}y$ ⑥ y ⑦ $\dfrac{5}{4}x+\dfrac{3}{2}y$

確認のワーク　ステージ1　1節　式の計算
2 単項式の乗法と除法

例1 単項式の乗法と除法

教 p.17〜18 → 基本問題1

次の計算をしなさい。

(1)　$8x \times (-3y)$

(2)　$4xy \div \dfrac{1}{2}x$

考え方 (1)　係数の部分と文字の部分に分け，係数の積に文字の積をかける。

(2)　わる式の逆数をかけて除法を乗法にする。

解き方 (1)　$8x \times (-3y) = 8 \times x \times (-3) \times y$

$\qquad = 8 \times (-3) \times x \times y$

$\qquad = $ ①

係数の部分と文字の部分に分ける。
係数の積に文字の積をかける。

(2)　$4xy \div \dfrac{1}{2}x = 4xy \div \dfrac{x}{2}$

$\dfrac{x}{2}$ の逆数をかけて，乗法にする。

$\qquad = 4xy \times \dfrac{2}{x}$

$\qquad = \dfrac{4 \times \overset{1}{x} \times y \times 2}{\underset{1}{x}}$ ← 約分する。

$\qquad = $ ②

たいせつ

単項式の乗法…係数の積に文字の積をかける。

単項式の除法…分数の形にして約分する。わる式が分数のときは，逆数をかけて乗法にする。

同じ文字どうしで約分できるよ。

例2 乗法と除法の混じった計算

教 p.19 → 基本問題2

$xy^2 \times x \div xy$ を計算しなさい。

考え方 かける式を分子，わる式を分母にして分数の形にして計算する。

解き方 $xy^2 \times x \div xy = \dfrac{xy^2 \times x}{xy}$ ← わる式 xy を分母にする。

$\qquad = \dfrac{\overset{1}{x} \times \overset{1}{y} \times y \times x}{\underset{1}{x} \times \underset{1}{y}}$ ← 約分する。

$\qquad = $ ③

$xy^2 = x \times y \times y$

のように，累乗をかけ算の形になおすと，約分のミスを減らすことができるよ。

例3 式の値

教 p.19 → 基本問題3 4

$a=3$，$b=-5$ のとき，$10a^2b \div 5a$ の値を求めなさい。

考え方 式を計算してから，$a = \boxed{3}$，$b = \boxed{-5}$ を代入する。

解き方 $10a^2b \div 5a$

$= \dfrac{10a^2b}{5a}$

$= \dfrac{10 \times \overset{2}{a} \times a \times b}{\underset{1}{5} \times \underset{1}{a}}$

$= 2ab$

式を計算する。

$= 2 \times \boxed{3} \times (-5)$

$= $ ④

負の数を代入するときは，かならずかっこをつける。

覚えておこう

式の値…それぞれの文字に数を代入して計算する。式が計算できるときは，計算してから代入する。

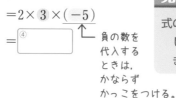

基 本 問 題 .... 解答 p.5

教 p.17問1～p.18問3

1 単項式の乗法と除法 次の計算をしなさい。

(1) $(-2x) \times 5y$　　　　(2) $(-3m) \times (-4n)$

(3) $(-a)^2 \times 3ab$　　　　(4) $(-3x^2y) \times 4xy$

(5) $9ab \div (-3a)$　　　　(6) $(-12a^3b) \div (-4a^2b)$

(7) $8xy \div \dfrac{1}{4}x$　　　　(8) $\dfrac{1}{2}ab^2 \div \dfrac{2}{3}b$

覚えておこう

単項式の除法は，逆数を
かけて乗法にする。

逆数のつくり方

$$\frac{2}{3}b = \frac{2b}{3} \Rightarrow \frac{3}{2b}$$

b を分子に
分母と分子を逆に

2 乗法と除法の混じった計算 次の計算をしなさい。

教 p.19問5

(1) $ab \times a \div ab^2$　　　　(2) $a^3 \times b \div 4ab$

(3) $6x^2y \div (-3xy) \times 5y$　　(4) $3ab^3 \div \left(-\dfrac{1}{5}a^2\right) \times ab$

思い出そう

積の符号
・負の数が奇数個
　➡ 符号は −
・負の数が偶数個
　➡ 符号は ＋

3 式の値① $a=5$，$b=-4$ のとき，$2(4a-5b)-3(a-4b)$ の値を求めなさい。

教 p.19問7

4 式の値② $a=-4$，$b=\dfrac{1}{2}$ のとき，次の式の値を求めなさい。

教 p.19問7

(1) $3(a-4b)+2(4a-3b)$　　　(2) $12ab^2 \div 3b$

定着のワーク ステージ2 1節 式の計算

❶ 多項式 $-xy+\dfrac{1}{2}xy^2-3$ について，次の問に答えなさい。

(1) 項をいいなさい。

(2) 何次式ですか。

❷ 次の計算をしなさい。

(1) $a-2b-\dfrac{1}{3}a+\dfrac{1}{2}b$

(2) $(x^2-2x-6)-(4x^2-3x-5)$

(3) $2(x^2-3x+5)-3(2x-3)$

(4) $(8x-6y+2)\times\left(-\dfrac{1}{2}\right)$

(5) $\dfrac{1}{4}(8x-4y)-2(3x+y)$

(6) $\dfrac{4a+b}{4}-\dfrac{3a-b}{2}$

❸ 次の計算をしなさい。

(1) $2ab\times(-7c)$

(2) $\dfrac{2}{3}x\times9y$

(3) $2xy\times xy^2$

(4) $(-8x^2y)\div\dfrac{1}{4}xy$

(5) $\dfrac{3}{2}a^2b^2\div\left(-\dfrac{3}{8}ab\right)$

(6) $(-2a)^2\div(-a)\times a$

❹ 次の計算をしなさい。

(1) $\dfrac{1}{2}(6x-4y)-\dfrac{1}{7}(x-5y)$

(2) $\dfrac{a-b+3}{6}-\dfrac{2a+b-1}{8}$

レベルUP (3) $\dfrac{2x-y}{3}-\dfrac{x-2y}{4}+\dfrac{3x+4y}{6}$

レベルUP (4) $\dfrac{2}{3}x^3y\div\left(-\dfrac{5}{6}xy^2\right)\times(-10y)$

❷ (6) 通分して1つの分数にまとめるとき，分子に（ ）をつける。

❸ (4)(5) わる式の逆数をかけて乗法になおす。 $\dfrac{●}{■}$ ▲ の形は，$\dfrac{●\times▲}{■}$ として逆数を考える。

5 $a=-4$，$b=3$ のとき，次の式の値を求めなさい。

(1) $2(a-3b)-3(2a+b)$ (2) $9a^2b \div 3a$

6 $x=\dfrac{2}{3}$，$y=-\dfrac{1}{2}$ のとき，次の式の値を求めなさい。

(1) $\dfrac{1}{2}(2x-3y)-\dfrac{1}{3}(x-6y)$ (2) $12x^2y \times (-2y) \div \dfrac{4}{3}xy$

7 右の図の，中心が等しい半径が r cm の円と，半径が $(r+2)$ cm の円の周の長さの差を求めなさい。

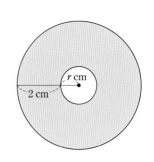

8 右の図の直角三角形で，辺 AB を軸として 1 回転させてできる円錐の体積を，a，b を用いた式で表しなさい。

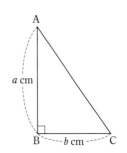

📝 **入試問題を** やってみよう！ ┈┈┈┈┈┈┈┈┈┈┈┈┈┈┈┈

1 次の計算をしなさい。

(1) $2(5a+b)-3(3a-2b)$ 〔大分〕 (2) $\dfrac{x-y}{2}-\dfrac{x+3y}{7}$ 〔静岡〕

(3) $8x^2y \times (-6xy) \div 12xy^2$ 〔富山〕 (4) $4a^2b \div \left(-\dfrac{2}{5}ab\right) \times 7b^2$ 〔京都〕

2 $x=-\dfrac{1}{5}$，$y=3$ のとき，$3(2x-3y)-(x-8y)$ の値を求めなさい。 〔福島〕

---

5 6 式の値を求めるときは，式を計算してから代入すると，計算しやすくなる場合がある。

8 (円錐の体積)$=\dfrac{1}{3} \times$(底面積)$\times$(高さ) の公式にあてはめて，体積を a，b の文字式で表す。

確認のワーク　ステージ1　2節　文字式の利用
❶ 式による説明

例1　続いた整数

教 p.22 →基本問題❶❷❸

5つの続いた整数の和は5の倍数になります。このことを，もっとも小さい整数を n として，説明しなさい。

考え方　5つの整数を n の式で表し，**5×(整数)** となることをいえばよい。

解き方　① 5つの続いた整数のうち，もっとも小さい整数を n とすると，5つの続いた整数は，

② n, $n+1$, $n+2$, $\boxed{①}$, $\boxed{②}$

と表される。したがって，それらの和は，

$n+(n+1)+(n+2)+(\boxed{①})+(\boxed{②})$

$=5n+10$

$=5(\boxed{③})$ ← 5の倍数であることを説明するので，5×(整数)の形で表す。

③ $\boxed{③}$ は整数だから，$5(\boxed{③})$ は5の倍数である。したがって，5つの続いた整数の和は，5の倍数になる。

文字を使った説明の手順

① 文字を使って，それぞれの数量を表す。
② 式をつくり，文字式を変形する。
③ 説明したいことが成り立っていることを確かめる。

5の倍数になることがわかるように，5×(整数)の形に式を変形するんだね。

例2　3けたの自然数

教 p.23〜24 →基本問題❹❺

十の位が5である3けたの自然数から，その数の百の位の数字と一の位の数字を入れかえた数をひいた差は，99の倍数になります。このことを，文字を使って説明しなさい。

考え方　百の位を x，一の位を y とすると，3けたの自然数は $100x+50+y$ と表される。

解き方　① はじめに考えた数の百の位を x，一の位を y とすると，

② はじめの数は，$100x+50+y$

入れかえた数は，$\boxed{④}$

と表される。したがって，その差は，

$(100x+50+y)-(100y+50+x)$ ← ( )をつける。

$=99x-99y$

$=99(\boxed{⑤})$ ← 99の倍数であることを説明するので，99×(整数)の形で表す。

③ $\boxed{⑤}$ は整数だから，$99(\boxed{⑤})$ は99の倍数である。したがって，十の位が5である3けたの自然数から，その数の百の位の数字と一の位の数字を入れかえた数をひいた差は，99の倍数になる。

はじめの数は，100が x 個，10が5個，1が y 個だね。

数の表し方

偶数…$2n$　　　（n を整数とする）
奇数…$2n+1$（または $2n-1$）
連続する2つの偶数…$2n$, $2n+2$
連続する2つの奇数…$2n+1$, $2n+3$
　（または $2n-1$, $2n+1$）
2けたの整数…$10x+y$
　（十の位を x，一の位を y）

基本問題 ∙∙∙ 解答 ▶ p.9

1 続いた整数① 左ページの 例1 が成り立つことを，中央の整数を n として説明しなさい。
教 p.22

> **知ってると得**
> 続いた整数は中央の整数を n とすると，
> 計算しやすくなる場合が多い。

2 続いた整数② 7つの続いた整数の和は7の倍数になります。このことを，文字を使って説明しなさい。
教 p.22

3 続いた整数③ 4つの続いた整数の和から2をひいた数は4の倍数になります。このことを，文字を使って説明しなさい。
教 p.22

4 2けたの自然数 2けたの自然数に，その数の十の位の数から一の位の数をひいた差を加えると，11の倍数になります。このことを，次のように説明しました。☐をうめなさい。
教 p.23

[説明] はじめに考えた数の十の位を x，一の位を y とすると，

　　はじめの数は，　①☐

　　十の位の数から一の位の数をひいた差は，　$x-y$

と表される。したがって，それらを加えると，

　　$(10x+y)+(x-y)=10x+y+x-y=$ ②☐

　③☐　は整数だから，　④☐　は11の倍数である。

したがって，2けたの自然数に，その数の十の位の数から一の位の数をひいた差を加えると，11の倍数になる。

> **ここがポイント**
> 例えば，32は，
> 　十の位が3，一の位が2
> 　➡ $10×3+2$
> 同じように，
> 　十の位が x，一の位が y
> 　➡ $10×x+y$

5 3けたの自然数 3けたの自然数から，その数の百の位の数字と十の位の数字を入れかえた数をひいた差は，90の倍数になります。このことを，文字を使って説明しなさい。
教 p.23

左ページの 例 の答え　①$n+3$　②$n+4$　③$n+2$　④$100y+50+x$　⑤$x-y$

確認のワーク ステージ **1** 2節 文字式の利用
深い学び 数の並びから性質を見つけよう **2** 等式の変形

例 1 カレンダーの数の性質

教 p.25, 26 → 基本問題 1

右のようなカレンダーの数の並びで，$\begin{array}{|cc|}\hline 1 & 2 \\ 8 & 9 \\\hline\end{array}$ や $\begin{array}{|cc|}\hline 18 & 19 \\ 25 & 26 \\\hline\end{array}$

のように，□□□で囲まれた4つの数の和は4の倍数に

なります。このことを説明しなさい。

日	月	火	水	木	金	土
	1	2	3	4	5	6
7	8	9	10	11	12	13
14	15	16	17	18	19	20
21	22	23	24	25	26	27
28	29	30	31			

考え方 左上の数を x として，それぞれの数を x を使って表す。

解き方 ① 左上の数を x とすると，

② 右上の数は $x+1$，左下の数は $\boxed{①}$，

右下の数は $x+8$ と表される。したがって，4つの数の和は，

$x+(x+1)+(x+7)+(x+8)$

$=4x+16$

$=4(\boxed{②})$ ← 4の倍数であることを説明するので，4×(整数)の形で表す。

③ $\boxed{②}$ は整数だから，$4(\boxed{②})$ は4の倍数である。

したがって，□□□で囲まれた4つの数の和は，4の倍数である。

たいせつ

$\begin{array}{|cc|}\hline 1 & 2 \\ 8 & 9 \\\hline\end{array}$

1大きい。
7大きい。　8大きい。

左上の数との関係を
式に表す。

例 2 等式の変形

教 p.27〜29 → 基本問題 2 3

次の等式を〔 〕の中の文字について解きなさい。

(1) $2x+4y=10$ 〔x〕　(2) $3xy=6$ 〔y〕　(3) $\dfrac{1}{3}ab=4$ 〔b〕

考え方 x について解くときは，$x=\boxed{}$ の形にする。

解き方 (1) $2x+4y=10$

$2x=-4y+10$ ← $4y$ を移項する。

$x=\boxed{③}+5$ ← 両辺を2でわる。

(2) $3xy=6$

$y=\boxed{④}$ ← 両辺を $3x$ でわる。

(3) $\dfrac{1}{3}ab=4$

$b=\boxed{⑤}$ ← 両辺に $\dfrac{3}{a}$ をかける。

覚えておこう

等式の変形…x や y についての等式を
変形し，x から y を求める式を導く
ことを，y について解くという。

y について解く。
➡ $y=\boxed{}$ にする。

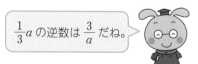

$\dfrac{1}{3}a$ の逆数は $\dfrac{3}{a}$ だね。

基本問題 ··· 解答 p.9

1 カレンダーの数の性質　右のようなカレンダーの数の並びで，

$\begin{array}{|c|c|} \hline 8 & \\ \hline 15 & 16 \\ \hline \end{array}$ や $\begin{array}{|c|c|} \hline 18 & \\ \hline 25 & 26 \\ \hline \end{array}$ のように，図形 $\llcorner$ で囲まれた3つの

数の和は3の倍数になります。このことを説明しなさい。
教 p.25, 26

日	月	火	水	木	金	土
			1	2	3	4	5
6	7	8	9	10	11	12
13	14	15	16	17	18	19
20	21	22	23	24	25	26
27	28	29	30	31		

> **ここが ポイント**
>
> 上の段の数を x とおいて，それぞれの数を x の式で表す。

2 等式の変形①　次の等式を〔　〕の中の文字について解きなさい。
教 p.28問1, 問2

(1) $6x+2y=12$ 〔y〕

(2) $5a-2b=6$ 〔a〕

> **x について解く手順**
>
> ① x をふくむ項を左辺，x をふくまない項を右辺に移項する。
>
> ② 両辺を x の係数でわる。

(3) $3x+6y-9=0$ 〔x〕

(4) $4a-5b+3=0$ 〔b〕

> 解く文字以外の文字を数とみて，方程式を解くときと同じように考えよう。

(5) $5ab=20$ 〔a〕

(6) $6=\dfrac{1}{3}xy$ 〔y〕

3 等式の変形②　次の等式を〔　〕の中の文字について解きなさい。
教 p.28問3

(1) $S=\dfrac{1}{2}(a+b)h$ 〔b〕

(2) $V=abc$ 〔c〕

(3) $V=\pi r^2 h$ 〔h〕

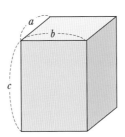

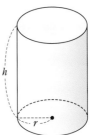

左ページの 例 の答え　①$x+7$　②$x+4$　③$-2y$　④$\dfrac{2}{x}$　⑤$\dfrac{12}{a}$

解答 ▶ p.10

2節　文字式の利用

1 2つの続いた奇数の和が4の倍数になることを，次のように説明しました。
☐をうめて説明を完成させなさい。

[説明]　n を整数とすると，2つの続いた奇数は $2n+1$, $2n+$ ①☐ と表される。

したがって，それらの和は，

$$(2n+1)+(\ ②\boxed{}\ )=\ ③\boxed{}\ n+\ ④\boxed{}$$

$$=\ ⑤\boxed{}\ (n+\ ⑥\boxed{}\ )$$

ここで，$n+$ ⑦☐ は整数だから，⑧☐ は4の倍数である。

したがって，2つの続いた奇数の和は4の倍数になる。

2 奇数と偶数の和は奇数になります。このことを，文字を使って説明しなさい。

3 2けたの自然数の十の位を x，一の位を y とするとき，$x+y=9$ ならば，この2けたの自然数は9の倍数になります。このことを説明しなさい。

4 右の表は，自然数を小さい順に横に8つずつ並べたものです。この表の中で，18 19 20 27 や 30 31 32 39 のように，図形 で囲まれた4つの数の和は4の倍数になります。このことを，文字を使って説明しなさい。

1	2	3	4	5	6	7	8
9	10	11	12	13	14	15	16
17	18	19	20	21	22	23	24
25	26	27	28	29	30	31	32
33	34	35	36	37	38	39	40
41	…						

5 次の等式を〔　〕の中の文字について解きなさい。

(1) $\ell=2(x+y)$ 〔x〕　　(2) $2(3x-y)=4$ 〔y〕　　(3) $c=\dfrac{a+2b}{3}$ 〔a〕

2 奇数と偶数を $2m+1$, $2n$ と表す。
4 上側に3つ並んでいる数の真ん中の数を x とし，その左，右，下にある数を x を使って表す。
5 (3) 両辺を入れかえてから両辺に3をかけると，$a+2b=3c$ になる。

6 底面の1辺の長さが $a\,\text{cm}$，高さが $h\,\text{cm}$ の正四角錐の体積 V は，

$V=\dfrac{1}{3}a^2h$ の式で求められます。

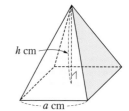

(1) $V=\dfrac{1}{3}a^2h$ を h について解きなさい。

(2) (1)の式を使って，底面の1辺が $3\,\text{cm}$ で，体積が $24\,\text{cm}^3$ の正四角錐の高さを求めなさい。

レベルUP 7 底面の半径が r，母線の長さが ℓ である円錐の側面積 S は，次のように表すことができることを示しなさい。

$S=\pi\ell r$

レベルUP 8 右の図のように，半径が r の円と半径が $2r$ の円があります。
2つの円の間のちょうど中央を通る円の周の長さを ℓ とすると，
2つの円の間にある部分の面積 S は，$S=r\ell$ と表すことができます。このことを示しなさい。

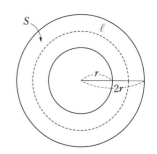

9 右の図で，AB，BC，CD をそれぞれ直径とする3つの半円の弧の長さの和は，AD を直径とする半円の弧の長さと等しくなります。このことを文字式を使って説明しなさい。

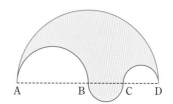

 入試問題を や っ て み よ う ！ ‥‥‥‥‥‥‥‥‥‥‥‥‥‥‥‥‥‥‥‥

① 次の問に答えなさい。

(1) 等式 $9a+3b=2$ を b について解きなさい。 〔千葉〕

(2) 等式 $m=\dfrac{2a+b}{3}$ を b について解きなさい。 〔富山〕

7 円錐の展開図で，側面のおうぎ形の中心角を $a°$ として考える。
円錐の展開図では，（側面のおうぎ形の弧の長さ）＝（底面の円周の長さ）であることを利用する。

8 ℓ と S を π，r を使って表す。

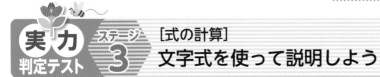

解答 p.12

実力判定テスト　ステージ3　[式の計算]
文字式を使って説明しよう

/100

1 多項式 $a^3 + b^2 - 3ab^3 - 1$ について，次の問に答えなさい。　　　5点×2（10点）

(1) 項をいいなさい。

(　　　　　　　　　　　)

(2) 何次式ですか。

(　　　　　　　　　　　)

2 次の計算をしなさい。　　　4点×10（40点）

(1) $5x^2 + 2x - 3x + x^2$

(2) $(7a + 8b) - (5a - 6b)$

(　　　　　　)　　　　　　(　　　　　　)

(3) $3(x - 3y) - 2(y - 2x)$

(4) $5x \times (-2y) \times 3x$

(　　　　　　)　　　　　　(　　　　　　)

(5) $(-a)^2 \times 5a$

(6) $(25x^2 - 5x) \div (-5)$

(　　　　　　)　　　　　　(　　　　　　)

(7) $x^3 y \times 6y \div 2xy^2$

(8) $10a^3 \div (-5a) \div a$

(　　　　　　)　　　　　　(　　　　　　)

(9) $5(3x - 2y) - \{y - 2(x - y)\}$

(10) $\dfrac{3x + y}{4} - \dfrac{x - y}{3}$

(　　　　　　)　　　　　　(　　　　　　)

3 $x = 3$, $y = -2$ のとき，次の式の値を求めなさい。　　　5点×2（10点）

(1) $3(2x - 3y) - 4(x - y)$

(2) $-28x^2 y^2 \div 7x$

(　　　　　　)　　　　　　(　　　　　　)

目標 ❷❸は確実に計算できるようにしておこう。❹❼は文字を使った説明ができるようにしておこう。

自分の得点まで色をぬろう！
😣がんばろう！ 😊もう一歩 😄合格！
0   60   80   100点

1章

❹ 4つの続いた奇数の和は8の倍数になります。このことを，文字を使って説明しなさい。

(10点)

❺ 次の等式を〔　〕の中の文字について解きなさい。　　　　　　5点×2(10点)

(1)　$4x - 2y - 10 = 0$　〔y〕

(2)　$m = \dfrac{a + 2b}{3}$　〔b〕

(　　　　　)　　　　　　　(　　　　　)

❻ 次の問に答えなさい。　　　　　　　　　　　　　　　　　5点×2(10点)

(1)　底辺の長さが x cm，高さが y cm，面積が 10 cm² の三角形があります。x，y についての等式をつくり，その等式を y について解きなさい。

(　　　　　)

(2)　縦が a m，横が b m の長方形の土地に，右の図のような幅が c m の道路をつくり，残りを畑にしました。畑の面積を S m² とするとき，S を a，b，c を使って表し，その式を c について解くことによって，c を S，a，b を使った式で表しなさい。

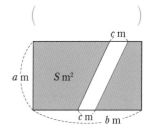

(　　　　　)

❼ 右の図のカレンダーにおいて，

2	3	4
9	10	11
16	17	18

のように，図形 [　　] で9つの数を囲みます。このとき，囲んだ9つの数の和は真ん中の数の9倍になります。このことを説明しなさい。　　　　(10点)

日	月	火	水	木	金	土
1	2	3	4	5	6	7
8	9	10	11	12	13	14
15	16	17	18	19	20	21
22	23	24	25	26	27	28
29	30	31				

アプリ【どこでもワーク計算編】をやって，さらに力をつけよう！

 **ステージ 1 1節　連立方程式とその解き方**
1 連立方程式とその解　2 連立方程式の解き方(1)

例 1 連立方程式とその解 教 p.38〜39 →基本問題 1

次の x, y の値の組のなかで，連立方程式 $\begin{cases} 3x+y=10 & \cdots\cdots① \\ x-2y=1 & \cdots\cdots② \end{cases}$ の解はどれですか。

⑦　$x=2$, $y=4$　　　　　⑦　$x=3$, $y=1$　　　　　⑦　$x=5$, $y=2$

考え方 2つの方程式のどちらも成り立たせる x, y の値の組が解である。

解き方 x, y の値を2つの式に代入して調べる。

⑦　①　（左辺）$=3\times2+4=10$　　（右辺）$=10$ ←①だけ成り立つ
　　②　（左辺）$=2-2\times4=-6$　　（右辺）$=1$

⑦　①　（左辺）$=3\times3+1=10$　　（右辺）$=10$ ┐①も②も成り立つ
　　②　（左辺）$=3-2\times1=1$　　（右辺）$=1$ ┘

⑦　①　（左辺）$=3\times5+2=17$　　（右辺）$=10$
　　②　（左辺）$=5-2\times2=1$　　（右辺）$=1$ ←②だけ成り立つ

この連立方程式の解は $x=\boxed{①}$, $y=\boxed{②}$
①も②もどちらも成り立たせる x, y の値の組が解である。

である。　　　　　　　　　　答 $\boxed{③}$

> **覚えておこう**
>
> 2元1次方程式… 2つの文字をふくむ1次方程式。
> 例 $3x+y=10$
> 連立方程式… 2つ以上の方程式を組み合わせたもの。
> 例 $\begin{cases} 3x+y=10 \\ x-2y=1 \end{cases}$
> 連立方程式の解…組み合わせたどの方程式も成り立たせる文字の値の組。
> 連立方程式を解く…連立方程式の解を求めること。

例 2 加減法 教 p.40〜41 →基本問題 2

連立方程式 $\begin{cases} 4x+3y=-1 & \cdots\cdots① \\ x-3y=11 & \cdots\cdots② \end{cases}$ を加減法で解きなさい。

考え方 文字 y の係数が3と-3で絶対値が等しいから，左辺どうし，右辺どうしを加えると，文字 y が消去できて，x だけの式になる。

解き方 ①と②の左辺どうし，右辺どうしを加えると，

$$\begin{array}{r} 4x+3y=-1 \\ +)\ \ x-3y=\ 11 \\ \hline 5x\ \ \ \ \ =\ 10 \\ x=2 \end{array}$$

→ $4x+x=5x$
→ $+3y+(-3y)=0$
→ $-1+11=10$
y を消去

$x=2$ を②に代入して y の値を求めると，

$2-3y=11$
$-3y=9$
$y=\boxed{④}$　　　　　　答 $x=2$, $y=\boxed{④}$

> **たいせつ**
>
> y を消去する…文字 y をふくむ2つの方程式から，y をふくまない1つの方程式をつくること。
> 加減法…連立方程式で，左辺どうし，右辺どうしを加えたりひいたりして，その文字を消去して解く方法。

> $x=2$ を①に代入しても，y の値を求めることができるよ。

基本問題

解答 p.14

1 連立方程式とその解　連立方程式 $\begin{cases} x+y=6 & \cdots\cdots① \\ 3x+2y=16 & \cdots\cdots② \end{cases}$ について，次の問に答えなさい。

ただし，x の値は $0\sim6$ の整数とします。

教 p.38〜39問1

(1)　①の式を成り立たせるような $x,\ y$ の値の組を求め，下の表の空らんをうめなさい。

x	0	1	⑦	3	4	5	6
y	6	㋐	4	3	㋑	1	㋒

(2)　②の式を成り立たせるような $x,\ y$ の値の組を求め，下の表の空らんをうめなさい。

x	0	1	⑦	3	4	5	6
y	8	㋐	5	$\dfrac{7}{2}$	㋑	㋒	-1

(3)　(1)，(2)をもとにして連立方程式の解を求めなさい。

> 覚えておこう
>
> **2元1次方程式**
> 例　$3x+2y=16$
> → 解はいくつもある。
> **1元1次方程式**
> 例　$3x+2=8$
> → 解は1つしかない。

2つの式がどちらも成り立っていないと，連立方程式の解とはいえないね。

2 加減法　次の連立方程式を解きなさい。

教 p.41問1

(1)　$\begin{cases} 3x+2y=6 \\ x-2y=10 \end{cases}$　　(2)　$\begin{cases} x+y=5 \\ 2x-y=4 \end{cases}$

(3)　$\begin{cases} 5x+2y=11 \\ -5x+3y=4 \end{cases}$　　(4)　$\begin{cases} 3x+4y=-5 \\ 3x-y=5 \end{cases}$

(5)　$\begin{cases} 2x+y=10 \\ x+y=7 \end{cases}$　　(6)　$\begin{cases} 5x-2y=-1 \\ 3x-2y=-3 \end{cases}$

> **ここがポイント**
>
> [1] 係数の絶対値が等しく異符号のとき
> → 両辺を加える。
> 例　$\begin{array}{r} 3x+2y=\ 6 \\ +)\ \ x-2y=10 \\ \hline 4x=16 \end{array}$
> y が消去できる
>
> [2] 係数の絶対値が等しく同符号のとき
> → 両辺をひく。
> 例　$\begin{array}{r} 3x+4y=\ -5 \\ -)\ \ 3x-\ y=\ \ \ 5 \\ \hline 5y=-10 \end{array}$
> x が消去できる

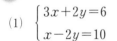

確認のワーク　ステージ1

1節　連立方程式とその解き方
❷ 連立方程式の解き方(2)

例1　加減法（1つの式を何倍かする）　教 p.42 → 基本問題 ❶

連立方程式 $\begin{cases} 3x+2y=4 & \cdots\cdots① \\ 5x-y=11 & \cdots\cdots② \end{cases}$ を解きなさい。

考え方 y の係数の絶対値を等しくするために，②の両辺を2倍する。

解き方

$$
\begin{array}{rl}
① & 3x+2y=\ 4 \\
②×2 & +)\ 10x-2y=22 \quad \leftarrow (5x-y)×2=11×2 \\
\hline
& 13x=26 \quad \boxed{y\text{を消去}} \\
& x=\boxed{}
\end{array}
$$

$x=\boxed{①}$ を②に代入すると，

↑──①に代入してもよい。

$5×2-y=11$

$-y=1$

$y=\boxed{②}$

答 $x=\boxed{①}$ ，$y=\boxed{②}$

覚えておこう

連立方程式で，x, y のどちらの係数の絶対値も等しくない場合は，式を何倍かして，係数の絶対値を等しくする。

②の式を2倍するとき，左辺も右辺も2倍することを忘れないようにしよう。

例2　加減法（2つの式を何倍かする）　教 p.43 → 基本問題 ❷

連立方程式 $\begin{cases} 7x+4y=2 & \cdots\cdots① \\ 5x+3y=1 & \cdots\cdots② \end{cases}$ を解きなさい。

考え方 y の係数の絶対値を等しくするために，①の両辺を3倍，②の両辺を4倍する。

解き方

$$
\begin{array}{rl}
①×3 & 21x+12y=6 \quad \leftarrow (7x+4y)×3=2×3 \\
②×4 & -)\ 20x+12y=4 \quad \leftarrow (5x+3y)×4=1×4 \\
\hline
& x=\boxed{③} \quad \boxed{y\text{を消去}}
\end{array}
$$

$x=\boxed{③}$ を②に代入すると，

↑──①に代入してもよい。

$5×2+3y=1$

$3y=-9$

$y=\boxed{④}$

答 $x=\boxed{③}$ ，$y=\boxed{④}$

一方の式を何倍かしても係数の絶対値がそろわないときは，両方の式をそれぞれ何倍かしてそろえるよ。

知ってると得

係数の絶対値をそろえるためには，係数の最小公倍数を考えるとよい。この問題では，y の係数は，4と3なので，4と3の最小公倍数の12にそろえるとよい。

基 本 問 題 ⋯⋯⋯⋯⋯⋯⋯⋯⋯⋯⋯⋯⋯⋯⋯⋯⋯⋯ 解答 p.14

1 加減法（1つの式を何倍かする） 次の連立方程式を解きなさい。 教 p.42問2

(1) $\begin{cases} 2x+5y=9 \\ x+2y=4 \end{cases}$

(2) $\begin{cases} 3x-y=10 \\ 5x+3y=12 \end{cases}$

(3) $\begin{cases} x+3y=4 \\ 5x+2y=-6 \end{cases}$

(4) $\begin{cases} 2x-3y=16 \\ x+2y=1 \end{cases}$

(5) $\begin{cases} 7x-4y=4 \\ 2x-y=1 \end{cases}$

(6) $\begin{cases} 5x+4y=13 \\ x-3y=-5 \end{cases}$

2 加減法（2つの式を何倍かする） 次の連立方程式を解きなさい。 教 p.43問3, 問4

(1) $\begin{cases} 3x+2y=7 \\ 7x-3y=1 \end{cases}$

(2) $\begin{cases} 2x+3y=1 \\ 7x+11y=1 \end{cases}$

(3) $\begin{cases} 3x+2y=-4 \\ 2x+3y=-11 \end{cases}$

(4) $\begin{cases} 5x-7y=-3 \\ 2x-3y=-1 \end{cases}$

(5) $\begin{cases} 7x-2y=-13 \\ 8x+3y=1 \end{cases}$

(6) $\begin{cases} 3x+4y-1=0 \\ 7x+5y-11=0 \end{cases}$

ここが ポイント

係数をそろえるときは，かける整数ができるだけ小さくなるようにくふうする。

(5)は x を消去して解くこともできるが，係数が大きくなり，計算が大変になる。

$\begin{array}{ll} ①×8 \\ ②×7 & \begin{array}{r} 56x-16y=-104 \\ -)\ 56x+21y=\quad\ \ 7 \\ \hline -37y=-111 \end{array} \end{array}$

$\boxed{x \text{ を消去}}$

確認のワーク **ステージ1**　**1節　連立方程式とその解き方**
❷ 連立方程式の解き方(3)

例❶ 代入法

教 p.44〜45 → 基本 問題 ❶ ❷

連立方程式 $\begin{cases} 2x+3y=1 & \cdots\cdots ① \\ y=2x-5 & \cdots\cdots ② \end{cases}$ を代入法で解きなさい。

考え方　②で y と $2x-5$ が等しいから，①の y を $2x-5$ で置きかえる。

解き方　②を①に代入すると，

$2x+3(2x-5)=1$ ← $\begin{cases} 2x+3y=1 \\ y=2x-5 \end{cases}$ の部分は等しい。

y を消去

$2x+6x-15=1$

$8x=16$

$x=\boxed{①}$

$x=\boxed{①}$ を②に代入すると，

←①に代入してもよいが，②に代入したほうが計算しやすい。

$y=2\times\boxed{①}-5$

$y=\boxed{②}$

> **たいせつ**
> 代入法…一方の式を他方の式に代入することによって文字を消去して連立方程式を解く方法。

「$x=\blacksquare$」や，「$y=\blacksquare$」の形の式があるときは，代入法を使うと便利だよ。

答　$x=\boxed{①}$ ，$y=\boxed{②}$

例❷ 加減法と代入法

教 p.45 → 基本 問題 ❸

連立方程式 $\begin{cases} y=-2x+3 & \cdots\cdots ① \\ y=3x-12 & \cdots\cdots ② \end{cases}$ を加減法と代入法の両方で解きなさい。

考え方　加減法と代入法は，どちらも1つの文字を消去して解くことに変わりはなく，解は等しい。

解き方　加減法

①，②を移項すると，

$\begin{cases} 2x+y=3 & \cdots\cdots ③ \\ -3x+y=-12 & \cdots\cdots ④ \end{cases}$

③から④をひくと，

$\begin{array}{r} 2x+y=3 \\ -)-3x+y=-12 \\ \hline 5x=15 \end{array}$ ＜ y を消去

$x=\boxed{③}$

$x=\boxed{③}$ を②に代入すると，

$y=3\times\boxed{③}-12$

$y=\boxed{④}$

代入法

②を①に代入すると，

$3x-12=-2x+3$ ← $\begin{cases} y=-2x+3 \\ y=3x-12 \end{cases}$ の部分は等しい。

y を消去

$5x=15$

$x=\boxed{⑤}$

$x=\boxed{⑤}$ を②に代入すると，

$y=3\times\boxed{⑤}-12$

$y=\boxed{⑥}$

どちらで解いても解は同じ。

↳ **答**　$x=\boxed{⑤}$ ，$y=\boxed{⑥}$

解答 p.15

基本問題

1 代入法① 次の連立方程式を代入法で解きなさい。

(1) $\begin{cases} y=3x \\ 2x+y=5 \end{cases}$　　(2) $\begin{cases} 3x-y=3 \\ x=4y-10 \end{cases}$

ミス注意

代入するときは，かっこをつける。

例 (3)で，
$\begin{cases} y=2x+4 & \cdots\cdots① \\ 3x-2y=-7 & \cdots\cdots② \end{cases}$
①を②に代入すると，
$3x-2(2x+4)=-7$
かっこをつける。

(3) $\begin{cases} y=2x+4 \\ 3x-2y=-7 \end{cases}$　　(4) $\begin{cases} x=-3y+9 \\ 2x+5y=16 \end{cases}$

2 章

2 代入法② 次の連立方程式を代入法で解きなさい。

(1) $\begin{cases} 2x-y=-1 \\ 3x+2y=9 \end{cases}$　　(2) $\begin{cases} x-3y=7 \\ 3x+y=1 \end{cases}$

ここがポイント

(3)(4)では，
$2y=\boxed{}$ や $3x=\boxed{}$
の形に着目して，$2y$ や $3x$ の
部分に $\boxed{}$ の式を代入する。

(3) $\begin{cases} 2y=x+5 \\ 5x+2y=-13 \end{cases}$　　(4) $\begin{cases} 3x=2y-4 \\ 3x-7y=-29 \end{cases}$

3 加減法と代入法① 連立方程式 $\begin{cases} 7x-2y=1 \\ 2x+y=-6 \end{cases}$ を加減法と代入法の両方で解きなさい。

4 加減法と代入法② 次の連立方程式を解きなさい。

(1) $\begin{cases} x=8y-3 \\ x+6y=11 \end{cases}$　　(2) $\begin{cases} y=x-5 \\ y=-2x+7 \end{cases}$

(3) $\begin{cases} 4x-y=-7 \\ -2x+y=5 \end{cases}$　　(4) $\begin{cases} 3x+2y=2 \\ 5x-3y=-22 \end{cases}$

左ページの 例 の答え ①2 ②-1 ③3 ④-3 ⑤3 ⑥-3

確認のワーク　ステージ 1

1節　連立方程式とその解き方
❸ いろいろな連立方程式(1)

例 1 かっこをふくむ連立方程式
教 p.46 → 基本 問題 ❶

連立方程式 $\begin{cases} 2(x+y)=y+4 & \cdots\cdots① \\ 2x+7y=16 & \cdots\cdots② \end{cases}$ を解きなさい。

考え方 かっこをはずして整理してから解く。

解き方 ①の式をかっこをはずして整理すると,

$\begin{cases} 2(x+y)=y+4 & \cdots\cdots① \\ 2x+7y=16 & \cdots\cdots② \end{cases}$ ➡ $\begin{cases} 2x+y=4 & \cdots\cdots③ \\ 2x+7y=16 & \cdots\cdots② \end{cases}$ ← $2x+2y=y+4$

$\begin{array}{rl} ③ & 2x+\ y=\ \ 4 \\ ② & -)\ 2x+7y=\ \ 16 \\ \hline & -6y=-12 \end{array}$ ← ②, ③を加減法で解く。 ← xを消去

$y=\boxed{①}$

$y=\boxed{}$ を③に代入すると,

← ①に代入しても求めることができるが, ①を整理した③に代入するほうが, 計算しやすい。

$2x+\boxed{①}=4$

$x=\boxed{②}$

> かっこをはずして整理すれば, 加減法を使って解くことができるね。

覚えておこう
かっこのついた連立方程式は, 分配法則を使ってかっこをはずしてから解く。

答 $x=\boxed{②}$, $y=\boxed{①}$

例 2 分数をふくむ連立方程式
教 p.46, 47 → 基本 問題 ❷

連立方程式 $\begin{cases} 2x-y=8 & \cdots\cdots① \\ \dfrac{2}{3}x+\dfrac{1}{2}y=1 & \cdots\cdots② \end{cases}$ を解きなさい。

考え方 ②の両辺に分母の最小公倍数をかけ, 係数を全部整数にしてから解く。

解き方 ②の両辺に $\boxed{③}$ をかけると,

$\begin{cases} 2x-y=8 & \cdots\cdots① \\ \dfrac{2}{3}x+\dfrac{1}{2}y=1 & \cdots\cdots② \end{cases}$ ➡ $\begin{cases} 2x-y=8 & \cdots\cdots① \\ 4x+3y=6 & \cdots\cdots③ \end{cases}$ ← $\left(\dfrac{2}{3}x+\dfrac{1}{2}y\right)\times 6=1\times 6$

$\begin{array}{rl} ①\times 2 & 4x-2y=16 \\ ③ & -)\ 4x+3y=\ \ 6 \\ \hline & -5y=10 \end{array}$ ← ①, ③を加減法で解く。 ← xを消去

$y=\boxed{④}$

$y=\boxed{④}$ を①に代入すると,

$2x-(\boxed{④})=8$

$x=\boxed{⑤}$

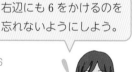

> 右辺にも 6 をかけるのを忘れないようにしよう。

たいせつ
係数に分数をふくむ連立方程式では, 両辺に分母の最小公倍数をかけて, 係数を全部整数にする。

答 $x=\boxed{⑤}$, $y=\boxed{④}$

基本問題 •• 解答 p.16

1 かっこをふくむ連立方程式 次の連立方程式を解きなさい。

(1) $\begin{cases} x+y=2 \\ 2x+3(y-2)=-3 \end{cases}$

(2) $\begin{cases} 4(x-y)+y=11 \\ 5x-3y=13 \end{cases}$

(3) $\begin{cases} 4x-3(x+2y)=16 \\ 3x+5y=2 \end{cases}$

(4) $\begin{cases} 2(3x-y)+5y=42 \\ x=-3y+2 \end{cases}$

2 分数や小数をふくむ連立方程式 次の連立方程式を解きなさい。

(1) $\begin{cases} \dfrac{3}{4}x+\dfrac{1}{2}y=1 \\ x+3y=13 \end{cases}$

(2) $\begin{cases} \dfrac{1}{2}x-\dfrac{3}{4}y=\dfrac{5}{4} \\ 2x+3y=11 \end{cases}$

(3) $\begin{cases} x+2y=16 \\ \dfrac{x}{5}-\dfrac{y}{3}=1 \end{cases}$

(4) $\begin{cases} 2x+5y=1 \\ 0.4x-0.3y=1.5 \end{cases}$

(5) $\begin{cases} 0.7x-0.3y=1.1 \\ 2x+3y=7 \end{cases}$

ここが ポイント

係数に分数をふくむとき
→ 両辺に分母の最小公倍数をかけて，係数を整数にする。
係数に小数をふくむとき
→ 両辺に 10 や 100 をかけて，係数を整数にする。

左ページの
例 の答え　①2　②1　③6　④-2　⑤3

確認のワーク **ステージ1**

1節　連立方程式とその解き方
❸ いろいろな連立方程式(2)

例1　$A=B=C$ の形の連立方程式
教 p.47 →基本問題①②

連立方程式 $5x+y=4x-y=9$ を解きなさい。

考え方 $A=B=C$ の形を $\begin{cases} A=C \\ B=C \end{cases}$ の組み合わせにする。

解き方 $5x+y=4x-y=9$ より，$\begin{cases} 5x+y=9 & \cdots\cdots① \\ 4x-y=9 & \cdots\cdots② \end{cases}$

$$
\begin{array}{l}
① \quad\quad 5x+y=9 \\
② \quad +)\ 4x-y=9 \\
\hline
\quad\quad\quad 9x\quad\quad =18
\end{array}
$$
← ①，②を加減法で解く。　y を消去

$x=\boxed{①}$

$x=\boxed{}$ を①に代入すると，

$5\times\boxed{①}+y=9$

$y=\boxed{②}$

たいせつ

$A=B=C$ の形の連立方程式は，$A=B=C$ の形を
$$\begin{cases} A=B \\ A=C \end{cases} \begin{cases} A=B \\ B=C \end{cases} \begin{cases} A=C \\ B=C \end{cases}$$
のどれかの組み合わせの連立方程式にして解く。

$\begin{cases} 5x+y=4x-y \\ 4x-y=9 \end{cases}$ とすることもできるけど，式が複雑になるね。

答 $x=\boxed{①}$，$y=\boxed{②}$

発展　例2　文字が3つの連立方程式
教 p.48 →基本問題❸

連立方程式 $\begin{cases} x+y+z=9 & \cdots\cdots① \\ 2x+3y+z=16 & \cdots\cdots② \\ z=2y & \cdots\cdots③ \end{cases}$ を解きなさい。

考え方 まずどれか1つ文字を消去し，2つの文字の連立方程式をつくる。

解き方 ③を①に代入すると，← z がある式①に代入

$x+y+2y=9 \quad\quad x+3y=9 \quad\cdots\cdots④$

③を②に代入すると，← z がある式②に代入

$2x+3y+2y=16 \quad\quad 2x+5y=16 \quad\cdots\cdots⑤$

$\begin{cases} x+3y=9 & \cdots\cdots④ \\ 2x+5y=16 & \cdots\cdots⑤ \end{cases}$

$$
\begin{array}{l}
④\times2 \quad\quad 2x+6y=18 \\
⑤ \quad\quad -)\ 2x+5y=16 \\
\hline
\quad\quad\quad\quad\quad y=\boxed{③}
\end{array}
$$
← ④，⑤を加減法で解く。　x を消去

たいせつ

文字が3つのときは，1つの文字を消去するために，その文字を残りのすべての式に代入する。

$y=\boxed{③}$ を③に代入すると，$z=2\times\boxed{③}=\boxed{④}$

$y=\boxed{③}$，$z=\boxed{④}$ を①に代入すると，$x+\boxed{③}+\boxed{④}=9$

$x=\boxed{⑤}$

答 $x=\boxed{⑤}$，$y=\boxed{③}$，$z=\boxed{④}$

基本問題 ‥‥‥‥‥‥‥‥‥‥‥‥‥‥‥‥‥‥ 解答 p.17

1 $A=B=C$ の形の連立方程式① 連立方程式 $x-3y=4x+2y+1=9$ を次の方法で解きなさい。

教 p.47問3

(1) 連立方程式 $\begin{cases} x-3y=9 \\ 4x+2y+1=9 \end{cases}$ を解いて，解を求めなさい。

知ってると得

$A=B=C$ の形は，

$\begin{cases} A=B \\ A=C \end{cases}$ $\begin{cases} A=B \\ B=C \end{cases}$ $\begin{cases} A=C \\ B=C \end{cases}$

の中で計算が簡単な組を選ぶ。

例 $A=B=9 \Rightarrow \begin{cases} A=9 \\ B=9 \end{cases}$
　　　　　C が数

(2) 連立方程式 $\begin{cases} x-3y=4x+2y+1 \\ x-3y=9 \end{cases}$ を解いて，

解を求めなさい。

2 $A=B=C$ の形の連立方程式② 次の連立方程式を解きなさい。 教 p.47問3

(1) $4x-3y=3x+2y=17$

(2) $3x-5y=6x-9y=-3$

(3) $3x+2y=5+3y=7x-2$

(4) $2x+3y=-x-3y=3x+5$

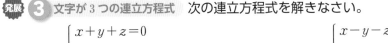

発展 3 文字が3つの連立方程式 次の連立方程式を解きなさい。 教 p.48

(1) $\begin{cases} x+y+z=0 \\ 4x+2y-z=-12 \\ x=-3y \end{cases}$

(2) $\begin{cases} x-y-z=7 \\ y=-2z \\ 3x-2y+2z=27 \end{cases}$

解答 ▶ p.18

1節　連立方程式とその解き方

① 次の x, y の値の組のなかで，連立方程式 $\begin{cases} 2x-3y=5 \\ x+2y=-1 \end{cases}$ の解はどれですか。

㋐　$x=4,\ y=1$　　　　㋑　$x=5,\ y=-3$　　　　㋒　$x=1,\ y=-1$

② 次の連立方程式を解きなさい。

(1) $\begin{cases} x+y=2 \\ x-y=-8 \end{cases}$ 　　　(2) $\begin{cases} 3x-2y=13 \\ 2y+x=-1 \end{cases}$ 　　　(3) $\begin{cases} 4x-7y=-29 \\ 2x-3y=-13 \end{cases}$

(4) $\begin{cases} 7x-3y=23 \\ 5x-9y=-11 \end{cases}$ 　　　(5) $\begin{cases} 4x-7y-6=0 \\ 3x-8y+1=0 \end{cases}$ 　　　(6) $\begin{cases} -5x+4y=28 \\ 4x+9y=2 \end{cases}$

(7) $\begin{cases} y=-3x+13 \\ y=5x-3 \end{cases}$ 　　　(8) $\begin{cases} y=2x-3 \\ 5x-4y=6 \end{cases}$ 　　　(9) $\begin{cases} 2y=3x-5 \\ 5x+2y=19 \end{cases}$

③ 次の連立方程式を解きなさい。

(1) $\begin{cases} x-2(y+3)=-3 \\ 2x+3y=13 \end{cases}$ 　　　(2) $\begin{cases} 2x-3y=7 \\ \dfrac{x}{4}+\dfrac{y}{6}=\dfrac{1}{3} \end{cases}$

(3) $\begin{cases} \dfrac{2}{3}x+\dfrac{1}{6}y=\dfrac{9}{2} \\ x+3y=15 \end{cases}$ 　　　(4) $\begin{cases} 0.7x-0.5y=1.1 \\ 6x-2y=-2 \end{cases}$

(5) $4x+5y=x+3y=-7$ 　　　(6) $-3x+y=2=x-y$

② (9) $2y=$ ▉ の形に注目して，$2y$ の部分に ▉ の式を代入する。

③ 係数が小数や分数のときは，両辺を何倍かして係数を整数にする。

4 次の連立方程式を解きなさい。

(1) $\begin{cases} 4(x-2)-3y=-25 \\ 3x-2(2y-1)=-16 \end{cases}$

(2) $\begin{cases} 3x+2(y-4)=8-2x \\ 0.01x-0.04y=-0.1 \end{cases}$

(3) $\begin{cases} 0.3x-0.1y=0.5 \\ \dfrac{3}{5}x+\dfrac{1}{2}y=8 \end{cases}$

(4) $\begin{cases} 0.4x-0.2y=0.7 \\ \dfrac{1}{3}x+\dfrac{1}{5}y=\dfrac{2}{5} \end{cases}$

(5) $\begin{cases} x-2(y+3)=-1 \\ y-\dfrac{1-x}{2}=2 \end{cases}$

レベルUP (6) $\begin{cases} 0.1x-0.35y=2 \\ \dfrac{2}{3}x+\dfrac{1}{2}y=2 \end{cases}$

レベルUP **5** 次の連立方程式を解きなさい。

(1) $\begin{cases} 3x=y \\ 2x-3y+4z=15 \\ x-y-z=0 \end{cases}$

(2) $\begin{cases} x=3z \\ y=-2z \\ x+y+z=4 \end{cases}$

入試問題を **やってみよう！** ⋯⋯⋯⋯⋯⋯⋯⋯⋯⋯⋯⋯⋯⋯⋯⋯⋯

① 次の連立方程式を解きなさい。

(1) $\begin{cases} 2x+3y=9 \\ y=3x+14 \end{cases}$ 〔千葉〕

(2) $\begin{cases} 2x-3y=16 \\ 4x+y=18 \end{cases}$ 〔富山〕

(3) $\begin{cases} 2x+y=11 \\ 8x-3y=9 \end{cases}$ 〔滋賀〕

(4) $\begin{cases} \dfrac{x}{6}-\dfrac{y}{4}=-2 \\ 3x+2y=3 \end{cases}$ 〔長崎〕

② 連立方程式 $\begin{cases} ax-by=23 \\ 2x-ay=31 \end{cases}$ の解が $x=5$, $y=-3$ であるとき，a, b の値をそれぞれ求めなさい。 〔京都〕

---

4 (5) 下の式の両辺に 2 をかけると，$2y-(1-x)=4$

5 (1) 1 つの文字を消去して，2 つの文字の連立方程式にして解く。

2 2 つの式に，$x=5$, $y=-3$ を代入して，a, b についての連立方程式を解く。

2節　連立方程式の利用
❶ 連立方程式の利用(1)

例 1 代金と個数の問題

教 p.49 → 基本問題 ❶❷

1冊100円のノートと1冊80円のノートを合わせて8冊買ったら，代金の合計は700円でした。2種類のノートをそれぞれ何冊買いましたか。

考え方 冊数の関係と代金の関係について，方程式をつくる。

解き方 ① 100円のノートを x 冊，80円のノートを y 冊買ったとすると，

②
$$\begin{cases} x+y=8 & \cdots\cdots① \leftarrow 合わせて8冊買った。\\ \boxed{①} =700 & \cdots\cdots② \leftarrow 代金が700円。 \end{cases}$$

③
$$\begin{array}{r} ①×80 \quad 80x+80y= 640 \\ ② \quad -)100x+80y= 700 \\ \hline -20x \quad\quad =-60 \end{array}$$

$$x=\boxed{②}$$

$x=\boxed{②}$ を①に代入すると，$y=\boxed{③}$

④ 求めた解は，問題に適している。 ← 合わせて8冊買ったので，xもyも8以下の正の整数である。

答 100円のノート $\boxed{②}$ 冊，80円のノート $\boxed{③}$ 冊

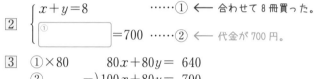

> **連立方程式の文章題**
> ① 何を文字を使って表すか決める。
> ② 等しい関係を2つ見つけ，連立方程式をつくる。
> ③ 連立方程式を解く。
> ④ 解が問題に適しているか確かめる。

例 2 代金と代金の問題

教 p.51 → 基本問題 ❸❹

ジュース3本とお茶7本の代金の合計は1010円，ジュース8本とお茶2本の代金の合計は860円です。ジュース1本とお茶1本の値段は，それぞれ何円ですか。

考え方 代金の合計について，2つの方程式をつくる。

解き方 ① ジュース1本の値段を x 円，お茶1本の値段を y 円とすると，

②
$$\begin{cases} 3x+7y=1010 & \cdots\cdots① \leftarrow \text{ジュース3本とお茶7本の代金の合計は1010円。}\\ \boxed{④} =860 & \cdots\cdots② \leftarrow \text{ジュース8本とお茶2本の代金の合計は860円。} \end{cases}$$

③
$$\begin{array}{r} ①×2 \quad 6x+14y= 2020 \\ ②×7 \quad -)56x+14y= 6020 \\ \hline -50x \quad\quad =-4000 \end{array}$$

$$x=\boxed{⑤}$$

$x=\boxed{⑤}$ を①に代入すると，$y=\boxed{⑥}$

④ 求めた解は，問題に適している。 ← xもyも正の整数である。

答 ジュース1本の値段 $\boxed{⑤}$ 円，お茶1本の値段 $\boxed{⑥}$ 円

> **たいせつ**
> （代金）＝（単価）×（個数）
> 例 1枚 x 円の画用紙 7枚の代金
> → $x×7=7x$ （円）

> 文章題では，解が問題に適しているか，かならず確かめよう。

基本問題

解答 p.21

1 **代金と個数の問題①**　1個80円のオレンジと1個140円のりんごを合わせて15個買うと，代金の合計は1560円でした。オレンジを x 個，りんごを y 個買ったとして，次の問に答えなさい。

教 p.49

2章

(1)　個数の関係から，方程式をつくりなさい。

(2)　代金の関係から，方程式をつくりなさい。

(3)　(1)と(2)の式を連立方程式として解き，オレンジとりんごをそれぞれ何個買ったか求めなさい。

2 **代金と個数の問題②**　おとな1人600円，中学生1人400円の入園料をはらって，おとなと中学生何人かで動物園に入ったところ，入園料の合計は6000円でした。おとなより中学生のほうが5人多いとき，おとなと中学生はそれぞれ何人でしたか。

教 p.49

おとなより中学生のほうが5人多いから，方程式をつくると…

3 **代金と代金の問題**　サンドイッチ2個とおにぎり5個を買うと，代金の合計は830円，サンドイッチ4個とおにぎり3個を買うと，代金の合計は750円です。サンドイッチ1個とおにぎり1個の値段は，それぞれ何円ですか。

教 p.51問1

ここがポイント

代金の等しい関係が2つあるので，代金の合計についての方程式を2つつくる。

4 **重さの問題**　2種類の品物A，Bがあります。A3個とB1個の重さは合わせて800g，A1個とB2個の重さは合わせて400gです。A1個の重さを x g，B1個の重さを y g として，A，Bの重さをそれぞれ求めなさい。

教 p.51問1

確認のワーク　ステージ 1　2節　連立方程式の利用
1 連立方程式の利用(2)

例 1 速さの問題

教 p.52 → 基本問題 1 2

A地点から 140 km はなれたB地点まで自動車で行くのに，はじめは時速 30 km で走り，途中（とちゅう）から高速道路を時速 80 km で走ったところ，全体で 3 時間かかりました。

時速 30 km と時速 80 km で走った道のりは，それぞれ何 km ですか。

考え方　それぞれの速さで走った時間，道のりを表にまとめて考える。

解き方　1　時速 30 km で x km，時速 80 km で y km

走ったとすると，

2
$$\begin{cases} x+y=140 & \cdots\cdots① \leftarrow \text{全体で 140 km 走った。} \\ \boxed{②}=3 & \cdots\cdots② \leftarrow \text{全体で 3 時間かかった。} \end{cases}$$

	時速 30 km	時速 80 km	全体
道のり(km)	x	y	140
速さ(km/時)	30	80	
時間 (時間)	①	$\dfrac{y}{80}$	3

3　①×3　　　　　$3x+3y=420$
　　②×240　　−)$8x+3y=720$
　　　　　　　　　$-5x=-300$
　　　　　　　　　　　　　$x=\boxed{③}$

$x=\boxed{③}$ を①に代入すると，$y=\boxed{④}$

思い出そう

・(道のり)＝(速さ)×(時間)

・(速さ)＝$\dfrac{(道のり)}{(時間)}$

・(時間)＝$\dfrac{(道のり)}{(速さ)}$

4　求めた解は，問題に適している。←　どちらも 140 以下の正の数である。

答　時速 30 km で $\boxed{③}$ km，時速 80 km で $\boxed{④}$ km

例 2 割合の問題

教 p.53 → 基本問題 3 4

ある中学校の 2 年生は，全体で 110 人います。そのうち，男子の 10 % と女子の 15 % の合わせて 14 人が美術部員です。2 年生全体の男子と女子の人数は，それぞれ何人ですか。

考え方　男子と女子の全体の人数と美術部員数を表にまとめて考える。

解き方　1　2 年生の男子を x 人，女子を y 人とすると，

2
$$\begin{cases} x+y=110 & \cdots\cdots① \leftarrow \text{全体の人数は 110 人。} \\ \boxed{⑥}=14 & \cdots\cdots② \leftarrow \text{美術部員数は 14 人。} \end{cases}$$

	男子	女子	合計
全体の人数(人)	x	y	110
美術部員数(人)	⑤	$\dfrac{15}{100}y$	14

3　①×10　　　　　$10x+10y=1100$
　　②×100　−)$10x+15y=1400$
　　　　　　　　　　$-5y=-300$
　　　　　　　　　　　　$y=\boxed{⑦}$

$y=\boxed{⑦}$ を①に代入すると，$x=\boxed{⑧}$

表に表すと，等しい関係を見つけやすいね。

4　求めた解は，問題に適している。←　どちらも 110 以下の正の整数である。

答　男子 $\boxed{⑧}$ 人，女子 $\boxed{⑦}$ 人

基本問題

解答 p.21

1 **速さの問題①** かいとさんは午前8時に家を出て，900 m はなれた学校に向かいました。はじめは毎分 60 m の速さで歩いていましたが，遅刻しそうになったので，途中から毎分 150 m の速さで走り，午前8時12分に学校に着きました。歩いた道のりと走った道のりは，それぞれ何 m ですか。

 教 p.52問3

2 **速さの問題②** A地点を出発して，自転車で 36 km はなれたB地点まで行きました。途中のC地点までは時速 16 km で走っていましたが，C地点から時速 12 km で走ったところ，A地点を出発してからB地点に着くまでに2時間30分かかりました。AC間，CB間の道のりは，それぞれ何 km ですか。

教 p.52問3

ミス注意

方程式をつくるとき，単位をそろえることに注意。

2時間30分 ➡ $\frac{5}{2}$ 時間

3 **割合の問題①** ある店で，お弁当とサンドイッチを1つずつ買うのに，定価で買うと合わせて 950 円になります。お弁当を定価の 20 % 引き，サンドイッチを定価の 40 % 引きで買ったので，合わせて 260 円安くなりました。お弁当とサンドイッチの定価は，それぞれ何円ですか。

教 p.53問4

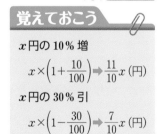

覚えておこう

x 円の 10 % 増
$$x \times \left(1 + \frac{10}{100}\right) \Rightarrow \frac{11}{10}x \ (円)$$

x 円の 30 % 引
$$x \times \left(1 - \frac{30}{100}\right) \Rightarrow \frac{7}{10}x \ (円)$$

4 **割合の問題②** ある工場で，製品Aと製品Bを合わせて 500 個つくったところ，不良品が製品Aには 20 %，製品Bには 10 % あり，不良品の合計は 70 個でした。製品A，Bを，それぞれ何個つくりましたか。

教 p.53問4

つくった製品の個数の合計と，不良品の個数の合計について，方程式をつくればいいね。

左ページの 例 の答え ① $\frac{x}{30}$ ② $\frac{x}{30}+\frac{y}{80}$ ③ 60 ④ 80 ⑤ $\frac{10}{100}x$ ⑥ $\frac{10}{100}x+\frac{15}{100}y$ ⑦ 60 ⑧ 50

解答 p.22

2節　連立方程式の利用

よく出る ❶ 鉛筆 4 本とノート 3 冊の代金の合計は 680 円，鉛筆 5 本とノート 6 冊の代金の合計は 1120 円でした。鉛筆 1 本の値段とノート 1 冊の値段は，それぞれ何円ですか。

❷ 2 けたの自然数があります。各位の数の和は 10 で，十の位の数と一の位の数を入れかえた数は，もとの数より 18 大きくなります。もとの自然数を，十の位を x，一の位を y として求めなさい。

❸ かなさんは，朝 7 時に家を出て 2.1 km はなれた学校へ向かいました。はじめ分速 140 m で走り，途中から分速 70 m で歩きました。学校には，7 時 22 分に着きました。かなさんは，自分の走った時間を知るために，走った時間を x 分，歩いた時間を y 分として，次のような連立方程式をつくって考えました。□にあてはまる数，または式を書いて，かなさんが走った時間，歩いた時間を求めなさい。

$$\begin{cases} x+y= \boxed{}^{⑦} \\ 140x+ \boxed{}^{⑦} =2100 \end{cases}$$

❹ ある中学校の昨年度の生徒数は 665 人でした。今年度は，昨年度に比べて男子が 4 ％，女子が 5 ％ 増えたので，全体で 30 人増えました。昨年度の男子を x 人，女子を y 人とします。

(1) 昨年度の男子と女子の生徒数は，それぞれ何人ですか。

(2) 今年度の男子と女子の生徒数は，それぞれ何人ですか。

❺ そうたさんは，1 個 80 円のお菓子と 1 個 100 円のお菓子を，合わせて 20 個買う予定で店に行きました。ところが，この 2 種類のお菓子の個数を反対にし，合わせて 20 個買ったため，予定の金額より 40 円安く買えました。そうたさんは最初，1 個 80 円のお菓子と 1 個 100 円のお菓子をそれぞれ何個買う予定でしたか。

❷ 十の位を x，一の位を y とする 2 けたの自然数は，$10x+y$ と表される。

❹ 今年度の男子の生徒数は，昨年度の $\left(1+\dfrac{4}{100}\right)$ 倍だから $\dfrac{104}{100}x$ となる。

**レベル
UP ⑥** A地点からB地点を通ってC地点まで行くとき，AB間を歩き，BC間を自転車で行くと
4時間20分かかり，AB間を自転車で行き，BC間を歩くと5時間40分かかります。歩く
速さは毎時3km，自転車の速さは毎時15kmです。このとき，AB間，BC間の道のりは，
それぞれ何kmですか。

⑦ ある中学校の2年生200人で，使用する水の量を節約するために，次の3つの取り組みA
からCを30日間行い，取り組みの内容と節約できる水の量を下の表にまとめました。次の
問に答えなさい。なお，Bの取り組みは200人全員で行うものとします。

取り組み	取り組みの内容	節約できる水の量（1人あたり）
A	歯をみがくとき水を出しっぱなしにしない。	1日で6L
B	シャワーを浴びるとき水を出しっぱなしにしない。	1日で36L
C	顔や手を洗うとき，水を出しっぱなしにしない。	30日間で360L

(1) Bの取り組みで，節約できた水の量は，全部で何Lですか。

(2) 200人の生徒それぞれが，AとCの取り組みのどちらか1つを選び，30日間行いました。
その結果，AからC全体で261000Lの水の節約をすることができました。AとCの取り
組みを行った人数は，それぞれ何人ですか。

(3) (2)のようにAとCの取り組みを選んで30日間行うとき，節約できる水の量をAからC
全体で280000Lにすることができるかどうかを説明しなさい。

入試問題を やってみよう！ ・・・・・・・・・・・・・・・・・・・・・・

① ある中学校の生徒数は180人です。このうち，男子の16％と女子の20％の生徒が自転車
で通学しており，自転車で通学している男子と女子の人数は等しいです。このとき，自転車
で通学している生徒の人数は全部で何人か求めなさい。　　　　　　　　　　　　　〔愛知〕

⑥ AB間を x km，BC間を y km として，全体の時間の関係を2つの方程式で表す。
方程式をつくるときは，時間の単位に注意する。
⑦ (3) 連立方程式の解が問題に適しているかを考える。

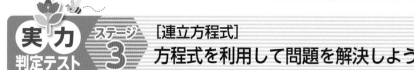

実力判定テスト ステージ3 ［連立方程式］
方程式を利用して問題を解決しよう 40分 /100

1 次の連立方程式のうち，$x=4$，$y=-2$ が解となるものはどれですか。 （5点）

㋐ $\begin{cases} x+2y=7 \\ 2x+y=1 \end{cases}$　　　　㋑ $\begin{cases} 2x+y=6 \\ x-3y=-7 \end{cases}$　　　　㋒ $\begin{cases} x-2y=8 \\ 2x+5y=-2 \end{cases}$

（　　　　　）

2 次の連立方程式を解きなさい。 5点×8（40点）

(1) $\begin{cases} 3x-2y=13 \\ x+2y=-1 \end{cases}$　　　(2) $\begin{cases} x+y=9 \\ x-3y=1 \end{cases}$　　　(3) $\begin{cases} 5x-3y=5 \\ 2x-y=3 \end{cases}$

（　　　　　）　　　　（　　　　　）　　　　（　　　　　）

(4) $\begin{cases} 3x+4y=2 \\ 2x-3y=7 \end{cases}$　　　(5) $\begin{cases} 5x-4y=9 \\ 2x-3y=5 \end{cases}$　　　(6) $\begin{cases} y=2x-1 \\ 4x-y=9 \end{cases}$

（　　　　　）　　　　（　　　　　）　　　　（　　　　　）

(7) $\begin{cases} y=-x+15 \\ y=3x-21 \end{cases}$　　　(8) $\begin{cases} 9x-2y=64 \\ 4x+5y=-1 \end{cases}$

（　　　　　）　　　　（　　　　　）

3 次の連立方程式を解きなさい。 5点×4（20点）

(1) $\begin{cases} 3x-2(y-2)=3 \\ 6x-7y=10 \end{cases}$　　　　　(2) $\begin{cases} x+\dfrac{5}{2}y=2 \\ 3x+4y=-1 \end{cases}$

（　　　　　）　　　　（　　　　　）

(3) $\begin{cases} 3x+2y=6 \\ 0.3x-0.2y=-1 \end{cases}$　　　　(4) $x+y=5x+6y=1$

（　　　　　）　　　　（　　　　　）

2 章

目標 ②③の計算問題は確実に計算できるようにしよう。⑤~⑦の文章問題は連立方程式がつくれるようになろう。

自分の得点まで色をぬろう!

😣がんばろう! 😊もう一歩 😄合格!

0　　　　　　　　　　　60　　80　100点

4 連立方程式 $\begin{cases} 2ax + by = 8 \\ ax - 3by = -10 \end{cases}$ の解が，$x=2$，$y=1$ のとき，a，b の値を求めなさい。

（5点）

（　　　　　　　　　）

5 りんご 2 個となし 3 個を買うと代金の合計は 480 円で，りんご 3 個となし 1 個を買うと，代金の合計は 440 円でした。

5点×2（10点）

(1)　りんご 1 個の値段を x 円，なし 1 個の値段を y 円として，連立方程式をつくりなさい。

（　　　　　　　　　　　　　　）

(2)　りんご 1 個，なし 1 個の値段をそれぞれ求めなさい。

（りんご　　　　　円，なし　　　　　円）

6 ある中学校では，男子が女子より 20 人少なく，男子の 10 % と女子の 8 % の合わせて 25 人が陸上部に入っています。

5点×2（10点）

(1)　男子の人数を x 人，女子の人数を y 人として，連立方程式をつくりなさい。

（　　　　　　　　　　　　　　）

(2)　男子と女子の人数をそれぞれ求めなさい。

（男子　　　　　人，女子　　　　　人）

7 みきさんは，家から 960 m はなれた図書館でゆうたさんと待ち合わせをしました。約束の時刻は今から 10 分後で，ちょうどその時刻に図書館に着くことにします。みきさんの歩く速さは毎分 60 m，走る速さは毎分 150 m です。今から家を出ると何分歩いて何分走ればよいですか。

（10点）

（　　　　　　　　　）

アプリ【どこでもワーク計算編】をやって，さらに力をつけよう!

 ステージ **1** **1 節　1 次関数　2 節　1 次関数の性質と調べ方**
■ 1 次関数　■ 1 次関数の値の変化

例 **1** 1 次関数

教 p.60〜61 → 基本 問題 **1**

次の⑦〜⑰について，y を x の式で表し，y が x の 1 次関数であるものをすべて選びなさい。

⑦　1 m の重さが 50 g の針金 x m の重さ y g。

④　面積が 20 cm² の長方形の縦の長さ x cm と横の長さ y cm。

⑰　水が 10 L 入っている水そうに毎分 2 L ずつ水を入れていくときの，時間 x 分と水の量 y L。

考え方　y を x の式で表し，$y=ax+b$ の形で表すことができるかどうかを調べる。

解き方　⑦　（全体の重さ）＝（1 m の重さ）×（長さ）

$$y \quad = \quad 50 \quad × \quad x$$

$y=50x$ と表されるから，y は x の 1 次関数で [①　　]。

└─ $y=ax+b$ で $b=0$ の場合。

④　（長方形の面積）＝（縦）×（横）

$$20 \quad = \quad x \quad × \quad y$$

$y=\dfrac{20}{x}$ と表されるから，y は x の 1 次関数で [②　　]。

└─ y は x に反比例する。

⑰　（水の量）＝（1 分間に入れる水の量）×（時間）＋（はじめの水の量）

$$y \quad = \quad 2 \quad × \quad x \quad + \quad 10$$

$y=2x+10$ と表されるから，y は x の 1 次関数で [③　　]。　答 [④　　]，[⑤　　]

> **たいせつ**
> 1 次関数…y が x の関数で，y が x の 1 次式で表されるとき，y は x の 1 次関数であるという。
> 1 次関数の式…1 次関数は，一般に次のように表される。
> $$y=\underset{x\text{に比例する部分}}{\boxed{ax}}+\underset{\text{定数の部分}}{\boxed{b}}$$

例 **2** 変化の割合

教 p.63〜64 → 基本 問題 **234**

1 次関数 $y=2x-3$ で，x の値が 1 から 4 まで増加したときの変化の割合を求めなさい。

考え方　x の増加量に対する y の増加量の割合を変化の割合という。

解き方　x の増加量は，

　4 − 1 ＝ 3

y の増加量は，

　(2×4−3) − (2×1−3) = 5 − (−1) = [⑥　　]

2x−3 に x=4 を代入。2x−3 に x=1 を代入。

したがって，

　（変化の割合）＝ $\dfrac{（y\text{の増加量}）}{（x\text{の増加量}）}=\dfrac{6}{3}=$ [⑦　　]

x	$\cdots$	1	$\cdots$	4	$\cdots$
y	$\cdots$	-1	$\cdots$	5	$\cdots$

（上段 3，下段 6 の増加量を示す矢印あり）

> **たいせつ**
> 1 次関数 $y=ax+b$ で，変化の割合は一定で，a に等しい。
> （変化の割合）＝ $\dfrac{（y\text{の増加量}）}{（x\text{の増加量}）}=a$

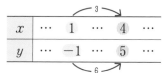

基本問題 .... 解答 p.25

1 1次関数　次の⑦〜⑦について，下の問に答えなさい。 教 p.60〜61

⑦　水が1000 L 入っている水そうから，x L の水を出すとき，残っている水の量は y L である。

⑦　50 km の道のりを，時速 x km で走ると y 時間かかる。

⑦　底辺の長さが 10 cm，高さが x cm の平行四辺形の面積 y cm^2。

(1)　⑦〜⑦のそれぞれについて，y を x の式で表しなさい。

> **知ってると得**
> 1次関数 $y=ax+b$ で，$b=0$ のとき，比例の式 $y=ax$ となる。
> つまり，比例の関係は，1次関数の特別な場合である。

(2)　⑦〜⑦の中から，y が x の1次関数であるものをすべて選び，記号で答えなさい。

3章

2 変化の割合　1次関数 $y=-4x+1$ で，x の値が次のように増加したときの変化の割合を，それぞれ求めなさい。 教 p.64問1

(1)　3から5まで　　　　　　　(2)　-6 から -2 まで

3 変化の割合と y の増加量　次の1次関数⑦，⑦があります。 教 p.64問2

　　⑦　$y=3x+2$　　　⑦　$y=-2x+5$

(1)　⑦，⑦の変化の割合をそれぞれいいなさい。

> **覚えておこう**
> （変化の割合）$=\dfrac{（y の増加量）}{（x の増加量）}=a$
> の式から，
> （y の増加量）$=a×（x の増加量）$
> が成り立つ。

(2)　⑦，⑦で，x の増加量が5のときの y の増加量を，それぞれ求めなさい。

4 反比例の変化の割合　反比例 $y=\dfrac{12}{x}$ で，x の値が次のように増加したときの変化の割合を，それぞれ求めなさい。 教 p.64問4

(1)　1から3まで　　　　(2)　4から6まで

> 1次関数の変化の割合は一定だけど，反比例のときはどうなるかな？

確認のワーク　ステージ1　2節　1次関数の性質と調べ方
❷ 1次関数のグラフ(1)

例 1 1次関数のグラフ　　　　　　　　　　　数 p.65〜67 → 基本問題 ❶❷

1次関数 $y=2x-3$ について，次の問に答えなさい。

(1) $y=2x-3$ のグラフは，$y=2x$ のグラフを y 軸のどちらの方向にどれだけ平行移動させたものか答えなさい。

(2) $y=2x-3$ のグラフが y 軸と交わる点の座標をいいなさい。

(3) $y=2x-3$ のグラフでは，右へ 3 だけ進むとき，上にどれだけ進むか求めなさい。

考え方 (1)(2) $y=2x-3$ のグラフと $y=2x$ のグラフの関係を考える。

(3) $y=2x-3$ のグラフで，右へ 1 進んだとき，上にどれだけ進むかを考える。

解き方 (1) $y=2x-3$ について，x の値に対応する y の値を求めると，次のようになる。

x	…	-4	-3	-2	-1	0	1	2	3	4	…
$2x$	3小さい	-8	-6	-4	-2	0	2	4	6	8	…
$2x-3$	…	-11	-9	-7	-5	-3	-1	1	3	5	…

上の表より，x のどの値についても，$y=2x-3$ の y の値は，$y=2x$ の y の値より，①[　　]小さい。

したがって $y=2x-3$ のグラフは，$y=2x$ のグラフを y 軸の②[　　]の方向に③[　　]だけ平行移動したものである。

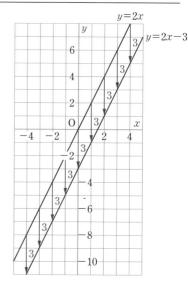

1次関数 $y=ax+b$ のグラフは，$y=ax$ のグラフを y 軸の正の方向に b だけ平行移動したものになるよ。

(2) $x=0$ のときの y の値は④[　　]だから，
「切片」という。

グラフが y 軸と交わる点の座標は，

$(0,$ ④[　　]$)$

(3) $y=2x-3$ のグラフは，右へ 1 だけ進むと，
上に 2 だけ進むので，右へ 3 だけ進むとき，

上に⑤[　　]だけ進む。
↑ 2×3

$y=ax+b$ の a は，グラフ上の点が右へ 1 だけ進むとき，上へ a だけ進むことを表すんだね。

基本問題 解答 p.25

1 1次関数のグラフ① 次の⑦～⑦の1次関数について，下の問に答えなさい。  教 p.65～67

⑦ $y=3x-5$ 　　⑦ $y=-2x$ 　　⑦ $y=3x-9$

⑦ $y=-2x+1$ 　　⑦ $y=2x$

(1) 点 $(4，3)$ がそのグラフ上にある直線はどれか，記号で答えなさい。

(2) グラフが，⑦のグラフと平行な直線であるものをいいなさい。

(3) ⑦について，x の値に対応する y の値を求めて，下の□をうめなさい。

x	…	-3	-2	-1	0	1	2	3	…
$3x$	…	-9	-6	-3	0	3	6	9	…
$3x-5$	…	□	□	□	□	□	□	□	…

(4) ⑦のグラフは，$y=3x$ のグラフを上または下へどれだけ平行移動させたものか答えなさい。

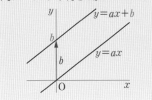

ここがポイント

1次関数 $y=ax+b$ のグラフは，$y=ax$ のグラフを y 軸の正の方向に b だけ平行移動したもの。

(5) ⑦のグラフでは，右へ4だけ進むとき，上へどれだけ進むか答えなさい。

2 1次関数のグラフ② 1次関数 $y=-3x+4$ のグラフについて，次の問に答えなさい。

教 p.67

(1) y 軸と交わる点の座標をいいなさい。

$y=-3x+4$ のグラフは，$y=-3x$ のグラフをどのように平行移動したものかな？

(2) 右に4進むとき，下へどれだけ進みますか。

左ページの 例 の答え ①3 ②負（正） ③3（-3） ④-3 ⑤6

確認のワーク　ステージ **1**　2節　1次関数の性質と調べ方
2 1次関数のグラフ⑵

例 **1** 傾きと切片

教 p.68 → 基本問題 **1**

次の1次関数について，グラフの傾きと切片をいいなさい。

(1) $y=5x-6$　　　　(2) $y=x+10$　　　　(3) $y=-9x$

考え方　1次関数 $y=ax+b$ のグラフは，傾きが a，切片が b の直線である。

解き方 (1)　$y=ax+b$ の a にあたるのは ①□

b にあたるのは ②□ より，傾きは ①□，

切片は ②□ 。

(2)　x の係数は ③□ なので，傾きは ③□，

切片は ④□ ↑ $x=1x$

(3)　x の係数は ⑤□ なので，傾きは ⑤□，切片は，b にあたる部分がないので

⑥□ ← 原点を通る直線では，切片は0。

覚えておこう

1次関数 $y=ax+b$ のグラフは，傾きが a，切片が b の直線である。
傾き a ➡ 直線の傾きぐあいを表す。
切片 b ➡ y 軸と交わる点 $(0,\ b)$ の y 座標である。

例 **2** 1次関数のグラフをかく

教 p.69〜70 → 基本問題 **2 3**

次の1次関数のグラフをかきなさい。

(1) $y=2x+1$　　　　(2) $y=-\dfrac{1}{3}x+2$

考え方　傾きと切片から，グラフが通る2つの点を求めて，直線をひく。

解き方 (1)　切片が1だから，

y 軸上の点 ⑦□ を

通る。また，傾きが2だか

ら，$(0,\ 1)$ から右へ1，上

へ2進んだ点 ⑧□

を通る。

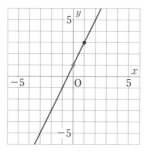

(2)　切片が2だから，y 軸

上の点 ⑨□ を通

る。また，傾きが $-\dfrac{1}{3}$ だ

から，$(0,\ 2)$ から右へ3，

下へ1進んだ点 ⑩□ を通る。

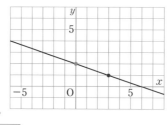

1次関数の増減とグラフ

① $a>0$ のとき…x の値が増加すれば y の値も増加する。グラフは右上がりの直線となる。

② $a<0$ のとき…x の値が増加すれば y の値は減少する。グラフは右下がりの直線となる。

基本問題 解答 p.26

1 傾きと切片　1次関数 $y=3x-4$ について，次の問に答えなさい。　教 p.68問4

(1)　傾きと切片をいいなさい。

(2)　グラフが y 軸と交わる点の座標をいいなさい。

3章

2 1次関数のグラフをかく①　次の⑦〜④について，下の問に答えなさい。　教 p.69問6

⑦　$y=2x-5$　　　　　④　$y=-4x+1$

⑦　$y=-\dfrac{1}{2}x+4$　　④　$y=\dfrac{3}{4}x-2$

(1)　⑦〜④のグラフのうち，右下がりの直線であるものをいいなさい。

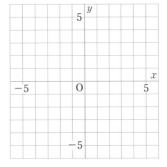

(2)　⑦〜④のグラフをかきなさい。

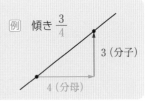

知ってると得

傾きが分数のとき
➡右に分母の数，上に分子の数だけ進んだ点を通る直線となる。

例　傾き $\dfrac{3}{4}$

3（分子）
4（分母）

3 1次関数のグラフをかく②　1次関数 $y=-3x+2$ について，次の問に答えなさい。

教 p.69問6

(1)　この関数のグラフをかきなさい。

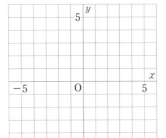

(2)　$x=-1$，$x=2$ に対応する y の値をそれぞれ求めなさい。

(3)　x の値が1増加すると，y の値はいくつ増加または減少しますか。

確認 のワーク ステージ **1** **2節 1次関数の性質と調べ方**
❸ 1次関数の式を求める方法

例 1 傾きや切片と1点の座標から1次関数を求める ── 教 p.72 → 基本問題 ❷

次の条件をみたす1次関数の式を求めなさい。

(1) グラフの傾きが2で，点$(-1, 2)$を通る。

(2) グラフが点$(3, 2)$を通り，切片が8である。

考え方 (1) $y=ax+b$ と表し，通る点の座標を代入して b を求める。

(2) $y=ax+b$ と表し，通る点の座標を代入して a を求める。

解き方 (1) 傾きが2だから，1次関数の式を $y=2x+b$ とする。

切片がわからないので切片を b とする。

点$(-1, 2)$を通るから，この式に $x=-1$，$y=2$ を代入すると，

$$2=2\times(-1)+b \qquad b=\boxed{①}$$

答 $y=\boxed{②}$

> **1次関数の求め方①**
> 傾き a と1点の座標がわかるとき
> $y=ax+b$ と表し，通る点の
> 座標を代入して b を求める。
> 切片 b と1点の座標がわかるとき
> $y=ax+b$ と表し，通る点の
> 座標を代入して a を求める。

(2) 切片が8だから，1次関数の式を $y=ax+8$ とする。

傾きがわからないので傾きを a とする。

点$(3, 2)$を通るから，この式に $x=3$，$y=2$ を代入すると，

$$2=a\times3+8 \qquad a=\boxed{③}$$

答 $y=\boxed{④}$

例 2 2点の座標から1次関数を求める ── 教 p.73 → 基本問題 ❸ ❹

グラフが2点$(2, 4)$，$(5, 13)$を通る1次関数の式を求めなさい。

考え方 通る2点から傾きを求め，$y=ax+b$ と表し，通る点の座標を代入する。

解き方 2点$(2, 4)$，$(5, 13)$を通る直線の傾きは，

$$\frac{13-4}{5-2}=3 \longleftarrow (傾き)=(変化の割合)=\frac{(yの増加量)}{(xの増加量)}$$

したがって，求める1次関数の式を $y=3x+b$ とする。

点$(2, 4)$を通るから，この式に $x=2$，$y=4$ を代入すると，$4=3\times2+b \qquad b=\boxed{⑤}$

> **1次関数の求め方②**
> 2点の座標がわかるとき
> 2点の座標から傾き a を
> 求める。$y=ax+b$ と表
> し，通る点の座標を代入
> して b を求める。

別解 求める1次関数の式を $y=ax+b$ とする。

$x=2$ のとき $y=4$ だから，$4=2a+b$ ……①

$x=5$ のとき $y=13$ だから，$13=5a+b$ ……②

①，②を連立方程式として解くと，

$$a=\boxed{⑥}, \quad b=\boxed{⑤}$$

どちらの方法で
求めてもいいよ。

答 $y=\boxed{⑦}$

基 本 問 題

解答 p.26

1 直線の式を求める 次の直線(1)〜(4)の式を求めなさい。

教 p.71 問 1

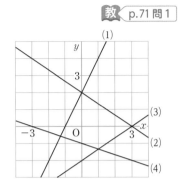

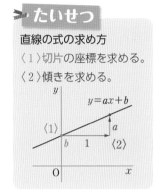

たいせつ

直線の式の求め方

〈1〉切片の座標を求める。
〈2〉傾きを求める。

2 1次関数を求める① 次の条件をみたす1次関数の式を求めなさい。

教 p.72 問2, 問3

(1) 変化の割合が2で，$x=3$ のとき $y=7$

(2) グラフの傾きが -4 で，点 $(1, 2)$ を通る。

(3) グラフが点 $(2, 8)$ を通り，切片が2

(4) グラフが点 $(1, -6)$ を通り，直線 $y=-5x$ に平行。

3 1次関数を求める② 次の条件をみたす1次関数の式を求めなさい。

教 p.73 問 4

(1) グラフが2点 $(2, -1)$, $(5, -7)$ を通る。

(2) グラフが2点 $(2, 21)$, $(-3, -4)$ を通る。

(3) $x=1$ のとき $y=1$, $x=4$ のとき $y=10$

ここがポイント

x, y の増加量に注目して，
2点の座標から傾きを求める。

(4) $x=2$ のとき $y=3$, $x=-6$ のとき $y=35$

4 1次関数を求める③ 次の直線の式を求めなさい。

教 p.73 問 4

(1) 2点 $(2, 7)$, $(-1, -8)$ を通る直線の式。

(2) 点 $(-2, 10)$ を通り，x 軸と点 $(3, 0)$ で交わる直線。

解答 ▶ p.28

定着のワーク **ステージ2**
1節　1次関数
2節　1次関数の性質と調べ方

1 次の㋐〜㋔について，y が x の1次関数であるものをすべて選びなさい。

㋐　1辺が x cm の正方形の面積は y cm² である。

㋑　面積が 60 cm² の三角形の，底辺の長さが x cm のときの高さは y cm である。

㋒　水が 40 L 入った水そうから1分間に2Lずつ水をぬいていくと，x 分後の水の量は y L である。

㋓　長さ 20 cm で，おもりを1gつるすごとに 0.5 cm ずつのびるばねばかりで，x g のおもりをつるしたときの全体の長さは y cm である。

2 1次関数 $y = -x + 2$ について，次の問に答えなさい。

(1)　$y = -x$ のグラフを上または下にどれだけ平行移動させたものか答えなさい。

(2)　変化の割合をいいなさい。

(3)　x の値が -4 から -1 まで増加したときの y の増加量を求めなさい。

(4)　x の増加量が5のときの y の増加量を求めなさい。

(5)　グラフの傾きと切片をいいなさい。

3 次の1次関数のグラフをかきなさい。

(1)　$y = -\dfrac{1}{2}x - 3$　　　　(2)　$y = \dfrac{4}{3}x - 5$

(3)　$y = -\dfrac{3}{4}x + 2$　　レベルUP (4)　$y = -\dfrac{2}{5}x + \dfrac{3}{5}$

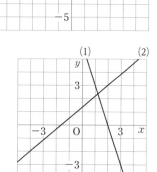

レベルUP **4** 右の図の直線(1)，(2)の式を求めなさい。

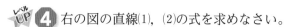

1 $y = ax + b$ の形で表すことができれば1次関数である。

3 (4) 切片以外の座標を求める。$x = -1$，$x = 4$ のとき，y は整数となる。

4 x 座標，y 座標がともに整数である2点を見つけて，傾きを求める。

5 次の条件をみたす 1 次関数の式を求めなさい。

(1) 変化の割合が -4 で，$x=-1$ のとき $y=1$

(2) グラフが点 $(4,\ 0)$ を通り，直線 $y=\dfrac{1}{2}x+3$ に平行。

(3) $x=2$ のとき $y=7$ で，x が 2 だけ増加すると，y は 3 だけ増加する。

(4) グラフが 2 点 $(3,\ -1)$，$(-1,\ 2)$ を通る。

6 次の条件をみたす 1 次関数の式を求めなさい。

(1) 変化の割合が，1 次関数 $y=5x+2$ に等しく，$x=2$ のとき $y=6$

(2) 点 $(3,\ 2)$ を通り，原点と点 $(-2,\ 3)$ を通る直線に平行。

(3) x の値に対応する y の値が，右の表のようになる。

x	…	2	3	4	…
y	…	2	-1	-4	…

3 章

7 右の図のように，2 つの直線①，②があります。点Aは 2 つの直線の交点で，その x 座標は 2 です。

(1) ①の直線の式を求めなさい。

(2) 点Aの座標を求めなさい。

(3) ②の直線の式を求めなさい。

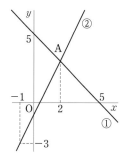

![入試問題を やってみよう！]

1 a，b を正の定数とします。次の⑦～①のうち，関数 $y=ax+b$ のグラフの一例が示されているものはどれですか。 〔大阪〕

⑦
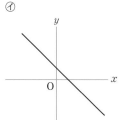

⑦
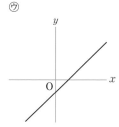

⑦
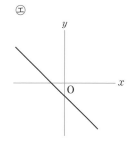

①

5 (2) 平行 ➡ 傾きが等しい。
7 (2) 点Aは直線①上にあり，x 座標が 2 である。
　(3) 点Aと点 $(-1,\ -3)$ を通る。

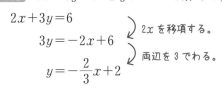

確認のワーク　ステージ**1**　3節　2元1次方程式と1次関数
■ **2元1次方程式のグラフ**

例1 2元1次方程式のグラフ　　　　　　　教 p.76〜78 → 基本問題 ❶ ❸

方程式 $2x+3y=6$ のグラフをかきなさい。

考え方 y について解いて，$y=ax+b$ の形に変形する。

解き方 $2x+3y=6$ を y について解くと，

$$2x+3y=6$$
$$3y=-2x+6 \quad \text{2x を移項する。}$$
$$y=-\frac{2}{3}x+2 \quad \text{両辺を3でわる。}$$

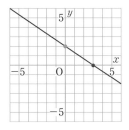

したがって，グラフは，

傾きが ①[　　　]，切片が ②[　　　] の直線になる。

たいせつ

　2つの文字 x, y をふくむ方程式は，x や y の係数が0ではないとき，$y=ax+b$ の形に変形できるので，この方程式のグラフは直線である。

$y=ax+b$ の形に変形すれば，傾きと切片がわかるね。

別解 グラフが通る2点の座標を求めてかくこともできる。

$x=0$ とすると $y=2$ ← $2x+3y=6$ に $x=0$ を代入すると，$3y=6$

$y=0$ とすると $x=3$ ← $2x+3y=6$ に $y=0$ を代入すると，$2x=6$

したがって，グラフは2点 $(0, 2)$, ③[　　　] を通る直線になる。

例2 $ax+by=c$ で，$a=0$ や $b=0$ のときのグラフ　　　教 p.79 → 基本問題 ❷ ❸

次の方程式のグラフをかきなさい。

(1)　$2y-8=0$ 　　　　　　　　(2)　$2x+6=0$

考え方 (1) $y=▲$ の形に変形する。(2) $x=●$ の形に変形する。

解き方 (1) $2y-8=0$ を y について解くと，

$$2y=8$$
$$y=4$$

したがって，グラフは，点 $(0, 4)$ を通り，④[　　　] 軸に平行な直線になる。

(2) $2x+6=0$ を x について解くと，

$$2x=-6$$
$$x=-3$$

したがって，グラフは，点 $(-3, 0)$ を通り，⑤[　　　] 軸に平行な直線になる。

どちらの軸に平行になるのかをまちがえないようにしよう。

x軸，y軸に平行なグラフ

$ax+by=c$ で，

$a=0$ のとき

　$y=▲$ の形に変形する。
　点 $(0, ▲)$ を通り，
　x 軸に平行な直線になる。

$b=0$ のとき

　$x=●$ の形に変形する。
　点 $(●, 0)$ を通り，
　y 軸に平行な直線になる。

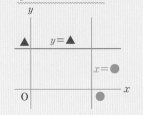

解答 ▶ p.29

基本問題 ●●

① 2元1次方程式のグラフ　次の⑦～⑰の2元1次方程式について，下の問に答えなさい。

⑦　$2x+y=6$　　　　⑦　$x-2y=-4$　　　　⑰　$3x+2y=8$

⑰　$x-2y=-2$　　　　⑦　$\dfrac{1}{5}x+\dfrac{1}{3}y=-1$

(1)　⑦～⑰のそれぞれの方程式を，y について解きなさい。

(2)　(1)を利用して，⑦～⑰の方程式のグラフをかきなさい。

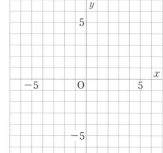

(3)　⑰，⑰のそれぞれの方程式について，$x=0$ のときの
　　y の値，$y=0$ のときの x の値を求めなさい。

(4)　(3)を利用して，⑰，⑰の方程式のグラフをかきなさい。

覚えておこう

2元1次方程式のグラフは，
2点の座標を決めてかくこ
ともできる。

② $ax+by=c$ で，$a=0$ や $b=0$ のときのグラフ　次の方程式のグラフをかきなさい。

(1)　$x=-2$　　　　(2)　$y=4$

(3)　$3y+6=0$　　　　(4)　$-2x+5=0$

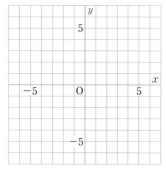

③ $ax+by=c$ のグラフ　2元1次方程式 $ax+by=c$ について，a，b，c の値が次のときの
グラフをかきなさい。

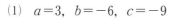

(1)　$a=3$，$b=-6$，$c=-9$

(2)　$a=2$，$b=0$，$c=3$

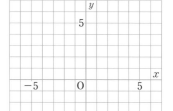

左ページの
例 の答え　　① $-\dfrac{2}{3}$　② 2　③ (3, 0)　④ x　⑤ y

確認のワーク　ステージ1　3節　2元1次方程式と1次関数
❷ 連立方程式とグラフ

例1 連立方程式の解とグラフの交点　　　教 p.80〜81 → 基本問題 ❶

連立方程式 $\begin{cases} 2x-y=3 & \cdots\cdots① \\ 3x+y=2 & \cdots\cdots② \end{cases}$ の解を，グラフをかいて求めなさい。

考え方 グラフの交点の x 座標，y 座標の組が，連立方程式の解である。

解き方 ①を y について解くと，

　$y=2x-3$ ← 傾き 2, 切片 −3 の直線

②を y について解くと，

　$y=-3x+2$ ← 傾き −3, 切片 2 の直線

したがって，これら2つの直線のグラフ
をかくと，右の図のようになる。

図から交点の座標を読みとると，

[①　　　　　] であるから，この連立方程式の解は，

$x=$ [②　　] ，$y=$ [③　　]

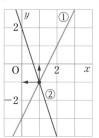

→ たいせつ

x，y についての連立方程式の解は，それぞれの方程式のグラフの交点の x 座標，y 座標の組で表される。

$y=ax+b$ の形に変形すれば，傾きと切片がわかるね。

例2 2直線の交点の座標　　　教 p.81 → 基本問題 ❷❸❹

2直線 $y=2x-2$ ……①，$y=-4x+1$ ……② について，次の問に答えなさい。

(1) ①と②の交点の座標を求めなさい。　　(2) ②と x 軸との交点の座標を求めなさい。

考え方 直線の式を連立方程式と見ると，その解が交点の座標である。

解き方 (1) 連立方程式 $\begin{cases} y=2x-2 & \cdots\cdots① \\ y=-4x+1 & \cdots\cdots② \end{cases}$ として解く。

②を①に代入すると，$-4x+1=2x-2$　　$x=$ [④　　]
　代入法で y を消去

これを①に代入すると，$y=2\times\dfrac{1}{2}-2=$ [⑤　　]

答 [⑥　　　　]

2直線の交点の求め方

2直線の交点の座標は，2つの直線の式を組にして連立方程式を解いて求める。

連立方程式の解
⇕
2直線の交点の座標

(2) x 軸の式は $y=0$ と表すことができるので，
　x がどんな値をとっても常に y の値は 0

$\begin{cases} y=-4x+1 & \cdots\cdots② \\ y=0 & \cdots\cdots③ \end{cases}$ を解けばよい。

②を③に代入して，$-4x+1=0$

$x=$ [⑦　　]　　　③より $y=$ [⑧　　]　　答 [⑨　　　　]

x 軸の式は，$y=0$，
y 軸の式は，$x=0$
と表すことができるよ。

1 連立方程式の解とグラフの交点　次の連立方程式の解を，グラフをかいて求めなさい。

教 p.81問1

(1) $\begin{cases} 3x-2y=12 & \cdots\cdots① \\ x-2y=8 & \cdots\cdots② \end{cases}$
(2) $\begin{cases} x-2y=1 & \cdots\cdots① \\ 2x+y=7 & \cdots\cdots② \end{cases}$

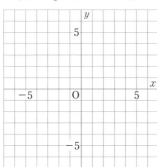
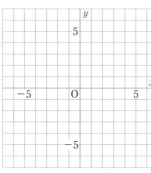

覚えておこう

連立方程式の解
➡ 2直線の交点の座標

$y=ax+b$ の形に
変形してからグラフ
をかこう。

3章

2 2直線の交点の座標①　下の図の2直線の交点の座標を，次の(1)，(2)の順に求めなさい。

教 p.81問2

(1) ①，②の直線の式を求めなさい。

(2) (1)で求めた式を連立方程式として解き，交点の座標を求めなさい。

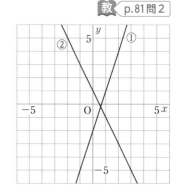

3 2直線の交点の座標②　次の2直線の交点の座標を求めなさい。

教 p.81問2

(1) 2直線 $y=4x-7$ ……①，$y=-x-2$ ……② の交点

(2) 2直線 $y=-3x+1$ ……①，$y=4x-8$ ……② の交点

(3) 2直線 $2x+5y-1=0$ ……①，$x-2y-5=0$ ……② の交点

4 2直線の交点の座標③　直線 $y=3x-2$ と y 軸との交点をA，x 軸との交点をBとします。

教 p.81問3

(1) 点Aの座標を求めなさい。

(2) 点Bの座標を求めなさい。

ここがポイント

y 軸 ⟺ 直線 $x=0$
x 軸 ⟺ 直線 $y=0$

4節　1次関数の利用
1 1次関数とみなすこと
2 1次関数のグラフの利用

例1 1次関数とみなすこと

教 p.85 →基本問題 1 2

　ろうそくに火をつけたとき，燃えた時間 x 分間とろうそくの残りの長さ y cm の関係は，右の表のようになりました。y を x の式で表しなさい。

x（分間）	2	4	6
y（cm）	13	9	5

考え方　表の x と y の値の組を図にかき入れて，y が x の1次関数であるかどうか調べる。

解き方　表の x と y の値の組 (2, 13)，(4, 9)，(6, 5) を図にかき入れると，右のように一直線にならぶ。

　　y は x の1次関数とみなすことができる。

直線の傾きは $\dfrac{9-13}{4-2}=-2$

式を $y=-2x+b$ とおき，点 (2, 13) の座標 $x=2$，$y=13$ を代入すると，

　　$13=-2\times2+b$

　　　$b=17$

答　$y=$ ［①　　　　　］

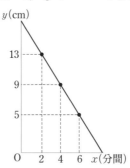

覚えておこう

　2つの数量の関係を調べ，その値の組を座標とする点をかき入れたとき，それらの点がほぼ1つの直線上に並ぶならば，2つの数量の関係を，1次関数とみなすことができる。

　y は x の1次関数とみなすことができるから，傾きと切片を求めればいいね。

例2 1次関数のグラフの利用

教 p.86〜87 →基本問題 3

　兄と弟が同時に家を出発し，1200 m はなれた公園まで行きました。兄は公園に着くと10分間休み，弟は，兄よりも10分遅れて公園に着きました。右のグラフは，そのときの兄のようすを表したものです。弟は分速何 m で進みましたか。

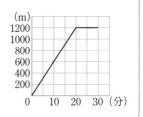

考え方　弟の進むようすをグラフに表し，弟のかかった時間を調べる。

解き方　弟は兄と同時に出発し，兄よりも10分遅れて公園に着いたので，弟の進み方のグラフは点 (0, 0)，(30, 1200) を通る。

　公園までの道のりは 1200m，弟は公園まで ［②　　　］ 分かかったので，弟の速さは，

$1200\div$ ［②　　　］ $=$ ［③　　　］

知ってると得

速さや水量の変化のような，身のまわりのできごとについての問題を調べるとき，グラフを利用すると解きやすくなることがある。

答　分速 ［③　　　］ m

解答 ▶ p.31

基本問題

1 **1次関数とみなすこと①** やかんに入れた水をガスコンロで沸かしました。このとき，沸かし始めてから x 分後のやかんの水の温度を y °C として，x と y の関係を調べると，右の表のようになりました。 教 p.85

x（分後）	5	8	10	12
y（°C）	40	58	70	82

(1) y を x の式で表しなさい。

(2) やかんの水の温度は，最初は何 °C だったと考えられますか。

(3) やかんの水が沸とうする（100 °C になる）のは，沸かし始めてから何分後だと予想できますか。

ここがポイント

(5，40)，(8，58)，(10，70)，(12，82) をグラフにかいて，1 つの直線上にあるか調べよう。

3章

2 **1次関数とみなすこと②** 開店したあるパン屋の 1 日の利益は，1 日目が 7200 円，2 日目が 8400 円でした。このパン屋の x 日目の利益を y 円とします。開店から 7 日目まで，y が x の 1 次関数とみなすことができたとき，次の問に答えなさい。 教 p.85

(1) 3 日目の利益は何円だと予想できますか。

(2) 利益がはじめて 1 万円を超えるのは，何日目だと考えられますか。

3 **1次関数のグラフの利用** 弟が 8 時に家を出発し，自転車で 6 km はなれた東町まで行き，東町から走って家から 9 km はなれた西町へ行きました。右のグラフは，弟が家を出発してからの時間と道のりの関係を表しています。 教 p.87問1, 2

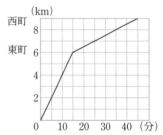

(1) 弟が東町から西町まで走ったときの速さは分速何 m ですか。

(2) 兄は，8 時 20 分に西町を出発して，自転車を使って分速 400 m で家に向かったところ，2 km 進んだところで弟とすれちがいました。兄が家に着く時刻を，グラフを利用して求めなさい。

知ってると得

速さと 1 次関数のグラフ

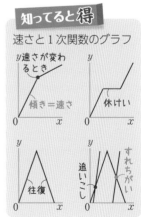

左ページの 例 の答え　①$-2x+17$　②30　③40

確認のワーク　ステージ1

4節　1次関数の利用　**3**　1次関数と図形
学びを広げよう　発展　桜の開花日を予想しよう

例1　1次関数と図形

教 p.88 → 基本問題 1 2

右の図の長方形 ABCD で，点Pは B を出発して，辺上を C，D を通ってAまで動くとします。点Pが B から x cm 動いたときの △ABP の面積を y cm² として，点Pが次の辺上にあるときについて，y を x の式で表し，x の変域もいいなさい。

(1)　辺 BC　　　　(2)　辺 CD　　　　(3)　辺 DA

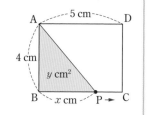

考え方　△ABP の底辺と高さをどこと見るとよいか考える。

解き方　(1)　点Pが辺 BC 上のとき，変域は，$0 \leqq x \leqq$ ①

$$y = \frac{1}{2} \times AB \times BP = \frac{1}{2} \times 4 \times x = \boxed{②}$$

(2)　点Pが辺 CD 上のとき，変域は，$\boxed{①} \leqq x \leqq \boxed{③}$

$$y = \frac{1}{2} \times AB \times AD = \frac{1}{2} \times 4 \times 5 = \boxed{④}$$ ← 面積は一定。

(3)　点Pが辺 DA 上のとき，変域は，$\boxed{③} \leqq x \leqq 14$

$$y = \frac{1}{2} \times AB \times AP = \frac{1}{2} \times 4 \times \underset{BC+CD+DA-x=5+4+5-x}{(14-x)} = \boxed{⑤}$$

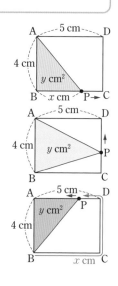

発展　例2　データから予測する

教 p.90～91 → 基本問題 3

右の表は，ある都市における過去 10 年間の，3月の平均気温と，ソメイヨシノの開花日を記録したものです。

平均気温(℃)	開花日	平均気温(℃)	開花日
3.4	4月6日	4.5	4月4日
5.8	4月2日	5.6	4月3日
1.9	4月11日	2.1	4月10日
3.2	4月9日	4.1	4月6日
2.7	4月12日	4.7	4月5日

(1)　3月の平均気温と開花日の値の組を座標とする点を図に表しなさい。

(2)　(1)の点の集まりのなるべく真ん中を通る直線をひき，その直線の式を求めなさい。

(3)　(2)を利用して，3月の平均気温が 3.6℃ のときの開花日を予想しなさい。

考え方　3月の平均気温を x℃，開花日を 4月 y 日として図をかく。

解き方　(1)　右の図のようになる。

(2)　(1, 15)，(6, 0) を通るような直線をひくと，その式は，

$$y = \boxed{⑥}$$ ← 2点を通る直線の式を求める。

(3)　(2)の式に $x = 3.6$ を代入すると，

$$y = \boxed{⑦}$$ ← $y = -3 \times 3.6 + 18$　　答　4月 $\boxed{⑧}$ 日

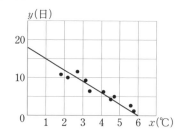

基本問題 ·························· 解答 p.31

1 1次関数と図形① 右の図の長方形 ABCD で，点Pは Aを出発して，辺上をBを通ってCまで動くとします。点Pが Aから x cm 動いたときの △PCD の面積を y cm² とします。 教 p.88

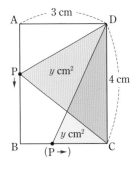

(1) 点Pが辺 AB 上を動くとき，x の変域をいいなさい。

(2) (1)のとき，y を x の式で表しなさい。

(3) 点Pが辺 BC 上を動くとき，x の変域をいいなさい。

(4) (3)のとき，y を x の式で表しなさい。

(5) x と y の変化のようすを表すグラフをかきなさい。

(6) △PCD の面積が 4 cm² になるときの x の値を求めなさい。

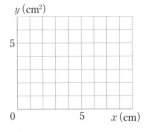

ここがポイント
点の移動の問題では，動く点がどの辺上にあるかで場合分けして考える。

2 1次関数と図形② 右の図の長方形 ABCD で，点Pは Bを出発して，辺上を Aを通って Dまで動くとします。点Pが Bから x cm 動いたときの △PBC の面積を y cm² として，点Pが次の辺上にあるときについて，y を x の式で表し，x の変域もいいなさい。 教 p.88

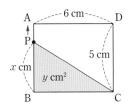

(1) 辺 BA

(2) 辺 AD

発展 3 データから予測する ある山林の 10 本の杉について，地上 1.2 m の幹の直径を x cm，木の高さを y m として，x，y を測定すると，下の表のようになりました。この表より，幹の太さが 30 cm の木の高さはおよそ何 m と予想できますか。グラフをかいて求めなさい。 教 p.90〜91

番号	①	②	③	④	⑤	⑥	⑦	⑧	⑨	⑩
x (cm)	15	20	23	18	28	26	23	28	25	16
y (m)	8	15	14	12	20	15	17	17	18	12

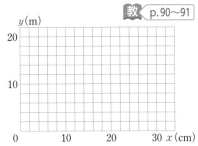

左ページの **例** の答え ① 5 ② $2x$ ③ 9 ④ 10 ⑤ $-2x+28$ ⑥ $-3x+18$ ⑦ 7.2 ⑧ 7

定着のワーク ステージ2　3節　2元１次方程式と１次関数
　　　　　　　　　　　4節　１次関数の利用

❶ 次の方程式のグラフをかきなさい。

(1)　$x+2y=-6$　　　　　　(2)　$2x-3y-6=0$

(3)　$\dfrac{x}{3}+\dfrac{y}{6}=1$　　　　　(4)　$-4y+8=0$

(5)　$2x+4=0$

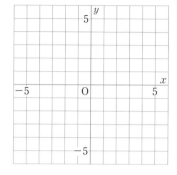

❷ 右の図について，次の問に答えなさい。

(1)　直線①，②の式を求めなさい。

(2)　２つのグラフの交点の座標を求めなさい。

(3)　直線②と x 軸との交点の座標を求めなさい。

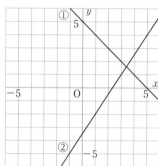

❸ 次の問に答えなさい。

(1)　２直線 $2x-y=3$，$3x+2y=8$ の交点の座標を求めなさい。

(2)　２直線 $x-2y=3$，$3x+y=-5$ の交点を通り，傾きが -2 の直線の式を求めなさい。

(3)　２直線 $2x-y=2$，$ax-y=-3$ が x 軸上で交わるとき，a の値を求めなさい。

❹ 連立方程式 $\begin{cases} -x+3y=6 & \cdots\cdots① \\ y=\dfrac{1}{3}x-2 & \cdots\cdots② \end{cases}$ について，次の問に答えなさい。

(1)　①，②それぞれのグラフをかきなさい。

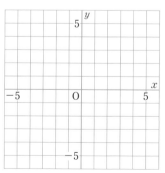

(2)　(1)でかいたグラフをもとにして，連立方程式の解が見つからない理由を説明しなさい。

ヒントの森

❷ (3)　x 軸は，直線 $y=0$ と考えられる。
❸ (3)　$ax-y=-3$ は，$2x-y=2$ と x 軸との交点を通る。
❹ (2)　(1)で，①，②のグラフを見て考える。

5 右の図の長方形 ABCD で，点 P は A を出発して毎秒 1 cm の速さでこの長方形の辺上を B を通って C まで動くとします。点 P が A を出発してから x 秒後の △APC の面積を $y\,\mathrm{cm}^2$ とします。

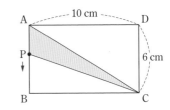

(1) 点 P が辺 AB 上にあるとき，y を x の式で表し，x の変域もいいなさい。

(2) 点 P が辺 BC 上にあるとき，y を x の式で表し，x の変域もいいなさい。

6 右の図で，直線①の式は $y=x+3$，直線②の式は $y=-2x+6$ で，2 つの直線の交点を A，直線①と y 軸の交点を B，直線②と x 軸の交点を C とします。

(1) 点 A の座標を求めなさい。

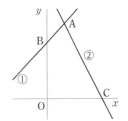

(2) 四角形 ABOC の面積を求めなさい。

入試問題を やってみよう！

1 学校から公園までの 1400 m の真っすぐな道を通り，学校と公園を走って往復する時間を計ることにしました。A さんは学校を出発してから 8 分後に公園に到着し，公園に到着後は速さを変えて走って戻ったところ，学校を出発してから 22 分後に学校に到着しました。ただし，A さんの走る速さは，公園に到着する前と後でそれぞれ一定でした。A さんが学校を出発してから x 分後の，学校から A さんまでの距離を y m とすると，x と y との関係は次の表のようになりました。〔岐阜〕

x（分）	0	…	2	…	8	…	10	…	22
y（m）	0	…	ア	…	1400	…	イ	…	0

(1) 表中のア，イに当てはまる数を求めなさい。

(2) x と y との関係を表すグラフをかきなさい。（$0 \leqq x \leqq 22$）

(3) x の変域を $8 \leqq x \leqq 22$ とするとき，x と y との関係を式で表しなさい。

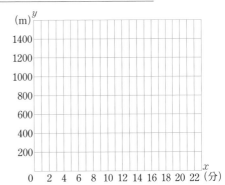

5 (2) 点 P が辺 BC 上にあるとき，△APC の底辺は PC，高さは AB と考える。

6 (2) 四角形 ABOC＝△ABO＋△AOC

1 (2) 学校に戻ってきたとき，$y=0$ である。

解答 ▶ p.33

実力判定テスト　ステージ 3　[1次関数]
関数を利用して問題を解決しよう　40分　　/100

1 次の⑦〜⑰について，下の問に答えなさい。　　　　　　　　　　4点×4（16点）

　⑦　水が5000 L 入っている水そうから毎分15 L ずつ水をぬいていく。x 分後に水そうに残っている水の量は y L である。

　⑦　面積30 cm² の長方形で，縦が x cm のとき横は y cm である。

　⑰　底辺が x cm，高さが8 cm の三角形の面積は y cm² である。

(1)　⑦〜⑰のそれぞれについて，y を x の式で表しなさい。

　⑦（　　　　　　　）　⑦（　　　　　　　）　⑰（　　　　　　　）

(2)　y が x の1次関数であるものをすべて選びなさい。

（　　　　　　　）

2 1次関数 $y = -5x - 2$ について，次の問に答えなさい。　　　　4点×5（20点）

(1)　グラフの傾きと切片をいいなさい。

傾き（　　　　　　　），切片（　　　　　　　）

(2)　$x = -2$ に対応する y の値を求めなさい。

（　　　　　　　）

(3)　x の値が4だけ増加したときの y の増加量を求めなさい。

（　　　　　　　）

(4)　x の変域が $-3 \leqq x \leqq 1$ のときの y の変域を求めなさい。

（　　　　　　　）

3 次の条件をみたす1次関数の式を求めなさい。　　　　　　　　4点×4（16点）

(1)　変化の割合が3で，$x = -2$ のとき $y = 4$ である。

（　　　　　　　）

(2)　グラフが2点 $(4, -2)$，$(-2, 7)$ を通る。

（　　　　　　　）

(3)　グラフが直線 $y = -2x + 4$ に平行で，x 軸と点 $(3, 0)$ で交わる。

（　　　　　　　）

(4)　グラフが点 $(2, 5)$ を通り，切片が1である。

（　　　　　　　）

4 次の方程式のグラフをかきなさい。　　　　　　3点×5(15点)

(1)　$y=x-4$

(2)　$x+2y=6$

(3)　$2x-5y-5=0$

(4)　$2y+12=0$

(5)　$3x+18=0$

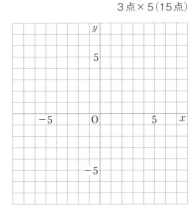

5 右の図で直線 ℓ は2点 $(1,\ 0)$, $(0,\ -2)$ を通る直線で, 直線 m は方程式 $2x+3y=10$ のグラフです。　　　　5点×3(15点)

(1)　直線 ℓ の式を求めなさい。

（　　　　　　　　　）

(2)　直線 ℓ と直線 m の交点の座標を求めなさい。

（　　　　　　　　　）

(3)　直線 m と y 軸との交点の座標を求めなさい。

（　　　　　　　　　）

6 水そうに $100\ \mathrm{m}^3$ の水が入っています。この水そうから毎分 $2\ \mathrm{m}^3$ の割合で, 水そうの中の水がなくなるまで水を出します。水を出し始めてから x 分後の水そうの中の水の量を $y\ \mathrm{m}^3$ とします。　　　　6点×3(18点)

(1)　x の変域を求めなさい。

（　　　　　　　　　）

(2)　y を x の式で表しなさい。

（　　　　　　　　　）

(3)　水そうの中の水を出し始めてから水がなくなるまでの x と y の関係を表すグラフをかきなさい。

確認のワーク　ステージ1　1節　説明のしくみ　❶ 多角形の角の和の説明

例1 多角形の内角の和の説明　教 p.98〜99 →基本問題❶

　六角形の内角の和の求め方を，右のように三角形に分けて説明しようとしています。

(1) 六角形の内角の和が $180° \times (6-2)$ で求められることを説明しなさい。

(2) 六角形の内角の和を求めなさい。

考え方 六角形を対角線で三角形に分けて，三角形の内角の和を考える。

解き方 (1) 六角形では，1つの頂点から対角線をひいて三角形に分けると，その頂点に対する辺の数は，その頂点を通る
たとえば △ABC で頂点 A に対する辺は，辺 BC

2つの辺を除くから，$(6-\boxed{①})$ となる

ので，対角線によって，$(6-\boxed{①})$ 個の三角形に分けられる。

したがって，六角形の内角の和は，

$180° \times (6-\boxed{①})$ で求められる。 ← (6-2)個の三角形の内角の和は，六角形の内角の和に等しい。
　↑ 三角形の内角の和

(2) $180° \times (6-2) = \boxed{②}$ °。

覚えておこう

下の図の ∠BAP のような角を，その頂点における**外角**という。また，∠BAE や ∠ABC などを**内角**という。

例2 多角形の外角の和の説明　教 p.100 →基本問題❷❸

六角形の外角の和が 360° であることを説明しなさい。

考え方 内角と外角の和から，内角の和をひいて求める。

解き方 六角形のどの頂点でも，内角と外角の和は，180° である。 ← 内角と外角の和は一直線（＝180°）になる。

したがって，6つの頂点の外角と内角の和をすべて加えると，

$\boxed{③}$ ° $\times 6 = \boxed{④}$ °

ここで，六角形の内角の和は，720° だから，六角形の外角の和は，

$\boxed{④}$ ° $- 720° = \boxed{⑤}$ °

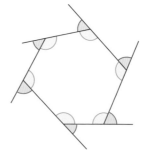

覚えておこう

多角形の外角の和
　多角形の外角の和は，どんな多角形でも，いつも 360° である。

解答 p.34

1 多角形の内角の和　次の問に答えなさい。 教 p.98〜99

(1) 右の図のように，多角形は1つの頂点から出る対角線に
よっていくつかの三角形に分けられます。この分け方で多
角形の内角の和を求めます。五角形，六角形，七角形，…，
n 角形で，それぞれ分けられる三角形の数と，内角の和を
求める式を下の表に書きなさい。

	四角形	五角形	六角形	七角形	…	n 角形
三角形の数	2				…	
内角の和を求める式	$180° \times 2$				…	

> **たいせつ**
>
> 多角形の内角の和
>
> n 角形の内角の和は
> $180° \times (n-2)$ である。

(2) 十一角形の内角の和を求めなさい。

2 多角形の外角の和①　七角形の外角の和を次のようにして求めました。□にあてはまる数を
書きなさい。 教 p.100問3

七角形のどの頂点でも，内角と外角の和は①□°である。

したがって，7つの頂点の内角と外角の和をすべて加えると，

②□°×7=③□°

ここで，七角形の内角の和は，

$180° \times (7-2) = 900°$

したがって，七角形の外角の和は，

④□°−900°=⑤□°

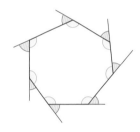

3 多角形の外角の和②　次の問に答えなさい。 教 p.100問3

(1) n 角形の内角の和が $180° \times (n-2)$ であることを使って，
n 角形の外角の和の求め方を説明しなさい。

> 上の**2**と同じように，
> 多角形の外角と内角の
> 和から，内角の和をひ
> いて考えよう。

(2) 多角形の外角の和の求め方は，どのようなことをもとに
して説明することができますか。□にあてはまることば
や数を書きなさい。

・n 角形の①□の和が $180° \times (n-2)$ であること。

・1つの頂点における内角と②□の和が③□°であること。

確認のワーク　ステージ1　**2節　平行線と角**
❶ 平行線と角(1)

教 p.102 → 基本問題 ❶

例1 対頂角

右の図のように，3つの直線が1点で交わっています。
このとき，∠a，∠b，∠c，∠d の大きさをそれぞれ求
めなさい。

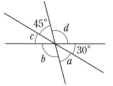

考え方 対頂角は等しいという性質を利用する。

解き方 対頂角は等しいから，

$$\angle a = \boxed{①}\,°, \quad \angle c = \boxed{②}\,°, \quad \angle b = \angle d$$

また，$\underset{\text{一直線の角になる。}}{\underline{30°+\angle d+45°}} = \boxed{③}\,°$ だから，

$$\angle b = \angle d$$
$$= 180° - (30° + 45°)$$
$$= \boxed{④}\,°$$

> **たいせつ**
> 2つの直線が交わってできる角のうち，
> 向かい合っている角を対頂角という。
> 対頂角は，等しい。
> 例 右の図で，∠a＝∠c，∠b＝∠d

教 p.103〜104 → 基本問題 ❷❸

例2 平行線と同位角，錯角

下の図で ℓ∥m のとき，∠x の大きさを求めなさい。

(1)

ℓ　50°

m　　　x

(2)

ℓ

65°

m　　x

考え方 2つの直線に1つの直線が交わってできる角のうち，右のよう
な位置にある角を，それぞれ同位角，錯角という。2直線が平行なら
ば，同位角，錯角は等しいという性質を利用する。

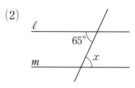

錯角　　同位角

解き方 (1) ℓ∥m のとき，$\boxed{⑤}$ は等しいから，
　　　　　　　　　　　　　　　　同位角？錯角？

$$\angle x = \boxed{⑥}\,°$$

(2) ℓ∥m のとき，$\boxed{⑦}$ は等しいから，
　　　　　　　　　　　同位角？錯角？

$$\angle x = \boxed{⑧}\,°$$

> **たいせつ**
> 平行な2直線に1つ
> の直線が交わるとき，
> ① 同位角は等しい。
> ② 錯角は等しい。

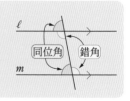

ℓ

同位角　錯角

m

基本問題 ·· 解答 ▶ p.34

1 対頂角 右の図は，3つの直線が1つの点で交わっていることを
示しています。 教 p.102問2

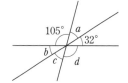

(1) ∠a の対頂角をいいなさい。

(2) ∠b＋∠c＋∠d の大きさを求めなさい。

(3) ∠a，∠b，∠c，∠d の大きさをそれぞれ求めなさい。

> 一直線の角は，
> 180°だね！

2 同位角，錯角 右の図について，次の問に答えなさい。 教 p.103問3

(1) ∠a の同位角をいいなさい。

(2) ∠c の同位角をいいなさい。

(3) ∠b の錯角をいいなさい。

(4) ∠e の錯角をいいなさい。

3 平行線と同位角，錯角 次の問に答えなさい。 教 p.104問5, 問6

(1) 右の図について答えなさい。

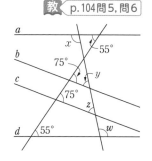

⑦ a～d の直線のうち，平行であるものを記号 ∥ を使って示
しなさい。

④ ∠x，∠y，∠z，∠w のうち，等しい角の組をいいなさい。

(2) 右の図で ℓ∥m のとき，∠x，∠y の大きさを求めなさい。

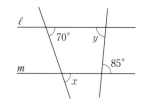

ここが ポイント

2直線に1つの直線が交わるとき，次のどちら
かが成り立てば，その2直線は平行である。
1 同位角が等しい。   2 錯角が等しい。

ステージ **1** 2節　平行線と角
1 平行線と角(2)

例 **1** 証明 ───────── 教 p.105 → 基本問題 **1**

右の図のように，△ABC の頂点Cを通り，辺 AB に平行な直線 DE をひきます。この図を利用して，「△ABC の内角の和は 180° である」ことを証明しなさい。

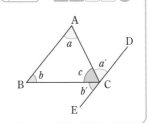

考え方 すでに正しいとわかっている平行線と角の関係（平行線の同位角，錯角は等しい）を利用する。

覚えておこう

証明…あることがらが成り立つわけを，すでに正しいとわかっている性質を根拠として示すこと。

証明 平行線の [①　　　] は等しいから，

∠a = [②　　　]，∠b = [③　　　]

したがって，△ABC の内角の和は，

∠a + ∠b + ∠c = ∠a' + ∠b' + ∠c = [④　　　]° ← ∠a'+∠b'+∠c は一直線。

例 **2** 三角形の内角と外角 ──── 教 p.105 → 基本問題 **2** **3**

右の図で，∠x の大きさを求めなさい。

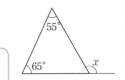

考え方 三角形の内角と外角の関係を利用する。

解き方 三角形の外角は，それととなり合わない2つの内角の和に等しいから，

∠x = 55° + 65°
= [⑤　　　]°

三角形の内角と外角
① 三角形の内角の和は 180° である。
② 三角形の外角は，それととなり合わない2つの内角の和に等しい。

例 **3** 多角形の外角 ──────── 教 p.106 → 基本問題 **4**

右の図で，∠x の大きさを求めなさい。

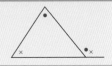

考え方 多角形の外角の和が 360° であることを利用する。

解き方 多角形の外角の和は 360° であるから，

∠x = 360° − (70° + 75° + 125°) ← 360° から，∠x 以外の外角の和をひいて求める。
= 360° − 270°
= [⑥　　　]°

多角形の内角と外角
① n 角形の内角の和は，180° × ($n-2$) である。
② 多角形の外角の和は 360° である。

基本問題 ·· 解答 p.34

1 証明① 右の図で，**AB∥DC** のとき，∠a＋∠b＝∠c であることを証明しました。□をうめなさい。 教 p.105

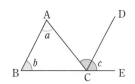

証明 平行線の① [　　　] は等しいから，

∠a＝∠② [　　　]

平行線の③ [　　　] は等しいから，∠b＝∠④ [　　　]

ここで，∠ACD＋∠⑤ [　　　] ＝∠ACE＝∠c

したがって，∠a＋∠b＝∠c

> 平行線の錯角，同位角が等しいことを根拠として証明しているよ。

2 証明② 右の図で，∠**BDC**＝∠**A**＋∠**B**＋∠**C** であることを証明しました。□をうめなさい。 教 p.105

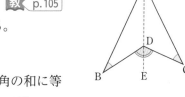

証明 図のように，A と D を通る直線をひき，点Eをとる。

∠A＝∠BAD＋∠① [　　　]

また，三角形の外角は，それととなり合わない2つの内角の和に等しいから，

∠BAD＋∠B＝∠BDE，

∠② [　　　]＋∠C＝∠③ [　　　]

ここで，∠BDE＋∠④ [　　　]＝∠BDC，

∠BAD＋∠CAD＝∠A

したがって，∠BDC＝∠A＋∠B＋∠C

知ってると得

2のような関係を「くさび型の定理」などという。よく出てくるので，使えるようにしておこう。

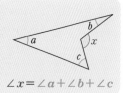

∠x＝∠a＋∠b＋∠c

3 三角形の内角と外角 下の図で，∠x の大きさを求めなさい。 教 p.106問7

(1)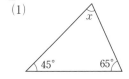

(2)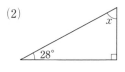

(3)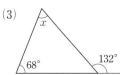

(4)

4 多角形の外角の和 次の問に答えなさい。 教 p.106問9, 問10

(1) 十角形の外角の和を求めなさい。

(2) 正五角形の1つの外角の大きさを求めなさい。

(3) 右の図で，∠x の大きさを求めなさい。

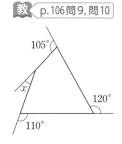

左ページの 例 の答え　① 錯角　② ∠a'　③ ∠b'　④ 180　⑤ 120　⑥ 90

解答 ▶ p.35

定着のワーク　ステージ2
1節　説明のしくみ
2節　平行線と角

1 次の問に答えなさい。

(1) 十七角形の内角の和を求めなさい。

(2) 内角の和が 2160° である多角形は何角形ですか。

(3) 正十二角形の1つの外角の大きさを求めなさい。

(4) 正八角形の1つの内角の大きさを求めなさい。

2 右の図で，$\ell \parallel m$ のとき，次の問に答えなさい。

(1) $\angle x + \angle b$ の大きさを求めなさい。

(2) $\angle x = 52°$ のとき，$\angle a$，$\angle b$，$\angle c$，$\angle d$ の大きさをそれぞれ求めなさい。

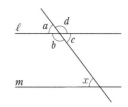

3 下の図で，$\angle x$ の大きさを求めなさい。

(1) $\ell \parallel m$
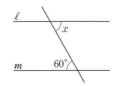

(2)
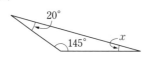

(3)
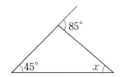

(4) $\ell \parallel m$
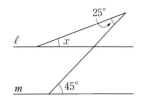

(5)
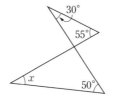

(6)
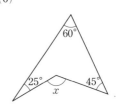

(7)

(8)

(9)
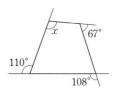

1 (2) 求める多角形を n 角形として，方程式をつくる。
(4) 180°から，正八角形の1つの外角の大きさをひいて求める。
3 (5) 三角形の外角の性質を使って考えると計算が簡単になる。

④ 右の図で，$\ell /\!/ m$ のとき，$\angle x$ の大きさを次のようにして求めました。□をうめなさい。

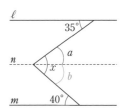

右の図のように，ℓ と平行な直線 n をひくと，

平行線の錯角は等しいから，

$\angle a =$ ① □ °，$\angle b =$ ② □ °

したがって，$\angle x =$ ③ □ °

⑤ 下の図で，$\ell /\!/ m$ のとき，$\angle x$ の大きさを求めなさい。

(1)
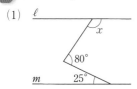

(2)
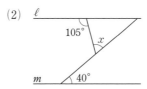

⑥ 次の問に答えなさい。

(1) 1つの外角が $24°$ の正多角形の内角の和を求めなさい。

(2) 1つの内角が $160°$ の正多角形は正何角形ですか。

(3) 1つの内角の大きさが，1つの外角の大きさの3倍である正多角形は正何角形ですか。

入試問題を **や** **っ** **て** **み** **よ** **う** **！** ------------------------

① 次の図で，$\angle x$ の大きさを求めなさい。

(1) $\ell /\!/ m$ 〔兵庫〕
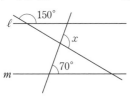

(2) $\ell /\!/ m$ 〔山口〕
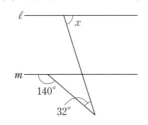

(3) 〔和歌山〕
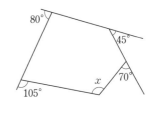

② 次の図で，$\ell /\!/ m$ であり，点Dは $\angle$BAC の二等分線と直線 m との交点です。このとき，$\angle x$ の大きさを求めなさい。 〔京都〕

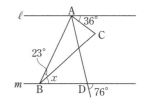

⑤ (1) **④** と同じように，ℓ に平行な直線 n をひいて，錯角を考える。

⑥ (3) まず，1つの外角を $\angle x$ として，方程式をつくる。

② 平行な直線の同位角の性質を使って，$\angle$BAC を求める。

確認のワーク　**ステージ1**　3節　合同な図形
❶ 合同な図形の性質と表し方
❷ 三角形の合同条件

例1　合同な図形

教▶ p.112 →基本問題❶

右の図で，2つの四角形は合同です。

(1)　2つの四角形が合同であることを，記号 ≡ を使って表しなさい。

(2)　辺 AB に対応する辺をいいなさい。

(3)　∠C に対応する角をいいなさい。

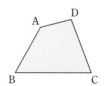
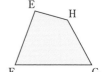

考え方　四角形 EFGH を裏返すと，四角形 ABCD にぴったり重なる。

解き方　(1)　頂点 A，B，C，D に対応する頂点は，それぞれ頂点 H，G，F，E であるから，

四角形 ABCD≡四角形 ①□　　←── 対応する順に書く。

(2)

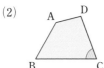

四角形 EFGH を裏返して，四角形 ABCD と同じ向きにして考えるとわかりやすい。

上の図より，辺 AB に対応する辺は辺 ②□

(3)　(2)の図より，∠C に対応する角は，∠③□

> **たいせつ**
>
> 合同…一方を移動させることによって他方に重ね合わせることができるとき，2つの図形は合同であるという。合同な図形では，対応する線分や角は等しい。
> 合同の記号…≡ は合同を表す。

> 一方の図形をまわしたり裏返したりしても，ぴったり重なれば合同だよ。

例2　三角形の合同条件

教▶ p.113〜115 →基本問題❷❸

下の図で，合同な三角形の組を見つけ，記号 ≡ を使って表しなさい。

考え方　等しい辺や角に着目する。

解き方　BC＝PQ，∠B＝∠P，∠C＝∠Q より，

∠Q＝180°−(40°+80°)＝60°

△ABC≡④□　　←── 1組の辺とその両端の角がそれぞれ等しい。

EF＝MO，DE＝NM，DF＝NO より，

△DEF≡⑤□　　←── 3組の辺がそれぞれ等しい。

GH＝KL，GI＝KJ，∠G＝∠K より，

∠K＝180°−(49°+71°)＝60°

△GHI≡⑥□　　←── 2組の辺とその間の角がそれぞれ等しい。

> **三角形の合同条件**
>
> ① 3組の辺がそれぞれ等しい。
>
>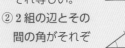
>
> ② 2組の辺とその間の角がそれぞれ等しい。
>
>
>
> ③ 1組の辺とその両端の角がそれぞれ等しい。
>
>
>

基本問題 ⋯⋯⋯⋯⋯⋯⋯⋯⋯⋯⋯⋯⋯⋯⋯⋯⋯⋯⋯⋯⋯⋯ 解答 p.36

1 合同な図形 右の図で，2つの四角形は合同です。 教 p.112

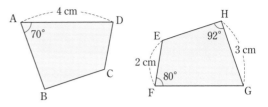

(1) 頂点Bに対応する頂点をいいなさい。

(2) 辺BC に対応する辺をいいなさい。

(3) 2つの四角形が合同であることを，記号 ≡ を使って表しなさい。

(4) 次の辺の長さを求めなさい。
　　㋐ 辺AB　　㋑ 辺CD　　㋒ 辺FG

(5) 次の角の大きさを求めなさい。
　　㋐ ∠D　　㋑ ∠G　　㋒ ∠C

ミス注意

記号 ≡ を使って合同の関係を表すときは，対応する頂点の順番に気をつける。

$$\triangle ABC \equiv \triangle DEF$$

4 章

2 三角形の合同条件① 下の図で，合同な三角形の組を見つけ，記号 ≡ を使って表しなさい。また，そのときに使った合同条件をいいなさい。 教 p.115問1

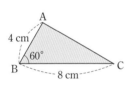 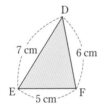 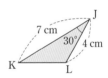

 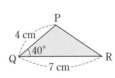 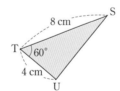 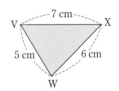

3 三角形の合同条件② 下の図で，合同な三角形の組を見つけ，記号 ≡ を使って表しなさい。また，そのときに使った合同条件をいいなさい。ただし，それぞれの図で，同じ印をつけた辺や角は等しいものとします。 教 p.115問2

(1)　　　　　　　　　　(2)

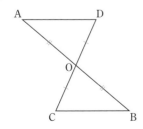 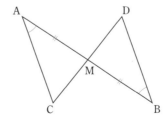

対頂角は等しいね。

左ページの 例の答え ①HGFE ②HG ③F ④△RPQ ⑤△NMO ⑥△KLJ

確認
のワーク　ステージ **1**　**3節　合同な図形**
❷ 証明のすすめ方(1)

例 1　作図と合同条件の利用　　　教 p.116〜117 → 基本問題 ❶❷

直線 ℓ 上の点 P を通り ℓ に垂直な直線は，次のように作図できます。

1 　点 P を中心とする円をかき，ℓ との交点を A，B とする。
2 　A，B を中心として半径の等しい円をかき，その交点を C とする。
3 　直線 CP をひく。

上の方法でひいた直線 CP が ℓ と垂直であることを証明しなさい。

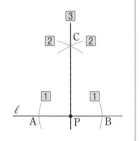

考え方　∠APC＝90° であることをいえばよい。そのためには，
∠APC＝∠BPC であることをいえばよい。
∠APB＝180° なので，
∠APC＝∠BPC＝180°÷2＝90°

点 A と点 C，点 B と点 C を結び，△APC と △BPC の合同を示すことによって証明する。

証明　右の図で，△APC と △BPC は，　　　　　　←── 手順1
はじめに，合同を示す三角形を書く。

$$\begin{cases} AP=BP \ \cdots\cdots 1 \\ AC=BC \ \cdots\cdots 2 \\ ①\boxed{} \text{は共通} \end{cases}$$ ← コンパスを使っているので，長さは等しい。

← 共通な辺　　　　　　　　　　　　　　　　　　　　── 手順2

で，②\boxed{} がそれぞれ等しいから，
三角形の合同条件を書く。　　　　　　　　　　　　── 手順3

△APC≡△BPC

合同な三角形の対応する ③\boxed{} は等しいから，── 手順4

∠APC＝∠BPC

また，

∠APC＋∠BPC＝④\boxed{}° ←──一直線の角は 180°

したがって，

∠APC＝⑤\boxed{}° ←── 180°÷2

これより，CP⊥ℓ である。

この問題のように，線分の長さや角の大きさが等しいことを証明するとき，三角形の合同条件を使うことがあるよ。

👀 **合同を利用した証明**

1 　証明したい辺や角をふくむ 2 つの三角形をさがす。
2 　等しい辺や角を調べる。
3 　合同条件が使えるかを考えて，合同を示す。
4 　合同な図形の対応する辺や角が等しいことを利用する。

基本問題 ··· 解答 p.37

1 作図と合同条件の利用 直線 ℓ 上にない点 P を通り ℓ に平行な直線は，次のように作図できます。

> 1 ℓ 上に異なる2点 A，B をとる。
> 2 点Pを中心として半径が AB の円をかく。
> 3 点Aを中心にして半径が BP の円をかき，2の円との交点をCとする。
> 4 直線 CP をひく。

上の方法でひいた直線 **CP** が ℓ と平行であることを，次のように証明しました。□をうめなさい。 教 p.116～117

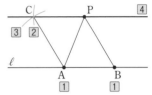

証明 上の図で，△ABP と △PCA は，

$$\begin{cases} AB=PC & \cdots\cdots\boxed{2} \\ BP=\boxed{①} & \cdots\cdots\boxed{3} \\ AP=PA \end{cases}$$

で，②□□□□□□がそれぞれ等しいから，

$$△ABP≡△PCA$$

合同な三角形の対応する③□□□は等しいから，

$$∠\boxed{④}=∠CPA$$

したがって，⑤□□□が等しいので，CP∥ℓ

ここがポイント

ℓ∥CP をいうためには，ℓ と CP の錯角である ∠BAP と ∠CPA が等しいことをいえばよい。

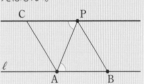

4 章

2 三角形の合同条件を利用した証明 右の図のように，**AB=CB，AD=CD** である四角形 **ABCD** があります。対角線 **BD** をひくと，**∠ABD=∠CBD** となります。このことを次のように証明しました。□をうめなさい。 教 p.116～117

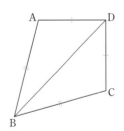

証明 △ABD と △①□□□□ において，

$$\begin{cases} AB=\boxed{②} \\ \boxed{③}=CD \\ BD は共通 \end{cases}$$

④□□□□□□がそれぞれ等しいから，

$$△ABD≡△\boxed{⑤}$$

合同な三角形の対応する⑥□□□は等しいから，

$$∠ABD=∠CBD$$

証明したい辺や角の関係をふくんでいる三角形をさがそう。

確認のワーク ステージ**1**　3節　合同な図形
❷ 証明のすすめ方(2)

例**1** 仮定と結論　　　　　　　　　　　　　　教 p.117 → 基本問題❶

次の(1), (2)について, それぞれ仮定と結論をいいなさい。

(1) △ABC≡△DEF ならば ∠A=∠D

(2) x が 6 の倍数 ならば x は 3 の倍数である。

考え方 「ならば」の前の部分が仮定, あとの部分が結論である。

解き方 (1) 「△ABC≡△DEF ならば, ∠A=∠D」なので,

「①[＿＿＿＿＿＿＿＿]」が仮定,

「∠A=∠D」が結論である。

(2) 「x が 6 の倍数ならば, x は 3 の倍数」なので,

「x が 6 の倍数」が仮定,

「②[＿＿＿＿＿＿＿＿]」が結論である。

▶ たいせつ

「○○○ ならば □□□」
という形の文では,
「ならば」の前の部分を仮定,
「ならば」のあとの部分を結論
という。

例**2** 証明の根拠となることがら　　　　　教 p.118〜121 → 基本問題❷

　線分 AB の中点Mを通る直線 ℓ があります。直線 ℓ 上に, CM=DM となる 2 点 C, D をとると, AC=BD となることを次のように証明しました。㋐〜㋒の根拠となっていることがらをいいなさい。

証明 △AMC と △BMD において,

AM=BM 　　……仮定

CM=DM 　　……仮定

∠AMC=∠BMD ……㋐

これらのことから,

△AMC≡△BMD ……㋑

これより,

AC=BD 　　……㋒

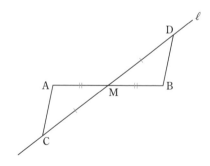

考え方 根拠はすでに正しいと認められていることがらである。

解き方 ㋐ ③[＿＿＿＿＿]は等しい。

㋑ ④[＿＿＿＿＿＿＿＿]がそれぞれ等しいから

2 つの三角形は合同である。

㋒ 合同な図形の対応する⑤[＿＿]は等しい。

AC と BD は △AMC と △BMD の対応する辺である。

あることがらを証明するときには, それまでに正しいと認められたことがらを根拠に使えばいいよ。

基本問題

解答 ▶ p.37

1 仮定と結論　次のことがらについて，それぞれ仮定と結論をいいなさい。

教 p.117問1

(1)　△ABC≡△DEF　ならば　AC＝DF　である。

(2)　x が4の倍数　ならば　x は2の倍数である。

(3)　$\ell \parallel m$，$m \parallel n$ のとき，$\ell \parallel n$ となる。

(4)　2直線が平行　ならば　錯角は等しい。

> 仮定と結論は，「ならば」を
> キーワードにして見つける
> よ。「ならば」がないとき
> は，「ならば」で置きかえて
> 考えてみよう。

2 証明の根拠となることがら　下の図で，$\ell \parallel m$，AM＝BM ならば，CM＝DM となります。

教 p.118〜119

(1)　仮定と結論をいいなさい。

(2)　仮定から結論を導くには，どの三角形とどの三角形の
　　合同をいえばよいですか。

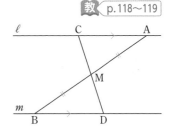

(3)　このことを次のように証明しました。□をうめ
　　なさい。

証明 △AMC と △[①⬚] において，

AM＝BM

∠AMC＝∠[②⬚]　……㋐

∠MAC＝∠[③⬚]　……㋑

これらのことから，

△AMC≡△[①⬚]　……㋒

これより，CM＝[④⬚]　……㋓

(4)　(3)の証明の㋐〜㋓の根拠となっていることがらを，
　　それぞれいいなさい。

証明でよく使う性質

① 対頂角は等しい。

② 平行線の同位角，錯角は等しい。

③ 同位角または錯角が等しければ，
　2直線は平行である。

④ 三角形の内角の和は 180°

⑤ 三角形の外角は，それととなり合
　わない2つの内角の和に等しい。

⑥ n 角形の内角の和は，$180° \times (n-2)$

⑦ 多角形の外角の和は 360°

⑧ 合同な図形では，対応する線分や
　角は等しい。

⑨ 三角形の合同条件

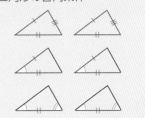

解答 p.37

3節　合同な図形

定着のワーク　ステージ2

1 右の2つの四角形は合同です。

(1)　∠C に対応する角をいいなさい。

(2)　辺 AD に対応する辺をいいなさい。

(3)　2つの四角形が合同であることを，
記号 ≡ を使って表しなさい。

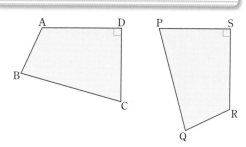

2 次の問に答えなさい。

(1)　右の図の △ABC と △DEF で，AB＝DE です。この
とき，どんな条件が加わると △ABC と △DEF は合同
になりますか。4通り答えなさい。

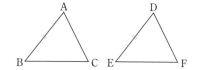

(2)　右の図で，合同な三角形の組を見つけ，
記号 ≡ を使って表しなさい。また，その
ときに使った合同条件をいいなさい。ただ
し，それぞれの図で，同じ印をつけた辺や
角は等しいとします。

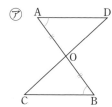
⑦

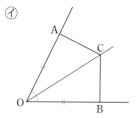
⑦

3 右の図で，BC＝DA，∠ACB＝∠CAD ならば AB∥CD となり
ます。このことの証明のすじ道を，次の順序で考えました。

(1)　仮定と結論をいいなさい。

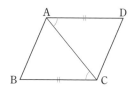

(2)　右の□にあてはまる三角形をいい
なさい。

(3)　⑦〜⑨それぞれの根拠となっている
ことがらをいいなさい。

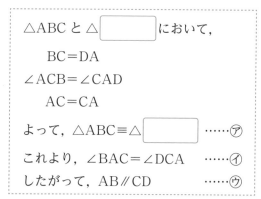

△ABC と △□□□□ において，

BC＝DA

∠ACB＝∠CAD

AC＝CA

よって，△ABC≡△□□□□ ……⑦

これより，∠BAC＝∠DCA ……⑦

したがって，AB∥CD ……⑨

ヒント
の森

2 (1)　三角形の合同条件3つにあてはめて考える。
　　(2)　対頂角や共通な辺に注目する。
3 (3)　⑨　平行線と角の関係を根拠として使う。

④ 右の図の四角形 ABCD で，AB∥DC です。辺 AD の中点をE，線分 BE と CD を延長した直線の交点をFとします。このとき，AB＝DF であることを証明しなさい。

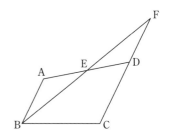

⑤ 右の図の四角形 ABCD で，AB＝CB，∠ABD＝∠CBD ならば，AD＝CD となることを証明しなさい。

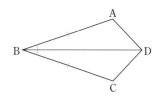

入試問題を やってみよう！

① 図で，四角形 ABCD は正方形であり，E は対角線 AC 上の点で，AE＞EC です。また，F，G は四角形 DEFG が正方形となる点です。ただし，辺 EF と DC は交わるものとします。このとき，∠DCG の大きさを次のように求めました。　Ⅰ ， Ⅱ にあてはまる数を書きなさい。また，(a)にあてはまることばを書きなさい。なお，2か所のⅠには，同じ数があてはまります。

〔愛知〕

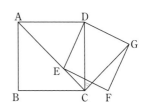

△AED と △CGD で，

四角形 ABCD は正方形だから，AD＝CD　……①

四角形 DEFG は正方形だから，ED＝GD　……②

また，

　　∠ADE＝ Ⅰ °－∠EDC，∠CDG＝ Ⅰ °－∠EDC

より，

　　∠ADE＝∠CDG　……③

①，②，③から，(a)がそれぞれ等しいので，

　　△AED≡△CGD

合同な図形では，対応する角は，それぞれ等しいので，

　　∠DAE＝∠DCG

したがって，∠DCG＝ Ⅱ °。

---

④ AB∥DC から平行線の性質が利用できる。

⑤ AD＝CD であることを証明するので，AD，CD を辺にもつ三角形の合同を考える。

① 正方形の全ての辺と全ての角は等しい。

実力判定テスト　ステージ3　[平行と合同]　図形の性質の調べ方を考えよう　40分　/100

1 右の図で，ℓ∥m であるとき，∠x，∠y の大きさを求めなさい。

4点×2(8点)

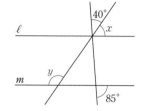

∠x＝(　　　　　)，∠y＝(　　　　　)

2 次の問に答えなさい。

4点×3(12点)

(1) 正十角形の1つの内角の大きさを求めなさい。

(　　　　　)

(2) 内角の和が 2880° である多角形は何角形ですか。

(　　　　　)

(3) 1つの外角が 18° である正多角形は正何角形ですか。

(　　　　　)

3 下の図で，∠x の大きさを求めなさい。

5点×6(30点)

(1)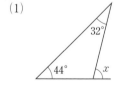

(2)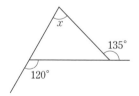

(3)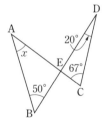

(　　　　　)　(　　　　　)　(　　　　　)

(4)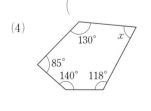

(5)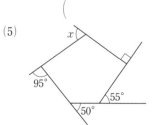

(6) ℓ∥m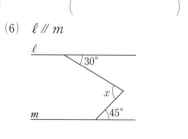

(　　　　　)　(　　　　　)　(　　　　　)

自分の得点まで色をぬろう!

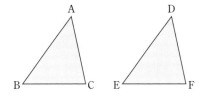

❹ 次のとき，それぞれどんな条件が加わると △ABC と △DEF は合同になりますか。　5点×5(25点)

(1) ∠A＝∠D，∠B＝∠E

(　　　　　　　　)

(2) AB＝DE，AC＝DF

(　　　　　　　) または (　　　　　　　)

(3) BC＝EF，∠B＝∠E

(　　　　　　　) または (　　　　　　　)

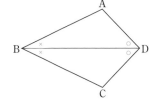

❺ 右の図の四角形 ABCD で，∠ABD＝∠CBD，∠ADB＝∠CDB ならば，AB＝CB となります。

5点×5(25点)

(1) 仮定と結論をいいなさい。

仮定 (　　　　　　　　　　)

結論 (　　　　　　　　　　)

(2) このことを証明するとき，どの三角形とどの三角形の合同をいえばよいですか。

(　　　　　　　　　　　　　　　　　)

(3) (2)の証明をするときに使う三角形の合同条件をいいなさい。

(　　　　　　　　　　　　　　　　　)

(4) 根拠となることがらを明らかにしながら証明しなさい。

確認のワーク　ステージ1　1節　三角形
❶ 二等辺三角形の性質

例1 二等辺三角形
教 p.128〜130 → 基本問題❶

右の図で，同じ印をつけた辺は等しいとして，∠x の大きさを求めなさい。

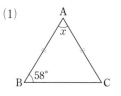
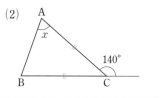

考え方　二等辺三角形の底角は等しいことから考える。

解き方 (1)　二等辺三角形の底角は等しいから，∠B＝∠C＝58°

$∠x=180°−58°×2=$ ①⬚ °

三角形の内角の和は180°

(2)　二等辺三角形の底角は等しいから，

∠A＝∠B＝∠x

∠x＋∠x＝140°

したがって，∠x＝ ②⬚ °

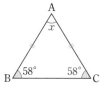
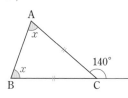

たいせつ

二等辺三角形の定義　ことばの意味をはっきり述べたもの
2つの辺が等しい三角形を二等辺三角形という。
二等辺三角形の性質①
二等辺三角形の底角は等しい。

例2 二等辺三角形の性質
教 p.131 → 基本問題❷

右の図のように，BA＝BC である二等辺三角形 ABC で，∠B の二等分線をひき，辺 AC との交点をDとします。この図を利用して，「二等辺三角形の頂角の二等分線は，底辺を垂直に2等分する」ことを証明しなさい。

考え方　仮定　BA＝BC，∠ABD＝∠CBD から，結論　AC⊥BD，AD＝CD を導く。
二等辺三角形の等しい辺　BD は ∠ABC の二等分線　底辺を垂直に　2等分する

証明　△ABD と △CBD において，

仮定から，　　BA＝BC 　……①

　　　　　∠ABD＝∠CBD 　……②

　　　　　BD は共通 　……③

①，②，③より，③⬚ がそれぞれ

等しいから，△ABD≡△④⬚

たいせつ

二等辺三角形の性質②
二等辺三角形の頂角の二等分線は，底辺を垂直に2等分する。

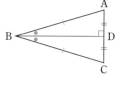

したがって，AD＝CD，∠ADB＝∠CDB 　……④ ← 合同な図形では，対応する辺，角は等しい。

また，∠ADB＋∠CDB＝180° 　……⑤

④，⑤から，2∠ADB＝180°　したがって，∠ADB＝90° すなわち，AC ⑤⬚ BD

基本問題 ·· 解答 p.40

1 二等辺三角形　下のそれぞれの図で，同じ印をつけた辺は等しいとして，∠x の大きさを求めなさい。　教 p.130問2

(1)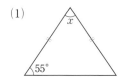

(2)

(3)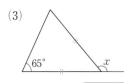

(4)

> 覚えておこう
>
> ⑵のように，頂角が直角である二等辺三角形を，直角二等辺三角形という。

2 二等辺三角形の性質　右の図のように，AB＝AC である二等辺三角形 ABC で，底辺 BC の中点をD とします。この図を利用して，「二等辺三角形の底角は等しい」ことを証明します。□をうめなさい。　教 p.129

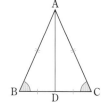

仮定　AB＝AC，BD＝[①　　　]　　　結論　∠B＝∠[②　　　]

証明　△ABDと△ACDにおいて，

　　仮定から，AB＝AC　　　……①

　　　　　　　BD＝[③　　　]　　　……②

　　　　　　　AD は[④　　　]　　　……③

　　①，②，③より[⑤　　　　　　　　]がそれぞれ

　　等しいから，

　　　　　△ABD≡△[⑥　　　]

　　合同な図形の対応する角は等しいから，

　　　　　∠B＝∠[⑦　　　]

> たいせつ
>
> 証明されたことがらのうちで，大切なものを定理という。
> **2** と 例**2** から，二等辺三角形について，次の定理が成り立つ。
> 1 二等辺三角形の底角は等しい。
> 2 二等辺三角形の頂角の二等分線は，底辺を垂直に2等分する。

3 正三角形　右の図で，△ABC は正三角形です。また，∠A の二等分線と辺 BC の交点をD，∠B の二等分線と辺 AC の交点をE とし，AD と BE の交点をF とします。　教 p.132

(1)　∠BAD の大きさを求めなさい。

(2)　∠EFD の大きさを求めなさい。

> 知ってると得
>
> 3つの辺が等しい三角形を正三角形という。正三角形は，二等辺三角形の特別な場合で，二等辺三角形の頂角が60°のとき，その二等辺三角形は正三角形となる。

確認のワーク ステージ1　1節　三角形
❷ 二等辺三角形になるための条件

例1 二等辺三角形になるための条件　　　教 p.133〜134 → 基本問題❶❷

　右の図で，∠B＝∠C，点Aを通り，辺BCに垂直な直線と辺BCとの交点をDとします。この図を利用して，「2つの角が等しい三角形は二等辺三角形である」ことを証明しなさい。

考え方　仮定　∠B＝∠C，AD⊥BC から，結論　AB＝AC を導く。
　　　　　　　　 2つの角は等しい　 AD は BC と垂直　　　　 2つの辺が等しい

証明　△ABD と △ACD において，←AB，AC をふくむ三角形の合同がいえるかどうか考える。

仮定から，　　∠B＝∠C　　　　　……①

　　　　　　　∠ADB＝∠ADC＝90°……②←AD⊥BC

①，②より，三角形の残りの角も等しいから，←三角形の2組の角が等しければ，残りの角も等しい。

　　　　　　　∠BAD＝∠CAD　　　……③

　　　　また，AD は共通　　　　　……④

②，③，④より，□①　　　　　　　　が

それぞれ等しいから，△ABD≡△ACD

合同な図形の対応する辺は等しいから，

　　　　　　AB＝□②

だから，△ABC は二等辺三角形となる。

> **たいせつ**
> 二等辺三角形になるための条件
> 三角形の2つの角が等しければ，その三角形は，等しい2つの角を底角とする二等辺三角形である。

例2 定理の逆　　　教 p.135 → 基本問題❸

　△ABC≡△DEF ならば，AC＝DF である。このことがらの逆をいいなさい。また，それが正しいかどうかもいいなさい。

考え方　逆は，仮定と結論を入れかえたものである。また，逆が正しくないことを示すには，正しくないことを示す具体例（反例）を1つあげればよい。

解き方　「△ABC≡△DEF ならば，AC＝DFである」の
　　　　　　　　　 仮定　　　　　　　　　結論

逆は，□③　　　　　　　ならば □④

である。

これを図に表してみると右のような反例があるので，このことがらの逆は

□⑤　　　　　　とわかる。

> **定理の逆**
> あることがらの仮定と結論を入れかえたものを，そのことがらの逆という。
> 「○○○ならば□□□」
> 「□□□ならば○○○」逆

反例
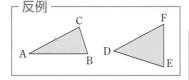

正しいことがらの逆がいつでも正しいとはかぎらないんだね。

基本問題 解答 ▶ p.40

1 二等辺三角形になるための条件① 下の図で，**AB＝AC，∠ABD＝∠ACE** とします。

このとき，**PB＝PC** であることを証明しました。□をうめなさい。 教 p.134問1

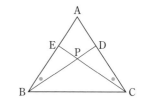

証明 仮定より，AB＝AC だから，

　△ABC は二等辺三角形である。

　　二等辺三角形の ①□ は等しいから，

　　　∠ABC＝∠ACB

　また，仮定より，∠ABD＝∠ACE だから，

　　　∠PBC＝∠ABC－∠ABD

　　　　　＝∠ACB－∠ ②□ ＝∠ ③□

　したがって， ④□ が等しいから，

　△PBC は二等辺三角形である。

　これより， PB＝PC

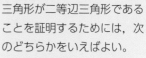

覚えておこう

三角形が二等辺三角形である
ことを証明するためには，次
のどちらかをいえばよい。
1 2つの辺が等しい（定義）
2 2つの角が等しい（定理）

2 二等辺三角形になるための条件② 右の図のように，**AB＝AC** である二
等辺三角形 **ABC** の **∠ABC** の二等分線が辺 **AC** と交わる点を **D**，
∠BAC＝a° とします。 教 p.134

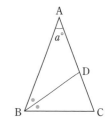

(1) 次の角の大きさを a を使ってそれぞれ表しなさい。

　⑦　∠ABC　　　　⑦　∠DBC　　　　⑨　∠BDC

(2) AD＝BD＝BC となるとき，a の値を求めなさい。

3 定理の逆 次のそれぞれの逆をいいなさい。また，それが正しいかどうかもいいなさい。

教 p.135問3

(1) △ABC≡△DEF ならば ∠A＝∠D である。

(2) 2つの三角形が合同であるならば面積は等しい。

(3) 2つの角が等しい三角形は，二等辺三角形である。

(4) $a>0$，$b>0$ ならば $ab>0$ である。

ミス注意

正しいことの逆はいつでも正
しいとはかぎらない。反例が
1つでもあると，正しいとは
いえないので気をつける。ま
た，正しいことをいうために
は，あらためて，そのことを
証明する必要がある。

確認のワーク ステージ **1**　　1節　三角形
❸ 直角三角形の合同

例 1 直角三角形の合同条件

教 p.136〜137 → 基本問題 ❶ ❷

　右の図で，合同な三角形はどれとどれですか。記号≡を使って表しなさい。また，そのときに使った合同条件をいいなさい。

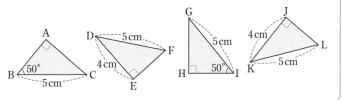

考え方 直角三角形の直角に対する辺を斜辺という。直角三角形の合同条件から，合同な三角形を見つける。

斜辺

解き方　∠BAC＝∠IHG＝90°，　BC＝IG，
　　　　　　　　直角　　　　　　　斜辺が等しい

∠ABC＝∠HIG だから，
　1つの鋭角が等しい

△ABC≡△HIG

斜辺と [①＿＿＿＿＿] がそれぞれ等しい。

∠DEF＝∠KJL＝90°，　DF＝KL，　DE＝KJ だから，
　　　　　　　直角　　　　　　斜辺が等しい　　他の1辺が等しい

△DEF≡△[②＿＿＿]

斜辺と [③＿＿＿＿＿] がそれぞれ等しい。

> ☞ **直角三角形の合同条件**
>
> 2つの直角三角形は，次のどちらかが成り立つとき合同である。
> ① 斜辺と1つの鋭角がそれぞれ等しい。
>
> ② 斜辺と他の1辺がそれぞれ等しい。

例 2 直角三角形の合同条件を利用した証明

教 p.137〜138 → 基本問題 ❸

　右の図のように，∠XOY 内の点 P から，2辺 OX，OY に垂線 PA，PB をひくとき，PA＝PB ならば OP は ∠XOY の二等分線であることを証明しなさい。

考え方 直角三角形の合同条件を利用して ∠POA＝∠POB を示す。

証明　△POA と △[④＿＿＿] において，

仮定から，∠PAO＝∠PBO＝90° ……①　← 直角であることを示す。
　　　　　　PA＝PB　　　　　……②
　　　　　　POは共通　　　　　……③

①，②，③より，直角三角形で，[⑤＿＿＿＿＿＿＿＿] が
それぞれ等しいから，　↑
　　　　　　　　　　　　直角三角形の合同条件を利用するときは，
　　　　　　　　　　　　直角三角形であることを示す。

　　　　△POA≡△[⑥＿＿＿]

合同な図形の対応する角は等しいから，∠POA＝∠POB
したがって，OP は ∠XOY の二等分線である。

> 直角三角形のときは，直角三角形の合同条件が使えるか考えてみよう。

基本問題 .... 解答 p.41

1 直角三角形の合同条件①　下の図で，右の⑦，④とそれぞれ
合同な三角形を記号 ≡ を使って表しなさい。また，その
ときに使った合同条件をいいなさい。　教 p.137問2

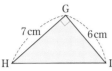
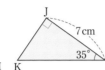
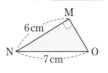

2 直角三角形の合同条件②　右の図で，BC＝EF，
∠A＝∠D＝90° のとき，どんな条件をつけ加え
れば，△ABC と △DEF は合同になりますか。
加える条件が辺の場合と角の場合について，それ
ぞれ2通りずつ記号を使って答えなさい。また，そのときに使った合同条件をいいなさい。

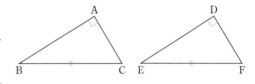

教 p.137

ミス注意

直角三角形の合同条件を使わないこともあるので注意！

例　右のような三角形の合
同に使う合同条件は，
「1組の辺とその両端の
角がそれぞれ等しい」

3 直角三角形の合同条件を利用した証明　下の図のように，線分 AB の中点Mを通る直線に，点
A，B からそれぞれ垂線をひき，その交点を C，D とします。このとき，AC＝BD であるこ
とを証明しました。□をうめなさい。　教 p.138問3

証明　△AMC と △[① 　　　] において，

　　仮定から，　∠ACM＝∠[② 　　　]＝90° ……①

　　　　　　　　AM＝BM　　　　　　……②

　[③ 　　　] は等しいから，

　　　　　　　∠AMC＝∠[④ 　　　]　　……③

　①，②，③より，直角三角形で，[⑤ 　　　　　　　] がそれぞれ等しいから，

　　　　　　　△AMC≡△[⑥ 　　　]

　合同な図形の対応する辺は等しいから，AC＝BD

左ページの 例 の答え　①1つの鋭角　②KJL　③他の1辺　④POB　⑤斜辺と他の1辺　⑥POB

解答 ▶ p.42

1節　三角形

1 下のそれぞれの図で，同じ印をつけた辺や角は等しいとして，∠x の大きさを求めなさい。

(1) 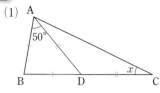 　　(2) 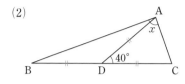 　　(3) AB＝AC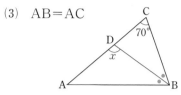

2 次のそれぞれの逆をいいなさい。また，それが正しいかどうかもいいなさい。

(1)　$x=3$ ならば $x+2=5$ である。

(2)　△ABC が正三角形ならば ∠A＝60° である。

3 右の図の △ABC の辺 AB の中点をDとすると，AD＝BD＝CD となりました。このとき，∠a＋∠b の大きさを求めなさい。

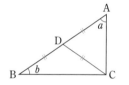

4 右の図のように，△ABC の頂点 B，C から AC，AB に垂線 BD，CE をひきます。BE＝CD ならば，△ABC は二等辺三角形になることを証明しなさい。

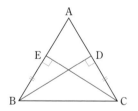

5 右の図のように，AB＝AC の二等辺三角形 ABC があります。2辺 AB，AC 上に AD＝AE となるように点 D，E をとり，BE と CD の交点をFとします。

(1)　△EBC≡△DCB であることを証明しなさい。

(2)　∠BFC＝60° のとき，△FBC は正三角形であることを証明しなさい。

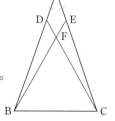

3 ∠DCA＝∠a，∠DCB＝∠b となる。
4 ∠EBC＝∠DCB であることを示す。直角三角形の合同条件を考える。
5 (2) △FBC が二等辺三角形であることを示せば，正三角形であることを導くことができる。

6 右の図のように，△ABC の内部に点 I があります。I から 3 辺 AB，BC，CA に垂線をひき，その交点をそれぞれ D，E，F とします。ID＝IE＝IF が成り立つとき，次の問に答えなさい。

(1) △IBD≡△IBE であることを証明しなさい。

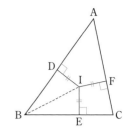

レベルUP (2) 点 I は，∠A，∠B，∠C の二等分線の交点であることを証明しなさい。

入試問題を やってみよう！ ⋯⋯⋯⋯⋯⋯⋯⋯⋯⋯⋯⋯⋯⋯⋯⋯⋯

1 右の図のように，∠B＝90° である直角三角形 ABC があります。DA＝DB＝BC となるような点 D が辺 AC 上にあるとき，∠x の大きさを求めなさい。〔富山〕

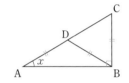

5章

2 右の図のように，AB＝AD，AD∥BC，∠ABC が鋭角である台形 ABCD があります。対角線 BD 上に点 E を ∠BAE＝90° となるようにとります。〔北海道〕

(1) ∠ADB＝20°，∠BCD＝100° のとき，∠BDC の大きさを求めなさい。

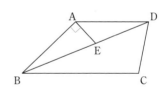

(2) 頂点 A から辺 BC に垂線をひき，対角線 BD，辺 BC との交点をそれぞれ F，G とします。このとき，△ABF≡△ADE を証明しなさい。

6 (1) 直角三角形の合同条件を考える。
  (2) BI は ∠B の二等分線である。同様にして，AI，CI について考える。
2 (2) AD∥BC から，∠BAF＝∠DAE を導く。

確認 のワーク　ステージ 1　　2節　平行四辺形
❶ 平行四辺形の性質

例 1 平行四辺形の性質　　　　　　　　　教 p.140 → 基本問題 ❶ ❷

右の図の □ABCD で, x, y の値をそれぞれ求めなさい。

(1)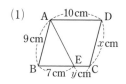

(2)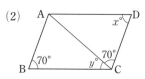

考え方 四角形の向かい合う辺を対辺, 向かい合う角を対角という。対辺や対角について, 平行四辺形の性質を利用する。

解き方 (1) 平行四辺形では, 対辺はそれぞ

れ等しいから, $x=$ ①□ ← AB=DC

また, $7+y=$ ②□ より, ← AD=BC

$y=3$

(2) 平行四辺形では, ③□ はそれぞれ

等しいから, $x=$ ④□ ← ∠B=∠D

また, ∠$y=$∠CAD ← AD∥BC で錯角が等しい。

$y=180-(70+$ ④□ $)=$ ⑤□ ← △ACD で内角の和は 180°

> **たいせつ**
> 平行四辺形の定義
> 　2 組の対辺がそれぞれ平行な四角形を平行四辺形という。
> 平行四辺形の性質
> 　① 2 組の対辺はそれぞれ等しい。
> 　② 2 組の対角はそれぞれ等しい。
> 　③ 対角線はそれぞれの中点で交わる。
> 　① 　　② 　　③
>

例 2 平行四辺形の性質の利用　　　　　　教 p.142 → 基本問題 ❸

□ABCD の頂点 A, C から対角線 BD に垂線をひき, 対角線との交点をそれぞれ P, Q とします。このとき, AP=CQ となることを証明しなさい。

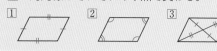

考え方 平行四辺形の性質を使って, △ABP≡△CDQ を示す。

証明 △ABP と △CDQ において,

仮定から, ∠APB=∠CQD=90°　……①

平行四辺形の ⑥□ はそれぞれ等しいから, ← 平行四辺形の性質を証明の根拠に使う。

　　　AB=CD　　　　……②

AB∥DC より, 平行線の錯角は等しいから,

　　　∠ABP=∠CDQ　　　……③

①, ②, ③より, 直角三角形で ⑦□ が

それぞれ等しいから, △ABP≡△CDQ

合同な図形の対応する辺は等しいから, AP=CQ

> 平行四辺形の性質や, 平行線の性質を使うことができるよ。

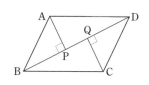

基本問題 解答 p.44

1 平行四辺形の性質① 右の図の ▱ABCD について，次の
問に答えなさい。 教 p.140

⑴ AD が 5 cm のとき，BC の長さを求めなさい。また，
そのときに使った平行四辺形の性質をいいなさい。

⑵ AC が 14 cm のとき，CO の長さを求めなさい。また，
そのときに使った平行四辺形の性質をいいなさい。

⑶ ∠BCD＝58° のとき，∠BAD の大きさを求めなさい。
また，そのときに使った平行四辺形の性質をいいなさい。

⑷ ∠ADC＝120° のとき，∠DCB の大きさを求めなさい。

覚えておこう

平行四辺形の定義
AB∥DC，AD∥BC

平行四辺形の性質
① AB＝DC，AD＝BC
② ∠A＝∠C，∠B＝∠D
③ OA＝OC，OB＝OD

2 平行四辺形の性質② 右の図の ▱ABCD で，CD＝CE のとき，
a，b，x，y の値をそれぞれ求めなさい。 教 p.140

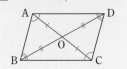

3 平行四辺形の性質の利用 右の図のように，▱ABCD の対角線
上に，∠BAE＝∠DCF となるように，2 点 E，F をとると，
BE＝DF となります。このことを次のように証明しました。
□ をうめなさい。 教 p.142

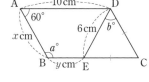

証明 △ABE と △[①□] において，

仮定から，∠BAE＝∠DCF ……①

平行四辺形の[②□]はそれぞれ等しいから，

AB＝[③□] ……②

AB∥DC より，平行線の[④□]は等しいから，

∠ABE＝∠[⑤□] ……③

①，②，③より，[⑥□]がそれぞれ等しいから，

△ABE≡△[⑦□]

合同な図形の対応する辺は等しいから，BE＝DF

ここがポイント

図形に平行四辺形をふくむ証明問題
では，平行四辺形の性質を見落とさ
ないように注意！

意外と見落とし
やすい！

・対辺が平行。
・対辺が等しい。
・対角が等しい。
・対角線がそれぞれの中点で交わる。

5章

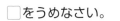

確認のワーク　ステージ1　2節　平行四辺形
❷ 平行四辺形になるための条件

例1 平行四辺形になるための条件
教 p.144〜146 →基本問題❶❷

右の図で，AD∥BC，AD＝BC とします。この図を利用して，
「1組の対辺が平行でその長さが等しい四角形は，平行四辺形である」
ことを証明しなさい。

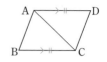

考え方 仮定 AD∥BC，AD＝BC から，結論 AD∥BC，AB∥DC を導く。
　1組の対辺が平行　1組の対辺の長さが等しい　2組の対辺がそれぞれ平行(平行四辺形の定義)

証明 △ABC と △CDA において，

仮定から，BC＝DA　……①

AC は共通　……②

AD∥BC より，平行線の [①　　] は等しいので，

∠ACB＝∠CAD　……③

①，②，③より，[②　　　　] が

それぞれ等しいから，

△ABC≡△CDA

合同な図形の対応する角は等しいから，

∠BAC＝∠DCA

したがって，[③　　　] が等しいので，AB∥DC

2組の対辺がそれぞれ平行だから，四角形 ABCD は平行四辺形である。

平行四辺形になるための条件

四角形は，次のどれかが成り立てば，平行四辺形である。
1 2組の対辺がそれぞれ平行である。(定義)
2 2組の対辺がそれぞれ等しい。
3 2組の対角がそれぞれ等しい。
4 対角線がそれぞれの中点で交わる。
5 1組の対辺が平行でその長さが等しい。

例2 平行四辺形になるための条件の利用
教 p.147 →基本問題❸

▱ABCD において，辺 AD，BC 上に，AE＝CF となるように
点 E，F をとると，四角形 EBFD は平行四辺形になります。この
ことを証明しなさい。

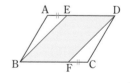

考え方 四角形 EBFD が，平行四辺形になるための条件のうち，どれにあてはまるか考える。

解き方 平行四辺形の対辺は等しいから，AD＝BC ……①

仮定から，AE＝CF ……②

①，②より，ED＝AD−AE＝BC−CF＝[④　　　] ……③

また，AD∥BC より，ED∥BF ……④

③，④より，[⑤　　　　　　　] から，
　　　　　平行四辺形になるための条件を書く。

四角形 EBFD は平行四辺形である。

平行四辺形になるための条件のうち，どれにあてはまるかな？

基本問題

解答 ▶ p.44

1 平行四辺形になるための条件① 四角形 ABCD で，対角線の交点を O とします。次の条件のうち，四角形 ABCD がいつでも平行四辺形になるものには○，平行四辺形にならないものには×を書きなさい。

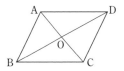

教 p.146問2

⑦ AB∥DC，AD∥BC

④ AB∥DC，AB=DC

⑦ AB=CB，AD=CD

① AB=DC，AD=BC

④ OA=OB，OC=OD

⑦ OA=OC，OB=OD

④ ∠A=∠B，∠C=∠D

⑦ ∠A=∠C，∠B=∠D

覚えておこう

平行四辺形になるための条件
1 AB∥DC，AD∥BC
2 AB=DC，AD=BC
3 ∠A=∠C，∠B=∠D
4 OA=OC，OB=OD
5 AD∥BC，AD=BC

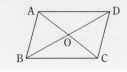

2 平行四辺形になるための条件② ▱ABCD をもとにして，次の(1)，(2)のようにしてつくった四角形はどちらも平行四辺形になります。このことを証明するときに使う「平行四辺形になるための条件」をそれぞれ答えなさい。

教 p.146

(1) 四角形 EBCF を平行四辺形とすると，四角形 AEFD は平行四辺形

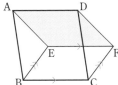

(2) AE=CG，BF=DH とすると，四角形 EFGH は平行四辺形

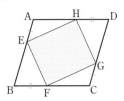

3 平行四辺形になるための条件の利用 ▱ABCD において，辺 AB，BC，CD，DA の中点をそれぞれ E，F，G，H とします。このとき，直線 AF，BG，CH，DE でできる図の四角形 KLMN は平行四辺形になります。このことを証明しなさい。

教 p.147

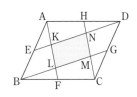

確認のワーク　ステージ 1　2 節　平行四辺形
❸ 特別な平行四辺形

例 1 特別な平行四辺形　　　　教 p.149 → 基本 問題 ❶ ❷

▱ABCD において，∠DAB＝90° のとき，CA＝BD であることを証明しなさい。

考え方　CA，BD を辺にもつ △DCA と △ABD の合同を示す。

証明　△DCA と △ABD において，

[① 　　　] は共通 ……①

平行四辺形の対辺は等しいから，

DC＝AB ……②

四角形の内角の和は 360° だから，

∠DAB＋∠ABC＋∠BCD＋∠ADC＝360°

平行四辺形の対角は等しく，

∠DAB＝∠BCD，∠ABC＝∠ADC

∠DAB＋∠ADC＋∠DAB＋∠ADC＝360°

したがって，∠DAB＋∠ADC＝180°

となり，∠DAB＝90° より，∠ADC＝∠DAB＝90° ……③

①，②，③より，[② 　　　] がそれぞれ等しいから，△DCA≡△ABD

合同な図形の対応する辺は等しいから，CA＝BD

> **たいせつ**
>
> 特別な平行四辺形の定義
> ・長方形…4 つの角がすべて等しい四角形。
> ・ひし形…4 つの辺がすべて等しい四角形。
> ・正方形…4 つの角がすべて等しく，4 つ
> 　の辺がすべて等しい四角形。
>
>
>
> 特別な平行四辺形の対角線の性質
> ・長方形の対角線は等しい。
> ・ひし形の対角線は垂直に交わる。
> ・正方形の対角線は等しく，垂直に交わる。

例 2 長方形，ひし形，正方形になるための条件　　教 p.150 → 基本 問題 ❸ ❹

▱ABCD に条件 AC⊥BD を加えると，ひし形になることを証明しなさい。

考え方　AB＝AD を導く。

証明　▱ABCD の対角線をひき，その交

点を O とする。

△ABO と △ADO において，

平行四辺形の対角線はそれぞれの中点で交

わるから，　　BO＝[③ 　　] ……①

仮定から，∠AOB＝∠AOD＝90° ……②

また，　　　AO は共通　　　……③

①，②，③より，[④ 　　　　　]

がそれぞれ等しいから，△ABO≡△ADO

合同な図形の対応する辺は等しいから，

AB＝AD ← となり合う辺の長さが等しい。

したがって，▱ABCD はひし形である。

> となり合う辺の長さ
> が等しいことを示せ
> ばいいね。

> **覚えておこう**
>
> 長方形，ひし形，正方形になるための条件
> 平行四辺形に下の条件を加えると，それぞれ次の
> 四角形になる。
>
>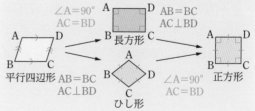

基本問題

解答 p.45

1 ひし形の対角線 右の図のように，ひし形 ABCD の対角線の交点を O とします。

教 p.149

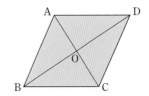

(1) △ABC と合同な三角形はどれですか。

(2) △OAB と合同な三角形をすべて答えなさい。

(3) ∠OBA と大きさが等しい角をすべて答えなさい。

(4) ∠OAB＋∠OBA の大きさを求めなさい。

> **ここがポイント**
> 長方形やひし形は平行四辺形の特別な場合である。正方形は，長方形であり，ひし形でもある四角形である。

2 長方形の性質の利用 右の図で，△ABC は，∠B＝90° の直角三角形であり，点 M は斜辺 AC の中点です。∠A＝56° のとき，∠BMC の大きさを求めなさい。

教 p.150問4

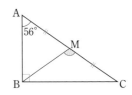

> **覚えておこう**
> 直角三角形では，斜辺の中点から各頂点までの距離は等しい。

3 長方形，正方形になるための条件 □ABCD の対角線 AC と BD にどんな条件を加えれば，次のような四角形になりますか。それぞれ式で答えなさい。

教 p.150問6

(1) 長方形　　　(2) 正方形

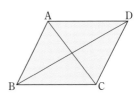

4 長方形になるための条件 □ABCD の辺 AD の中点を M とするとき，MB＝MC ならば，この □ABCD は長方形であることを証明しなさい。

教 p.150

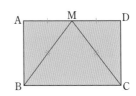

確認のワーク　ステージ 1　2節 平行四辺形　**4** 平行線と面積

例 **1** 平行線と面積　　教 p.153 → 基本問題 **1** **2**

右の図で，四角形 ABCD は平行四辺形です。面積が等しい三角形を3組見つけ，それぞれ式で表しなさい。

考え方　底辺が同じで頂点が底辺と平行な直線上にあるものをさがす。

証明　△FEB と △CEB は，

底辺 ①[　　　] が同じで，

FC∥EB より高さが等しい。

1組の平行線があるとき，一方の直線上の2点から他の直線にひいた2つの垂線の長さは等しい。

したがって，△FEB＝△CEB

△ECF と △②[　　　] は，

底辺 CF が同じで，

EB∥FC より高さが等しい。

したがって，△ECF＝△②[　　　]

△FEG＝△FEB－△EBG

△CGB＝△③[　　　]－△EBG

したがって，△FEG＝△④[　　　]

> **平行線と面積**
>
> 底辺 BC を共有し，BC に平行な直線 ℓ 上に頂点 A，A′ をもつ △ABC と △A′BC は底辺が同じで，高さが等しいので，
>
> $$\triangle ABC = \triangle A'BC$$
>
> ↑「面積が等しいこと」を表す。
>
>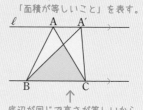
>
> 底辺が同じで高さが等しいから，面積は等しい。

例 **2** 面積が等しい三角形をつくる　　教 p.154 → 基本問題 **3** **4**

右の図で，辺 CB の延長上に点Eをとり，四角形 ABCD と面積が等しい △DEC をかきなさい。

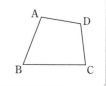

考え方　四角形を2つの三角形に分け，△ABD＝△EBD となる点Eを考える。

解き方　頂点Aを通り，対角線 DB と平行な直線をひき，辺 CB の延長との交点をEとする。

このとき，AE∥DB より，

△⑤[　　　]＝△ABD ……①

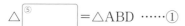

また，　△DEC＝△EBD＋△DBC ……②

四角形 ABCD＝△ABD＋△DBC ……③

①，②，③より，△⑥[　　　]＝四角形 ABCD となる。

> 平行線をひいて，底辺が同じで高さが等しい三角形をつくるんだね。

基本問題

解答 p.46

1 平行線と面積　右の図で，□ABCD の辺 BC の中点をEとし，AC と DE の交点をFとします。　教 p.153問1

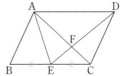

(1)　△ABE と面積が等しい三角形を2つ見つけ，そのことを式で表しなさい。

(2)　△AEF と面積が等しい三角形をいいなさい。また，次の□をうめて，その証明を完成させなさい。

証明　△AEF＝△AEC－△[①　　　]

　　　△[②　　　]＝△DEC－△FEC

　　　AD∥BC だから，△AEC＝△DEC

　　　したがって，△AEF＝△[③　　]

ここがポイント

下の図の △ABC と △A′CD で，ℓ∥m，BC＝CD のとき，底辺と高さがそれぞれ等しいから，

△ABC＝△A′CD

2 底辺の長さと面積の比　右の図で，四角形 ABCD は AD∥BC の台形です。△ABE と △DBC の面積の比を求めなさい。　教 p.153

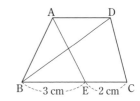

覚えておこう

右の図の △ABP と △APC は，高さが等しいから，△ABP と △APC の面積の比は，BP：PC

5章

3 面積が等しい図形①　△ABC があります。辺 BC 上の点Pを通り，△ABC の面積を2等分する直線PQをひきなさい。ただし，点Qは辺 AB 上の点とし，BC の中点を M とします。　教 p.154

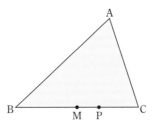

△AMP＝△AQP となるような点Q を見つけよう。

4 面積が等しい図形②　右の図の①，②の2つの土地の面積を変えないように，境界の折れ線APBを，A を通る1本の直線AQにひきなおしなさい。　教 p.154問2

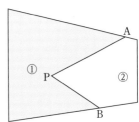

左ページの 例 の答え　① EB　② BCF　③ CEB　④ CGB　⑤ EBD　⑥ DEC

定着のワーク　ステージ2　**2節　平行四辺形**

1 下の図の □ABCD で，∠x，∠y の大きさをそれぞれ求めなさい。

(1)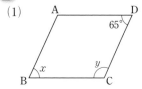

(2)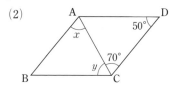

(3) ∠ABE＝∠EBC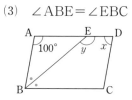

2 □ABCD の対角線 AC と BD の交点を O とします。O を通る直線と辺 AD，BC との交点をそれぞれ P，Q とすると，BQ＝DP となります。

(1) ∠ODP と大きさが等しい角をいいなさい。

(2) BQ＝DP であることを証明しなさい。

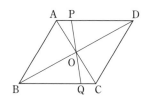

3 四角形 ABCD において，AD∥BC のとき，次のどの条件を加えれば，四角形 ABCD はいつでも平行四辺形になりますか。適するものを 2 つ選び，記号で答えなさい。

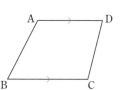

　⑦　AB＝AD　　④　AB＝DC　　⑰　AD＝BC　　㋩　AC＝DB
　㋐　∠A＝∠B　　㋕　∠A＝∠C　　㋖　∠A＝∠D　　㋘　∠A＋∠C＝180°

4 □ABCD の対角線の交点を O とし，対角線 BD 上に BE＝DF となるように 2 点 E，F をとると，四角形 AECF は平行四辺形になります。このことを証明しなさい。

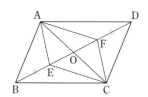

5 下の図で，四角形 EFGH は，□ABCD の 4 つの内角の二等分線で囲まれた四角形です。

(1) ∠HEF の大きさを求めなさい。

(2) 四角形 EFGH は何という四角形ですか。

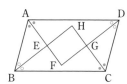

　3 平行四辺形になるための条件にあてはまるか考える。
　4 合同を利用して AE＝CF，AF＝CE を示すこともできるが，対角線に着目する方が簡単。
　5 □ABCD で，∠A＋∠B＝180° より，●●＋○○＝180° であることに着目する。

6 右の図で，△ABC の∠A の二等分線が辺 BC と交わる点をD とし，D から AC，AB に平行な直線をひき，辺 AB，AC との交点を E，F とします。このとき，四角形 AEDF はひし形になることを証明しなさい。

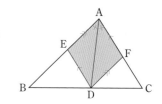

7 △ABC の辺 AB，AC 上の点をそれぞれ D，E とするとき，DE∥BC ならば，△ABE＝△ACD であることを証明しなさい。

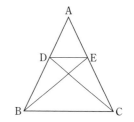

8 右の図で，四角形 ABCD の対角線 BD の中点をMとするとき，折れ線 AMC は四角形 ABCD の面積を 2 等分することを証明しなさい。また，頂点Aを通り，四角形 ABCD の面積を 2 等分する直線をひきなさい。

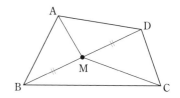

9 □ABCD の内部にあって辺上にない点Gをとって三角形をつくったとき，点Gをどこにとっても，△GAB と △GCD の面積の和は，△GDA と △GBC の面積の和に等しくなります。その理由を説明しなさい。

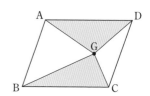

5章

① 右の図のような平行四辺形 ABCD があります。このとき，∠x の大きさを求めなさい。 〔佐賀〕

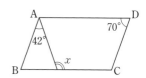

7 △ABE＝△ADE＋△DBE，△ACD＝△ADE＋△DCE と考える。
8 四角形 AMCD を，△AMC と △ACD に分けて，△AMC と同じ面積の三角形を考える。
9 点Gを通り辺 AB に平行な直線をひいて，面積が等しい三角形を見つける。

解答 ▶ p.49

実力判定テスト　ステージ 3　［三角形と四角形］
図形の性質を見つけて証明しよう　40分　/100

1 下の図で，同じ印をつけた辺や角は等しいとして，∠x の大きさを求めなさい。

6点×3（18点）

(1) 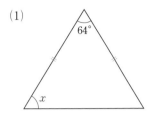　(2) 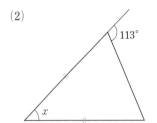　(3)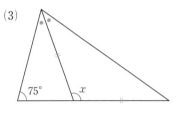

(　　　　)　(　　　　)　(　　　　)

2 下の図の □ABCD で，∠x の大きさを求めなさい。　6点×3（18点）

(1) 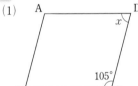　(2) 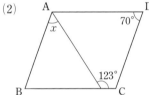　(3)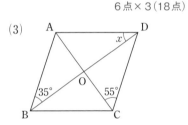

(　　　　)　(　　　　)　(　　　　)

3 直角二等辺三角形 ABC の頂点Aを通る直線 ℓ に，点 B，C から垂線 BD，CE をひきます。　6点×3（18点）

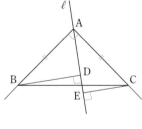

(1) ∠CAE＝36° のとき，∠ABD の大きさを求めなさい。

(　　　　)

(2) △ABD≡△CAE であることを証明するときに使う合同条件をいいなさい。

(　　　　)

(3) BD＝4 cm，CE＝2 cm のとき，DE の長さを求めなさい。

(　　　　)

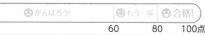
4 右の図は，二等辺三角形 ABC の底辺 BC 上に，BD＝CE となるよう
に点 D，E をとったものです。　　　　　6点×2（12点）

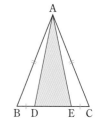

(1) △ABD≡△ACE を証明するために使う合同条件をいいなさい。

（　　　　　　　　　　　　　　　　）

(2) △ADE が二等辺三角形になることを証明するには，
△ABD≡△ACE から何を示せばよいですか。

（　　　　　　　　　　　　　　　　）

5 右の図で，四角形 ABCD はひし形であり，点 O は対角線
AC と BD の交点です。また，点 E，F は対角線 BD 上にあ
り，OE＝OA，OF＝OC です。このとき，四角形 AECF が
正方形であることを証明します。証明するときに使う対角線
についての条件を 3 ついいなさい。　　　　（10点）

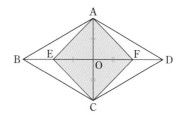

（　　　　　　　　　　　　　　　　）

6 右の図で，▱ABCD の辺 BC 上に AB＝AE となる点 E をと
るとき，△ABC≡△EAD となることを証明しなさい。　（10点）

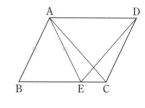

7 右の図で，▱ABCD の辺 DC 上に点 E をとり，AE の延長線と
BC の延長線の交点を F とします。　　　　7点×2（14点）

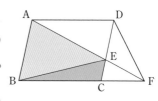

(1) 図の中で，△ABE と面積が等しい三角形を 1 ついいなさい。

（　　　　　　　　　　　　　　　　）

(2) 図の中で，△BCE と面積が等しい三角形を 1 ついいなさい。

（　　　　　　　　　　　　　　　　）

アプリ【どこでもワーク計算編・図形編】をやって，さらに力をつけよう！

確認のワーク　ステージ1　1節　確率
■ 同様に確からしいこと

例1 確率の求め方 ── 教 p.162～164 → 基本問題 ❶❷

　1, 2, 3, …, 10 の数を 1 つずつ記入した 10 枚のカードがあります。このカードをよくきって 1 枚ひくとき，次の確率を求めなさい。

(1)　カードに書かれた数が 2 の倍数である確率

(2)　カードに書かれた数が自然数である確率

考え方 ① 起こりうる場合が全部で何通りあるか考え，どれも同様に確からしいことを確かめる。←

② 求めることがらが何通りあるか考える。　どの場合が起こることも，同じ程度に期待できること。

③ $p = \dfrac{a}{n}$ にあてはめて，確率を求める。

解き方 ① 起こりうる場合は，全部で 10 通りあり，どの場合が起こることも同様に確からしい。

(1)　② カードに書かれた数が 2 の倍数である場合は，2, 4, 6, 8, 10 の 5 通り。

　　③ 求める確率は，$\dfrac{5}{10} =$ ①[　　　]

(2)　② カードに書かれた数が自然数である場合は，1, 2, 3, …, 10 の 10 通り。

　　③ 求める確率は，$\dfrac{10}{10} =$ ②[　　　]

> **確率の求め方**
> 起こりうる場合が全部で n 通りあり，どの場合が起こることも同様に確からしいとする。そのうち，ことがらAの起こる場合が a 通りあるとき，Aの起こる確率 p は，$p = \dfrac{a}{n}$

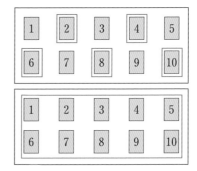

例2 樹形図の利用 ── 教 p.165～166 → 基本問題 ❸

A，B の 2 人がじゃんけんを 1 回します。

(1)　B が勝つ確率を求めなさい。　　　(2)　あいこになる確率を求めなさい。

考え方 樹形図をかいて，起こりうる場合をすべてあげる。

解き方 樹形図をかくと，右のようになる。

起こりうる場合は全部で 9 通りで，どの場合が起こることも同様に確からしい。

(1)　B が勝つ場合は◯の 3 通り。

　　求める確率は，$\dfrac{3}{9} =$ ③[　　　]

(2)　あいこになる場合は△の 3 通り。

　　求める確率は，$\dfrac{3}{9} =$ ④[　　　]

> 起こりうる場合をすべてあげた右のような図を樹形図というよ。

基本問題 ⋯⋯⋯⋯⋯⋯⋯⋯⋯⋯⋯⋯⋯⋯⋯⋯⋯⋯⋯⋯⋯⋯ 解答 p.51

1 確率の求め方① 正しく作られたさいころを投げます。 教 p.162～163

(1) 目の出方は全部で何通りありますか。

(2) 3の目が出る確率を求めなさい。

(3) 6の約数の目が出る確率を求めなさい。

(4) 9の倍数の目が出る確率を求めなさい。

> **知ってると得**
>
> 確率 p のとりうる値の範囲
>
> $0 \leqq p \leqq 1$
>
> ↑　　　↑
>
> ①　　　②
>
> ①決して起こらないことがらの
> 　確率は0
>
> ②かならず起こることがらの
> 　確率は1

2 確率の求め方② ジョーカーを除く52枚のトランプから1枚ひきます。 教 p.164問1

(1) ひいたカードが◆である場合は何通りありますか。

(2) ひいたカードが♥か♠である確率を求めなさい。

3 樹形図の利用 3枚の硬貨 A，B，C を投げます。 教 p.165～166

(1) 表，裏の出方について樹形図をかいて，起こりうる
すべての場合が何通りあるか求めなさい。

> **ここがポイント**
>
> 起こりうる場合を調べるときは，
> 次のことに気をつける。
> ・同じものを二重に数えない。
> ・数え落としをしない。

(2) 3枚とも表が出る確率を求めなさい。

(3) 2枚は表で1枚は裏が出る確率を求めなさい。

6章

左ページの
例 の答え ① $\frac{1}{2}$ ② 1 ③ $\frac{1}{3}$ ④ $\frac{1}{3}$

確認のワーク　ステージ **1**　**1節　確率**
❷ いろいろな確率(1)

例 1　樹形図のかき方のくふう　　　　教 p.167 → 基本問題❶❷

A，B，C，D の 4 人のなかから，くじびきで用具係を 2 人選びます。Aが係に選ばれる確率を求めなさい。

考え方　2 人を選ぶときの順番は関係なく（例えば，AとBとBとAは同じもの），組み合わせだけを考えればよいので，同じものを消した樹形図をかいて調べる。

解き方　AとBが選ばれても，BとAが選ばれても係の構成は同じものである。同じものを消して樹形図を整理すると右のようになる。

2 人の選び方は全部で ① □□□ 通りあり，どの場合が起こることも同様に確からしい。このうち，Aが選ばれる場合は，◎をつけた ② □□□ 通り。

したがって，Aが選ばれる確率は，③ □□□ $= \dfrac{1}{2}$

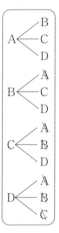
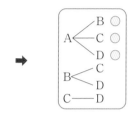

ミス注意
組み合わせが同じものを忘れずに消す。

例 2　表の利用　　　　　　　　教 p.168 → 基本問題❸

大小 2 つのさいころを投げるとき，出た目の数の和が 9 となる確率を求めなさい。

考え方　表をかいて，起こりうる場合をすべてあげる。

解き方　起こりうる場合をすべてあげると，下の表のようになる。

大 小	1	2	3	4	5	6
1	[1, 1]	[1, 2]	[1, 3]	[1, 4]	[1, 5]	[1, 6]
2	[2, 1]	[2, 2]	[2, 3]	[2, 4]	[2, 5]	[2, 6]
3	[3, 1]	[3, 2]	[3, 3]	[3, 4]	[3, 5]	[3, 6]
4	[4, 1]	[4, 2]	[4, 3]	[4, 4]	[4, 5]	[4, 6]
5	[5, 1]	[5, 2]	[5, 3]	[5, 4]	[5, 5]	[5, 6]
6	[6, 1]	[6, 2]	[6, 3]	[6, 4]	[6, 5]	[6, 6]

起こりうる場合は全部で ④ □□□ 通りで，

どの場合が起こることも同様に確からしい。

このうち，目の数の和が 9 となるのは，

[3, 6]，[4, 5]，[5, 4]，[6, 3] の 4 通りあるから，

求める確率は，⑤ □□□ $= \dfrac{1}{9}$

たいせつ
表に整理すると，数え忘れなどを減らすことができる。2 つのさいころの問題は，表に整理すると解きやすくなることが多い。

2 つのさいころを投げる問題はよく出るので，「36 通り」を覚えておくといいよ。

基本問題 ∙∙ 解答 p.51

1 樹形図のかき方のくふう① A，B，C，D の 4 チームから，試合をする 2 チームをくじびきで選びます。

教 p.167

(1) 2 チームの選び方は全部で何通りありますか。

(2) B チームと D チームが選ばれる確率を求めなさい。

(3) B チームと，A チームか C チームのどちらかが選ばれる確率を求めなさい。

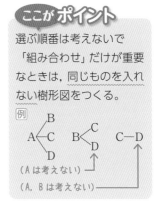

ここがポイント

選ぶ順番は考えないで「組み合わせ」だけが重要なときは，同じものを入れない樹形図をつくる。

2 樹形図のかき方のくふう② A，B，C，D の 4 人のなかから，くじびきで 2 人を選びます。

教 p.167

(1) 委員長と副委員長を 1 人ずつ選ぶとき，選び方は何通りありますか。

(2) (1)のとき，A が委員長か副委員長のどちらかに選ばれる確率を求めなさい。

(3) 代表を 2 人選ぶとき，選び方は全部で何通りありますか。

(4) (3)のとき，A と B が 2 人とも代表に選ばれる確率を求めなさい。

ミス注意

(1)(2)「委員長か副委員長」
➡ 選ぶ順番を区別。
(3)(4)「代表を 2 人」
➡ 選ぶ順番を区別しない。

3 表の利用 大小 2 つのさいころを投げます。

教 p.168

(1) 起こりうる場合は全部で何通りありますか。

(2) 2 つのさいころの出た目が同じになる確率を求めなさい。

(3) 出た目の数の和が 8 になる確率を求めなさい。

(4) 出た目の数の和が 3 の倍数になる確率を求めなさい。

(5) 出た目の数の積が 6 になる確率を求めなさい。

6 章

覚えておこう

樹形図や表で表すと，全体のようすがわかりやすくなるので，複雑な確率について考える場合には特に有効である。

左ページの 例 の答え
① 6 ② 3 ③ $\frac{3}{6}$ ④ 36 ⑤ $\frac{4}{36}$

基本問題 ∙∙ 解答 p.52

解答 p.52

1 あることがらの起こらない確率① 　大小 2 つのさいころを投げます。　教 p.168〜169

(1)　出た目の数の和が 7 にならない確率を求めなさい。

(2)　出た目の数の積が 20 以上にならない確率
　　を求めなさい。

ここがポイント

「どちらも奇数の目が出る」ことがらをAとすると，「少なくともどちらか一方が偶数」が起こる確率はAの起こらない確率となるから 1−(Aの起こる確率)で求めることができる。

(3)　出た目の数の少なくともどちらか一方が偶
　　数である確率を求めなさい。

2 ことがらの起こりやすさ① 　あるドーナツ屋では，スクラッチカードを配っています。5 つの ● には，「ドーナツ」が 2 つ，「はずれ」が 3 つかくされていて，それらの並び方はカードごとにばらばらです。そのうちの 1 つをけずって，「ドーナツ」が出れば，それがもらえます。

　ももかさんとみさきさんは，1 枚ずつカードをもらいました。2 人がこのカードをけずるとき，次の㋐〜㋒のうち，もっとも出やすい場合はどれですか。　教 p.171〜172

　㋐　2 人とも「ドーナツ」が出る

　㋑　2 人とも「はずれ」が出る

　㋒　1 人は「ドーナツ」が出て，1 人は「はずれ」が出る

3 ことがらの起こりやすさ② 　6 本のうち 2 本のあたりくじが入っているくじがあります。

そのくじを，A が先に 1 本ひき，続けて B が 1 本ひきます。　教 p.173

(1)　起こりうる場合は全部で何通りありますか。くじに番号をつけて，あたりくじを①，②，
　　はずれくじを③，④，⑤，⑥で表し，樹形図をかいて求めなさい。

(2)　くじを先にひくのとあとにひくのでは，どちらのあたる確率が大きいですか。

左ページの
例 の答え　①36　②$\dfrac{8}{9}$　③20　④8　⑤8　⑥$\dfrac{2}{5}$

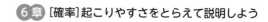

解答 ▶ p.53

1節　確率
2節　確率による説明

1 赤球5個，白球4個，青球3個が入った袋があります。

この袋の中から球を1個取り出します。

(1) 白球を取り出す確率を求めなさい。

(2) 赤球または青球を取り出す確率を求めなさい。

2 1，2，3の数字を1つずつ記入した3枚のカードがあります。

このカードをよくきって，左から1列に並べて3けたの整数をつくります。

(1) できる整数が230以下になる確率を求めなさい。

(2) できる整数が奇数になる確率を求めなさい。

3 A，B，Cの3人の男子とD，E，Fの3人の女子がいます。この6人のなかからくじびき
で2人の委員を選びます。

(1) 男子2人が委員に選ばれる確率を求めなさい。

(2) 男子1人，女子1人が委員に選ばれる確率を求めなさい。

4 右の図のようなさいころを投げたとき，2の目が出る確率は $\frac{1}{6}$ といえ

ますか，いえませんか。また，そう考えた理由を説明しなさい。

❶〜❸ （Aの起こる確率）＝ $\dfrac{（Aの起こる場合の数）}{（起こりうるすべての場合の数）}$ で求める。

❹ どのようなときに2の目が出る確率が $\frac{1}{6}$ となるか考える。

5 大小 2 つのさいころを同時に投げ，それぞれの出た目を a，b とします。

(1) $\dfrac{b}{a}$ が整数になる確率を求めなさい。

(2) ab が 5 以上になる確率を求めなさい。

6 男子 3 人，女子 2 人の 5 人のなかから，くじびきで委員を 3 人選ぶとき，3 人のうち少なくとも 1 人は女子が選ばれる確率を求めなさい。

7 袋の中に赤球 2 個，青球 4 個が入っています。この袋の中から 2 個の球を同時に取り出します。

(1) 赤球と青球を 1 個ずつ取り出す確率を求めなさい。

(2) 2 個のうち少なくとも 1 個が赤球である確率を求めなさい。

8 大，小 2 つのさいころを同時に 1 回投げ，大きいさいころの出た目の数を a，小さいさいころの出た目の数を b とします。

(1) a と b の和が 5 の倍数となる確率を求めなさい。

(2) a を十の位の数字，b を一の位の数字として 2 けたの自然数をつくるとき，つくられる自然数が 210 の約数となる確率を求めなさい。

6 章

入試問題を やってみよう！

1 2 つの箱 A，B があります。箱Aには数の書いてある 3 枚のカード①，②，③が入っており，箱Bには数の書いてある 3 枚のカード①，③，⑤が入っています。A，B それぞれの箱から同時に 1 枚のカードを取り出すとき，取り出した 2 枚のカードに書いてある数が同じである確率はいくらですか。　　　　　　　　〔大阪〕

5 (2) ab が 5 未満になる場合を調べる。（ab が 5 以上）＝（ab が 5 未満ではない）
6 「少なくとも 1 人は女子」は，「3 人とも男子」ではない場合と同じである。
7 赤球を①，②，青球を③，④，⑤，⑥と区別して考える。

実力判定テスト ステージ 3 [確率] 起こりやすさをとらえて説明しよう ⏱40分 /100

1 ①，②，②，③，④，④のカードを裏返してよく混ぜ，その中から1枚をひくとき，①の
カードが出ることと，④のカードが出ることは，同様に確からしいといえますか。 （4点）

（　　　　　　　　　）

2 1から50までの数字を1つずつ記入した50枚のカードがあります。このカードをよくき
って1枚ひくとき，次の確率を求めなさい。 6点×3（18点）

(1) ひいた1枚のカードの数が6の倍数である確率

（　　　　　　　　　）

(2) ひいた1枚のカードの数が6の倍数または8の倍数である確率

（　　　　　　　　　）

(3) ひいた1枚のカードの数が50以下である確率

（　　　　　　　　　）

3 1枚の100円硬貨を3回投げます。 6点×2（12点）

(1) 表，裏の出方は全部で何通りありますか。

（　　　　　　　　　）

(2) 表が2回以上出る確率を求めなさい。

（　　　　　　　　　）

4 右の図のような，1から5までの数字を1つずつ記入した
5枚のカードがあります。この5枚のカードをよくきって同
時に2枚を取り出します。 6点×2（12点）

1 2 3 4 5

(1) 2枚のカードの取り出し方は全部で何通りありますか。

（　　　　　　　　　）

(2) 取り出したカードに書かれた数の和が奇数となる確率を求めなさい。

（　　　　　　　　　）

5 大小2つのさいころを投げるとき，次の確率を求めなさい。　　6点×4(24点)

(1) 出た目の数の和が7になる確率

（　　　　　　　　）

(2) 出た目の数の和が4の倍数になる確率

（　　　　　　　　）

(3) 出た目の数の和が10にならない確率

（　　　　　　　　）

(4) 出た目の数の積が12の倍数にならない確率

（　　　　　　　　）

6 A，B，Cの3人がじゃんけんをします。　　6点×3(18点)

(1) 3人の，グー，チョキ，パーの出し方は何通りありますか。

（　　　　　　　　）

(2) Aだけが勝つ確率を求めなさい。

（　　　　　　　　）

(3) あいこになる確率を求めなさい。

（　　　　　　　　）

6章

7 7本のうち2本のあたりくじが入っているくじがあります。そのくじを，Aが先に1本ひき，続けてBが1本ひきます。　　6点×2(12点)

(1) Bのあたる確率を求めなさい。

（　　　　　　　　）

(2) AもBもあたる確率を求めなさい。

（　　　　　　　　）

アプリ【どこでもワーク計算編】をやって，さらに力をつけよう!

確認のワーク　ステージ1　1節　四分位範囲と箱ひげ図
1 四分位範囲と箱ひげ図

例1 四分位範囲　　　　　　　　　　数 p.180～181 → 基本 問題 1

次のデータは，生徒10人のテストの得点を，低いほうから順に整理したものです。

| 54 | 65 | 70 | 74 | 77 | 85 | 88 | 91 | 95 | 100 | （単位　点） |

(1) このデータの四分位数を求めなさい。

(2) このデータの四分位範囲を求めなさい。

考え方 (1) 第2四分位数は中央値である。

また，1～5番目のデータの中央値が第1四分位数，6～10番目のデータの中央値が第3四分位数である。

(2) 第3四分位数から第1四分位数をひいた値を四分位範囲という。

> **四分位数**
> データを小さいほうから順に並べて4等分したとき，3つの区切りの値を四分位数といい，小さいほうから順に，第1四分位数，第2四分位数（中央値），第3四分位数という。

解き方 (1) 第2四分位数はデータの中央値だから，

①[　　　]点 ← $\frac{77+85}{2}$　第1四分位数は，②[　　　]点　第3四分位数は，③[　　　]点

(2) ④[　　　] − ⑤[　　　] = ⑥[　　　]（点）

例2 箱ひげ図とデータの比較　　　　数 p.180～185 → 基本 問題 2 3

右の図は，ある中学校の2年生100人の数学と国語のテストの得点の分布のようすを箱ひげ図に表したものです。

(1) 四分位範囲が小さいのは，どちらの教科ですか。

(2) 74点以下の生徒が50人以上いるのは，どちらの教科ですか。

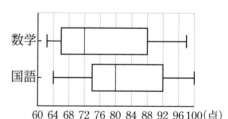

考え方 (1) 箱ひげ図の箱の長さが短い教科を調べる。

(2) 中央値で比べる。

解き方 (1) 箱ひげ図の箱の長さを比べると，国語のほうが短いので，四分位範囲が小さい教科は

⑦[　　　]である。

(2) 各データの中央値は，数学が⑧[　　　]点，

国語が⑨[　　　]点で，得点が中央値以下の生徒は半数の50人以上いるから，⑩[　　　]があてはまる。

> **箱ひげ図**
> データの最小値，第1四分位数，第2四分位数（中央値），第3四分位数，最大値を箱と線（ひげ）で表した図。
>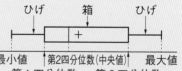
> *上の図のように，箱ひげ図に平均値（＋）をかくこともある。

基 本 問 題 ・・ 解答 p.57

1 四分位範囲　次のデータは，ある中学校のA組とB組の一部の生徒について，1年間に図書室で借りた本の冊数を調べて，少ないほうから順に整理したものです。　教 p.180〜181

A組	9	12	19	30	36	42	50	56	60	65	
B組	10	22	29	31	35	40	48	52	70		（単位　冊）

(1)　A組，B組の四分位数をそれぞれ求めなさい。

(2)　A組，B組の四分位範囲をそれぞれ求めなさい。

2 箱ひげ図　次のデータは，2つの市で，最低気温が25℃以上あった日の日数を1年ごとに集計して，少ないほうから順に整理したものです。　教 p.180〜182

A市	16	24	30	30	34	42	48	
B市	28	34	40	44	48	48	52	（単位　日）

(1)　A市，B市の四分位数をそれぞれ求めなさい。

(2)　右の図に，A市とB市のデータの箱ひげ図をかきなさい。

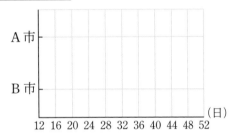

3 データの比較　右の図は，ある売店での6月〜9月における，スポーツドリンクA，Bの1日あたりの販売数を表した箱ひげ図です。　教 p.184〜185

(1)　スポーツドリンクAがいちばん多く売れた日は，どの月にふくまれますか。

(2)　あなたがこの売店の店長だとしたら，8月にどちらの商品を多く仕入れますか。また，その理由を説明しなさい。

箱ひげ図でそれぞれの四分位数を比較してみよう。

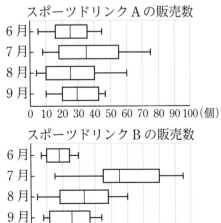

スポーツドリンクAの販売数

スポーツドリンクBの販売数

左ページの 例 の答え　①81　②70　③91　④91　⑤70　⑥21　⑦国語　⑧72　⑨80　⑩数学

データを比較して判断しよう

20分　/100

👑**1** 次のデータは，10人の生徒が1日に解いた計算問題の数を調べ，少ないほうから順に整理したものです。このデータについて，次の問に答えなさい。　14点×5(70点)

| 7 | 8 | 8 | 10 | 12 | 14 | 14 | 15 | 16 | 17 | （単位　問） |

(1) 四分位数を求めなさい。

第1四分位数 (　　　　　)　　第2四分位数 (　　　　　)

第3四分位数 (　　　　　)

(2) 四分位範囲を求めなさい。

(　　　　　)

(3) 箱ひげ図をかきなさい。

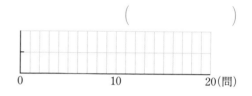

2 次の図は，1組と2組のそれぞれ10人が，10点満点の漢字テストをしたときの得点の分布のようすを箱ひげ図に表したものです。このとき，箱ひげ図から読みとれることとして正しいものは下の㋐〜㋑のどれですか。　(15点)

(　　　　　)

㋐　四分位範囲は，1組のほうが大きい。

㋑　1組では，全体の50％以上の生徒が5点以上である。

㋒　データの範囲はどちらの組も9点である。

㋓　どちらの組にも，得点が9点だった生徒がいる。

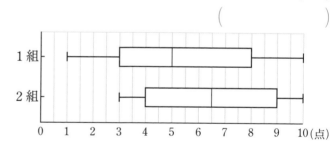

3 次の箱ひげ図は，㋐〜㋒のヒストグラムのいずれかに対応しています。そのヒストグラムを記号で答えなさい。　(15点)

(　　　　　)

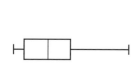 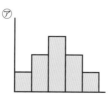 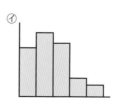 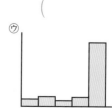

 アプリ【どこでもワーク計算編】をやって，さらに力をつけよう！

得点アップ！ 予想問題

1 この「予想問題」で実力を確かめよう！

時間もはかろう

2 「解答と解説」で答え合わせをしよう！

3 わからなかった問題は戻って復習しよう！

この本での学習ページ

スキマ時間でポイントを確認！
別冊「スピードチェック」も使おう

●予想問題の構成

回数	教科書ページ		教科書の内容	この本での学習ページ
第1回	9〜34	1章	[式の計算] 文字式を使って説明しよう	2〜19
第2回	35〜56	2章	[連立方程式] 方程式を利用して問題を解決しよう	20〜39
第3回	57〜94	3章	[1次関数] 関数を利用して問題を解決しよう	40〜61
第4回	95〜124	4章	[平行と合同] 図形の性質の調べ方を考えよう	62〜79
第5回	125〜158	5章	[三角形と四角形] 図形の性質を見つけて証明しよう	80〜99
第6回	159〜176	6章	[確率] 起こりやすさをとらえて説明しよう	100〜109
第7回	177〜189	7章	[データの比較] データを比較して判断しよう	110〜112
第8回	9〜94		総仕上げテスト①	2〜61
第9回	95〜189		総仕上げテスト②	62〜112

数学2年　東京書籍版

解答 ▶ p.58

第**1**回 予想問題　**1章**　[式の計算]
文字式を使って説明しよう

⏱ **40**分　　/100

1 次の計算をしなさい。　　　　　　　　　　　　　2点×10(20点)

(1) $4a-7b+5a-b$

(2) $y^2-5y-4y^2+3y$

(3) $(9x-y)+(-2x+5y)$

(4) $(-2a+7b)-(5a+9b)$

(5) $\begin{array}{r} 7a-6b \\ +)-7a+4b \\ \hline \end{array}$

(6) $\begin{array}{r} 34x+\ 4y+9 \\ -)18x-12y-9 \\ \hline \end{array}$

(7) $0.7a+3b-(-0.6a+3b)$

(8) $6(8x-7y)-4(5x-3y)$

(9) $\dfrac{1}{5}(4x+y)+\dfrac{1}{3}(2x-y)$

(10) $\dfrac{9x-5y}{2}-\dfrac{4x-7y}{3}$

(1)		(2)		(3)		(4)	
(5)		(6)		(7)		(8)	
(9)		(10)					

2 次の計算をしなさい。　　　　　　　　　　　　　3点×8(24点)

(1) $(-4x)\times(-8y)$

(2) $(-3a)^2\times(-5b)$

(3) $(-15a^2b)\div3b$

(4) $(-49a^2)\div\left(-\dfrac{7}{2}a\right)$

(5) $\left(-\dfrac{3}{14}mn\right)\div\left(-\dfrac{6}{7}m\right)$

(6) $2xy^2\div xy\times5x$

(7) $(-6x^2y)\div(-3x)\div5y$

(8) $\left(-\dfrac{7}{8}a^2\right)\div\dfrac{9}{4}b\times(-3ab)$

(1)		(2)		(3)		(4)	
(5)		(6)		(7)		(8)	

3 $a=\dfrac{1}{2}$，$b=-4$ のとき，次の式の値を求めなさい。 4点×2（8点）

(1) $3(4a-2b)-2(3a-5b)$　　　　　　(2) $18a^2b\div(-9a)$

(1)		(2)	

4 次の等式を〔　〕の中の文字について解きなさい。 3点×8（24点）

(1) $-2a+3b=4$　〔a〕　　　　　(2) $-35x+7y=19$　〔y〕

(3) $3a=2b+6$　〔b〕　　　　　(4) $c=\dfrac{2a+b}{5}$　〔b〕

(5) $\ell=2(a+3b)$　〔a〕　　　　　(6) $m=\dfrac{a+b+c}{3}$　〔a〕

(7) $V=\dfrac{1}{3}\pi r^2 h$　〔h〕　　　　　(8) $c=\dfrac{1}{2}(a+5b)$　〔a〕

(1)		(2)		(3)		(4)	
(5)		(6)		(7)		(8)	

5 2つのクラス A，B があり，A クラスの人数は 39 人，B クラスの人数は 40 人です。この 2 つのクラスで数学のテストを行いました。その結果，A クラスの平均点は a 点，B クラスの平均点は b 点でした。2 つのクラス全体の平均点を a，b を用いて表しなさい。 （10点）

6 4 つの続いた整数の和は 2 の倍数になります。このわけを，4 つの続いた整数のうちで，もっとも小さい整数を n として説明しなさい。 （14点）

第**2**回 予想問題　**2章**　[連立方程式]
方程式を利用して問題を解決しよう　40分

解答▶p.59

/100

1 $x=6$, $y=\boxed{}$ が, 2元1次方程式 $4x-5y=11$ の解であるとき, $\boxed{}$ にあてはまる数を求めなさい。　　　　（5点）

2 次の連立方程式を解きなさい。　　　　5点×8（40点）

(1) $\begin{cases} 2x+y=4 \\ x-y=-1 \end{cases}$

(2) $\begin{cases} y=-2x+2 \\ x-3y=-13 \end{cases}$

(3) $\begin{cases} 5x-2y=-11 \\ 3x+5y=12 \end{cases}$

(4) $\begin{cases} 3x+5y=1 \\ 5y=6x-17 \end{cases}$

(5) $\begin{cases} x+\dfrac{5}{2}y=2 \\ 3x+4y=-1 \end{cases}$

(6) $\begin{cases} 0.3x-0.4y=-0.2 \\ x=5y+3 \end{cases}$

(7) $\begin{cases} 0.3x-0.2y=-0.5 \\ \dfrac{3}{5}x+\dfrac{1}{2}y=8 \end{cases}$

(8) $\begin{cases} 3(2x-y)=5x+y-5 \\ 3(x-2y)+x=0 \end{cases}$

(1)		(2)	
(3)		(4)	
(5)		(6)	
(7)		(8)	

3 連立方程式 $5x-2y=10x+y-1=16$ を解きなさい。　　　　（5点）

4 x, y についての連立方程式 $\begin{cases} ax-by=10 \\ bx+ay=-5 \end{cases}$ の解が, $x=3$, $y=-4$ であるとき, a, b の値を求めなさい。　　　　（10点）

5 1個60円のドーナツと1個90円のシュークリームを合わせて18個買ったら，代金が1320円になりました。60円のドーナツと90円のシュークリームをそれぞれ何個買いましたか。

(10点)

6 2けたの正の整数があります。その整数は，各位の数の和の7倍より6小さく，また，十の位の数と一の位の数を入れかえてできる整数は，もとの整数より18小さいです。もとの整数を求めなさい。

(10点)

7 ある学校の新入生の人数は，昨年度は男女合わせて150人でしたが，今年度は昨年度と比べて男子が10%増え，女子が5%減ったので，合計では3人増えました。今年度の男子，女子の新入生の人数をそれぞれ求めなさい。

(10点)

8 ある人がA地点とB地点の間を往復しました。A地点とB地点の間に峠があり，上りは時速3km，下りは時速5kmで歩いたので，行きは1時間16分，帰りは1時間24分かかりました。A地点からB地点までの道のりを求めなさい。

(10点)

第**3**回 予想問題　**3章**　［1次関数］
関数を利用して問題を解決しよう　解答▶p.60　**40**分　/100

1 次のそれぞれについて，yをxの式で表しなさい。また，yがxの1次関数であるものをすべて選び，番号で答えなさい。　3点×4（12点）

(1)　面積が$10\,\text{cm}^2$の三角形の底辺が$x\,\text{cm}$のとき，高さは$y\,\text{cm}$である。

(2)　地上$10\,\text{km}$までは，高度が$1\,\text{km}$増すごとに気温は$6\,℃$下がる。地上の気温が$10℃$のとき，地上からの高さが$x\,\text{km}$の地点の気温は$y\,℃$である。

(3)　火をつけると1分間に$0.5\,\text{cm}$短くなるろうそくがある。長さ$12\,\text{cm}$のこのろうそくに火をつけると，x分後のろうそくの長さは$y\,\text{cm}$である。

(1)		(2)		(3)	
		yがxの1次関数であるもの			

2 次の問に答えなさい。　3点×6（18点）

(1)　1次関数$y=\dfrac{5}{6}x+4$で，xの値が3から7まで増加したときの変化の割合を求めなさい。

(2)　変化の割合が$\dfrac{2}{5}$で，$x=10$のとき$y=6$となる1次関数を表す式を求めなさい。

(3)　$x=-2$のとき$y=5$，$x=4$のとき$y=-1$となる1次関数の式を求めなさい。

(4)　点$(2,\ -1)$を通り，直線$y=4x-1$に平行な直線の式を求めなさい。

(5)　2点$(0,\ 4)$，$(2,\ 0)$を通る直線の式を求めなさい。

(6)　2直線$x+y=-1$，$3x+2y=1$の交点の座標を求めなさい。

(1)		(2)		(3)	
(4)		(5)		(6)	

3 右の図の(1)～(5)の直線の式を求めなさい。 4点×5(20点)

(1)	
(2)	
(3)	
(4)	
(5)	

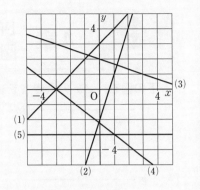

4 次の方程式のグラフをかきなさい。 4点×5(20点)

(1) $y = 4x - 1$　　(2) $y = -\dfrac{2}{3}x + 1$

(3) $3y + x = 4$　　(4) $5y - 10 = 0$

(5) $4x + 12 = 0$

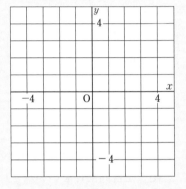

5 Aさんは家から駅まで行くのに，家を出発して途中の P地点までは走り，P地点から駅までは歩きました。右 のグラフは，家を出発してx分後の進んだ道のりをym として，xとyの関係を表したものです。 6点×3(18点)

(1) Aさんの走る速さと歩く速さを求めなさい。

(2) Aさんが出発してから3分後に，兄が分速300mの 速さで自転車に乗って追いかけました。兄がAさんに 追いつく地点を，グラフを用いて求めなさい。

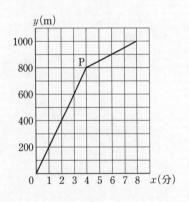

(1)	走る速さ		歩く速さ		(2)	

6 縦が6cm，横が10cmの長方形ABCDで，点PはD を出発して辺DA上を秒速2cmでAまで動くとします。 PがDを出発してからx秒後の△ABPの面積を$y$cm^2 とします。 6点×2(12点)

(1) yをxの式で表しなさい。

(2) $0 \le x \le 5$ のとき，yの変域を求めなさい。

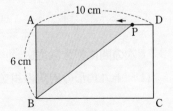

(1)		(2)	

第**4**回 予想問題 ｜ **4章** ｜ ［平行と合同］ 図形の性質の調べ方を考えよう ｜ **40**分 ｜ 解答 ▶ p.61 ｜ /100

1 下の図で，∠x の大きさを求めなさい。 　　　　　3点×4（12点）

(1)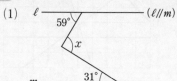

(2)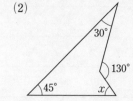

(3)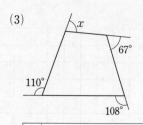

(4)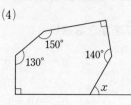

(1)		(2)		(3)		(4)	

2 下の図で，合同な三角形の組を見つけ，記号 ≡ を使って表しなさい。また，そのときに使った合同条件をいいなさい。　　　　　4点×6（24点）

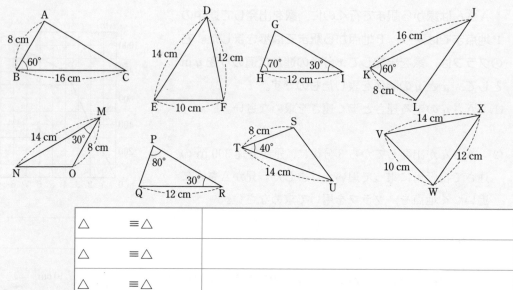

△　　≡△	
△　　≡△	
△　　≡△	

3 次の問に答えなさい。　　　　　4点×4（16点）

(1) 十九角形の内角の和を求めなさい。

(2) 内角の和が 1620° になる多角形は何角形ですか。

(3) 十一角形の外角の和を求めなさい。

(4) 1つの外角が 20° となる正多角形は正何角形ですか。

(1)		(2)		(3)		(4)	

4 右の図で，**AC＝DB**，**∠ACB＝∠DBC** とすると，
AB＝DC です。　　　　　　　　　　　　　4点×7（28点）

(1)　仮定と結論を答えなさい。

(2)　(1)の証明のすじ道を，下の図のようにまとめました。
　　図を完成させなさい。

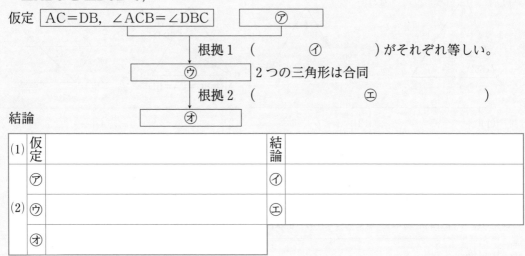

　　　△ABC と △DCB で，

仮定　AC＝DB，∠ACB＝∠DBC　　　　　⑦

　　　　　　↓　　　根拠1　（　　　　⑦　　　　）がそれぞれ等しい。

　　　　　　⑦　　　2つの三角形は合同

　　　　　　↓　　　根拠2　（　　　　　　㋐　　　　　　）

結論　　　　㋔

(1)	仮定			結論	
(2)	⑦			⑦	
	⑦			㋐	
	㋔				

5 右の図の四角形 ABCD で，AD＝CD，
∠ADB＝∠CDB であるとき，合同な三角形の組を，記号
≡ を使って表しなさい。また，そのときに使った合同条件
をいいなさい。　　　　　　　　　　　5点×2（10点）

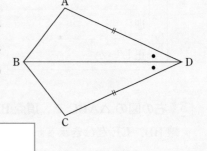

三角形の組	
合同条件	

6 右の図の四角形 ABCD で，AB＝DC，∠ABC＝∠DCB
です。このとき，この四角形の対角線である AC と DB の長
さが等しいことを証明しなさい。　　　　　　　（10点）

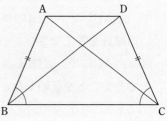

解答 ▶ p.62

第**5**回
予想問題

5章 [三角形と四角形]
図形の性質を見つけて証明しよう

40分

/100

1 下の図の(1)〜(3)の三角形は，同じ印をつけた辺の長さが等しくなっています。また，(4)は
テープを折った図です。∠a，∠b，∠c，∠d の大きさを求めなさい。　　　3点×4(12点)

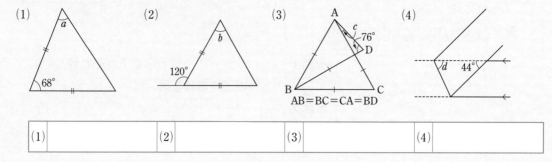

(1) a　68°

(2) b　120°

(3) A　c　76°　D　B　C　AB=BC=CA=BD

(4) d　44°

(1)		(2)		(3)		(4)	

2 次のことがらの逆をいいなさい。また，それが正しいかどうかもいいなさい。

(1)　△ABC で，∠A=120° ならば，∠B+∠C=60° である。　　　3点×4(12点)

(2)　a，b を自然数とするとき，a が奇数，b が偶数ならば，$a+b$ は奇数である。

(1)	逆	
	正しいか	
(2)	逆	
	正しいか	

3 右の図の △ABC で，頂点 B，C から辺 AC，AB にそれぞれ垂
線 BD，CE をひきます。　　　7点×3(21点)

(1)　△ABC で，AB=AC のとき，△EBC≡△DCB となります。
　　そのときに使う直角三角形の合同条件をいいなさい。

(2)　△ABC で，△EBC≡△DCB のとき，線分 AE と長さの等し
　　い線分を答えなさい。

(3)　△ABC で，∠DBC=∠ECB とします。このとき，DC=EB
　　であることを証明しなさい。

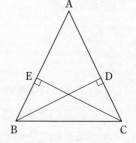

(1)	
(2)	
(3)	

4 次の(1)〜(9)のうち，四角形 ABCD がいつでも平行四辺形になるものをすべて選び，番号で答えなさい。ただし，O は AC と BD の交点とします。　(16点)

(1) AD＝BC，AD∥BC

(2) AD＝BC，AB∥DC

(3) AC＝BD，AC⊥BD

(4) ∠A＝∠C，∠B＝∠D

(5) ∠A＝∠B，∠C＝∠D

(6) AB＝AD，BC＝DC

(7) ∠A＋∠B＝∠C＋∠D＝180°

(8) ∠A＋∠B＝∠B＋∠C＝180°

(9) AO＝CO，BO＝DO

5 右の図で，四角形 ABCD は平行四辺形で，EF∥AC とします。このとき，図の中で △AED と面積が等しい三角形を，すべていいなさい。　(12点)

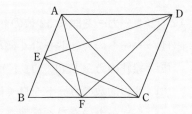

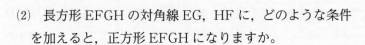

6 次の問に答えなさい。　6点×2(12点)

(1) ▱ABCD に，∠A＝∠D という条件を加えると，四角形 ABCD は，どのような四角形になりますか。

(2) 長方形 EFGH の対角線 EG，HF に，どのような条件を加えると，正方形 EFGH になりますか。

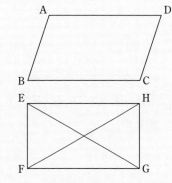

(1)		(2)	

7 ▱ABCD の辺 AB の中点を M とします。DM の延長と辺 CB の延長との交点を E とすると，BC＝BE が成り立つことを証明しなさい。　(15点)

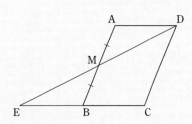

解答 p.63

第6回 予想問題 6章 [確　率] 起こりやすさをとらえて説明しよう

40分

/100

1 正しく作られたさいころを1200回投げると，3の目はかならず200回出ますか，出ませんか。（5点）

2 ジョーカーを除く52枚のトランプのなかから1枚をひくとき，次の確率を求めなさい。 4点×4（16点）

(1) ハートのカードをひく確率

(2) 絵札のカード（J，Q，K）をひく確率

(3) 6の約数のカードをひく確率

(4) ジョーカーをひく確率

(1)		(2)		(3)		(4)	

3 A，B，C，D，E，Fの6人から，委員長と副委員長を選ぶとき，その選び方は何通りありますか。（5点）

4 A，B，C，D，E，Fの6人から，委員を2人選ぶとき，その選び方は何通りありますか。（5点）

5 1枚の硬貨（こうか）を3回投げるとき，表が1回で裏が2回出る確率を求めなさい。（6点）

6 ①, ②, ③, ④のカードが1枚ずつあります。この4枚のカードをよくきって，1枚ずつ2回続けてひきます。先にひいたカードの数を十の位，あとにひいたカードの数を一の位として2けたの整数をつくります。　　　　　6点×2(12点)

(1) できた2けたの整数が3の倍数である確率を求めなさい。

(2) できた2けたの整数が32より小さくなる確率を求めなさい。

(1)		(2)	

7 袋の中に，赤球2個，白球2個，黒球1個が入っています。この袋の中から1個の球を取り出し，その球を袋の中にもどしてから，また1個の球を取り出します。このとき，次の確率を求めなさい。　　　　　5点×3(15点)

(1) 2個とも白球が出る確率

(2) はじめに赤球が出て，次に黒球が出る確率

(3) 赤球が1個，黒球が1個出る確率

(1)		(2)		(3)	

8 2つのさいころA，Bを同時に投げるとき，次の確率を求めなさい。　6点×4(24点)

(1) 出る目の数の和が9以上になる確率

(2) Aの目がBの目より1大きくなる確率

(3) 出る目の数の和が3の倍数になる確率

(4) 出る目の数の積が奇数にならない確率

(1)		(2)		(3)		(4)	

9 7本のうち，あたりが3本入っているくじがあります。このくじを，A，Bがこの順に1本ずつひくとき，次の確率を求めなさい。　　　　　6点×2(12点)

(1) Bがあたる確率

(2) A，Bともにはずれる確率

(1)		(2)	

第 **7** 回
予想問題

7章 [データの比較]
データを比較して判断しよう

解答 ▶ p.64

20分

/100

1 次のデータは，15人の生徒の20点満点の単語テストの得点を調べ，得点が低いほうから
順に整理したものです。このデータについて，下の問に答えなさい。　　　　　14点×5（70点）

3　4　4　5　7　9　11　13　13　14　16　18　18　19　20　　（単位　点）

(1)　四分位数を求めなさい。

(2)　四分位範囲を求めなさい。

(3)　箱ひげ図をかきなさい。

(1)	第1四分位数		第2四分位数	
	第3四分位数		(2)	
(3)				

2 次の図は，何人かの生徒のある日の読書時間を調べて，そのデータをまとめた箱ひげ図で
す。下の問に答えなさい。　　　　　10点×3（30点）

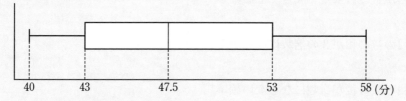

(1)　調べたデータの中央値を答えなさい。

(2)　調べたデータの範囲を求めなさい。

(3)　第2四分位数は，このデータの低いほうから5番目の値と6番目の値の平均値でした。
調べた生徒の人数は何人ですか。

(1)		(2)		(3)	

第 **8** 回
予想問題

総仕上げテスト①

20分

/100

1 次の計算をしなさい。

8点 × 4（32点）

(1) $(3x-y)-(x-8y)$

(2) $(10x-15y)\div\dfrac{5}{6}$

(3) $4xy\div\dfrac{2}{3}x^2\times\left(-\dfrac{1}{6}x\right)$

(4) $\dfrac{3x-y}{2}-\dfrac{x-6y}{5}$

(1)		(2)		(3)		(4)	

2 次の連立方程式を解きなさい。

8点 × 4（32点）

(1) $\begin{cases}3x+4y=14\\-3x+y=11\end{cases}$

(2) $\begin{cases}y=2x-1\\5x-2y=-1\end{cases}$

(3) $\begin{cases}2x-3y=7\\\dfrac{x}{4}+\dfrac{y}{6}=\dfrac{1}{3}\end{cases}$

(4) $\begin{cases}0.3x+0.2y=1.1\\0.04x-0.02y=0.1\end{cases}$

(1)		(2)	
(3)		(4)	

3 右の図で，直線 ℓ，m の式はそれぞれ $x-y=-1$，

$3x+2y=12$ です。

9点 × 4（36点）

(1) 点 A，B の座標を求めなさい。

(2) ℓ，m の交点Pの座標を求めなさい。

(3) △PAB の面積を求めなさい。

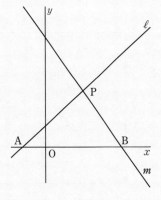

(1)	A		B	
(2)			(3)	

第**9**回 予想問題　総仕上げテスト②　⏱ **20**分　解答 ▶ p.64　/100

1　右の図で，AE＝DE，BE＝CE ならば AB∥CD
となることを次のように証明しました。□にあて
はまるものを入れなさい。　　　　10点×6（60点）

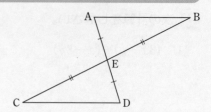

〔証明〕　△AEB と △DEC において，
　　仮定から，AE＝ ⑦□ …………①
　　　　　　　 BE＝ ⑦□ …………②
　　 ⑨□ は等しいから，∠AEB＝∠DEC …………③
　　①，②，③より， ㋓□ が，それぞれ等しいから，
　　　　△AEB≡△DEC
　　合同な図形の ㋑□ は等しいから，
　　　　∠EAB＝∠EDC
　　 ㋒□ が等しいから，AB∥CD

⑦		⑦	
⑨		㋓	
㋑		㋒	

2　▱ABCD の辺 AD，BC 上に，AE＝CF となるよ
うな点 E，F をとると，AF＝CE となります。この
ことを，△ABF と △CDE の合同を示すことによっ
て証明しなさい。　　　　　　　　　　（20点）

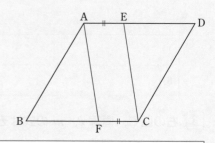

3　1枚の硬貨を投げ，表が出たら 10 点，裏が出たら 5 点の得点とします。この硬貨を続けて
3 回投げたとき，合計得点が 20 点となる確率を求めなさい。　　　　　　　（20点）

教科書ワーク 数学

特別ふろく❶

無料アプリ
数1 数2 数3 図形1 図形2 図形3

どこでもワーク

こちらにアクセスして，ご利用ください。
https://portal.bunri.jp/app.html

1 計算編 テンキー入力形式で学習できる！ 重要公式つき！

解き方を穴埋め形式で確認！

テンキー入力で，計算しながら解ける！

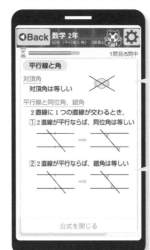

重要公式をその場で確認できる！

カラーだから見やすく，わかりやすい！

2 図形編 グラフや図形を自分で動かして，学習理解をサポート！

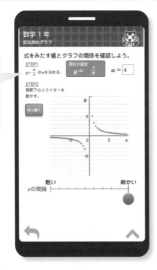

自分で数値を決められるから，いろいろなグラフの確認ができる！

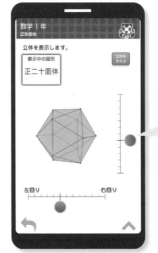

上下左右に回転させて，様々な角度から立体をみることができる！

注意 ●アプリは無料ですが，別途各通信会社からの通信料がかかります。
● iPhone の方は Apple ID，Android の方は Google アカウントが必要です。対応 OS や対応機種については，各ストアでご確認ください。
●お客様のネット環境および携帯端末により，アプリをご利用いただけない場合，当社は責任を負いかねます。ご理解，ご了承いただきますよう，お願いいたします。
●正誤判定は，計算編のみの機能となります。
●テンキーの使い方は，アプリでご確認ください。

中学教科書ワーク

解答と解説

この「解答と解説」は，取りはずして 使えます。

東京書籍版

数学2年

※ステージ1の例の答えは本冊右ページ下にあります。

1章 [式の計算]文字式を使って説明しよう

p.2〜3　ステージ1

❶ (1) $3x$，$4y$　　(2) $-6a$，1

(3) $2a$，$3b$，-9　　(4) $2x^2$，$-4x$，-3

(5) $\dfrac{1}{2}x^2$，$-y$，$\dfrac{2}{5}$　　(6) m^2n，$-2mn$

❷ (1) 2　　(2) 2

(3) 1　　(4) 3

(5) 3　　(6) 5

❸ (1) 1次式　　(2) 2次式

(3) 3次式　　(4) 5次式

❹ (1) $2a+10b$　　(2) $7x-2y$

(3) $-a+b$　　(4) $-a^2+2a$

(5) $3ab$　　(6) $\dfrac{2}{3}a+\dfrac{3}{2}b\left(\dfrac{4a+9b}{6}\right)$

―――――― 解 説 ――――――

❶ 単項式の和の形で表して考える。1つ1つの単項式が，多項式の項になる。

ミス注意！ 単項式の和で表すとき，負の符号をつけ忘れないように気をつける。

(3) $2a+3b-9=2a+3b+(-9)$

(5) $\dfrac{1}{2}x^2-y+\dfrac{2}{5}=\dfrac{1}{2}x^2+(-y)+\dfrac{2}{5}$

❷ 単項式の次数は，かけられている文字の個数である。

(1) $3xy=3\times\underbrace{x\times y}_{2個}$

(2) $-4x^2=-4\times\underbrace{x\times x}_{2個}$

(4) $5a^2b=5\times\underbrace{a\times a\times b}_{3個}$

(5) $-7ab^2=-7\times\underbrace{a\times b\times b}_{3個}$

(6) $\dfrac{1}{3}x^3y^2=\dfrac{1}{3}\times\underbrace{x\times x\times x\times y\times y}_{5個}$

❸ 各項の次数のうちでもっとも大きいものが，多項式の次数である。

(1) $\underset{\text{次数1}}{-3a}+\underset{\text{次数1}}{b}$　：次数1と次数1だから　1次式

(2) $\underset{\text{次数2}}{2m^2}-3m+7$　：次数2がもっとも大きいから2次式

(3) $\underset{\text{次数3}}{a^2b}-2ab+5b$　：次数3がもっとも大きいから3次式

(4) $\underset{\text{次数5}}{x^2y^3}+xy^2+3x^2$：次数5がもっとも大きいから5次式

❹ 分配法則を使って，同類項をまとめる。

(1) $5a+4b-3a+6b$
$=5a-3a+4b+6b$　⎫ 項を並べかえる。
$=(5-3)a+(4+6)b$　⎭ 同類項をまとめる。
$=2a+10b$

(2) $8x-7y-x+5y$
$=8x-x-7y+5y$
$=(8-1)x+(-7+5)y$
$=7x-2y$

(3) $-2a-3b+a+4b$
$=-2a+a-3b+4b$
$=(-2+1)a+(-3+4)b$
$=-a+b$

(4) $a^2-3a-2a^2+5a$
$=a^2-2a^2-3a+5a$
$=(1-2)a^2+(-3+5)a$
$=-a^2+2a$

(5) $5ab+3a-2ab-3a$
$=5ab-2ab+3a-3a$
$=(5-2)ab+(3-3)a$
$=3ab$　↖ 0

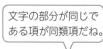
文字の部分が同じである項が同類項だね。

(6) $\underline{a+2b-\dfrac{1}{3}a-\dfrac{1}{2}b}$

$=\underline{a-\dfrac{1}{3}a}+\underline{2b-\dfrac{1}{2}b}$

$=\left(1-\dfrac{1}{3}\right)a+\left(2-\dfrac{1}{2}\right)b$

$=\left(\dfrac{3}{3}-\dfrac{1}{3}\right)a+\left(\dfrac{4}{2}-\dfrac{1}{2}\right)b$

$=\dfrac{2}{3}a+\dfrac{3}{2}b$

p.4～5 ■■ ステージ1

❶ (1) $5x+3y$ (2) $4x-3y$

  (3) $7x-y$ (4) $10a+3b$

❷ (1) $x+8y$ (2) $x-4y$

  (3) $7a-3b$ (4) $3x-3y+4$

❸ (1) $5a-b$ (2) $a+9b$

❹ (1) $3x-12y$ (2) $10x-15y$

  (3) $2a+4b$ (4) $-3x+4y-6$

  (5) $2x-4y$ (6) $-9x^2-3x+6$

━━━━ 解 説 ━━━━

❶ ＋（ ）のときはそのままかっこをはずす。

(1) $(x+2y)+(4x+y)$

$=\underline{x+2y+4x+y}$ 〉かっこをはずす。

$=\underline{x+4x}+\underline{2y+y}$ 〉項を並べかえる。

$=5x+3y$ 〉同類項をまとめる。

(2) $(x-y)+(3x-2y)$

$=x-y+3x-2y$

$=x+3x-y-2y$

$=4x-3y$

(3) $(2x-3y)+(2y+5x)$

$=\underline{2x-3y+2y+5x}$

$=2x+5x-3y+2y$

$=7x-y$

(4) 縦書きの計算は次のようになる。

$$\begin{array}{r} 3a\ -\ b \\ +)\ 7a\ +4b \\ \hline 10a\ +3b \end{array}$$

同類項を計算する。
$3a+7a=10a$
$-b+4b=3b$

❷ －（ ）をはずすときは（ ）の中の符号がすべて反対になる。

(1) $(4x+2y)-(3x-6y)$

$=\underline{4x+2y-3x+6y}$ 〉かっこをはずす。

$=4x-3x+2y+6y$ 〉項を並べかえる。

$=x+8y$ 〉同類項をまとめる。

(2) $(2x+y)-(x+5y)$

$=2x+y-x-5y$

$=2x-x+y-5y$

$=x-4y$

(3) $(4a-b)-(-3a+2b)$

$=4a-b+3a-2b$

$=4a+3a-b-2b$

$=7a-3b$

(4) 縦書きの減法でも，符号に注意する。

$$\begin{array}{r} 5x\ -4y\ +3 \\ -)\ 2x\ -\ y\ -1 \\ \hline 3x\ -3y\ +4 \end{array}$$

$5x-2x=3x$
$-4y-(-y)=-4y+y=-3y$
$3-(-1)=3+1=4$

❸ (1) $(3a+4b)+(2a-5b)$ 〉かっこをはずす。

$=3a+4b+2a-5b$ 〉項を並べかえる。

$=3a+2a+4b-5b$ 〉同類項をまとめる。

$=5a-b$

(2) $(3a+4b)-(2a-5b)$

$=3a+4b-2a+5b$

$=3a-2a+4b+5b$

$=a+9b$

ポイント

多項式の和や差を求めるときは，かならず式にかっこをつける。

❹ 多項式と数の乗法は，分配法則 $a(x+y)=ax+ay$ を使って計算する。

(1) $3(x-4y)=3\times x+3\times(-4y)$

            $=3x-12y$

(2) $-5(-2x+3y)=-5\times(-2x)+(-5)\times3y$

                $=10x-15y$

(3) $8\left(\dfrac{a}{4}+\dfrac{b}{2}\right)=\overset{2}{8}\times\dfrac{a}{\underset{1}{4}}+\overset{4}{8}\times\dfrac{b}{\underset{1}{2}}$

          $=2a+4b$

(4) $(6x-8y+12)\times\left(-\dfrac{1}{2}\right)$

$=\overset{3}{6}x\times\left(-\dfrac{1}{\underset{1}{2}}\right)-\overset{4}{8}y\times\left(-\dfrac{1}{\underset{1}{2}}\right)+\overset{6}{12}\times\left(-\dfrac{1}{\underset{1}{2}}\right)$

$=-3x+4y-6$

(5) 多項式と数の除法は，乗法になおして計算するとよい。

$(12x-24y)\div6=(12x-24y)\times\dfrac{1}{6}$ ← わる数の逆数をかける

$$=\overset{2}{\cancel{12}}x\times\frac{1}{\cancel{6}}-\overset{4}{\cancel{24}}y\times\frac{1}{\cancel{6}}$$

$$=2x-4y$$

(6) $(27x^2+9x-18)\div(-3)$

$$=(27x^2+9x-18)\times\left(-\frac{1}{3}\right)$$

$$=\overset{9}{\cancel{27}}x^2\times\left(-\frac{1}{\cancel{3}}\right)+\overset{3}{\cancel{9}}x\times\left(-\frac{1}{\cancel{3}}\right)-\overset{6}{\cancel{18}}\times\left(-\frac{1}{\cancel{3}}\right)$$

$$=-9x^2-3x+6$$

別解 (5), (6)は, 次のように各項を直接わって計算してもよい。

(5) $(12x-24y)\div6$

$$=12x\div6+(-24y)\div6$$

$$=2x-4y$$

(6) $(27x^2+9x-18)\div(-3)$

$$=27x^2\div(-3)+9x\div(-3)-18\div(-3)$$

$$=-9x^2-3x+6$$

p.6〜7 ステージ1

❶ (1) $14x-19y$ (2) $2a+b$

(3) $5x+7y$ (4) $4x^2+26$

❷ $14x-9y$

❸ (1) $\dfrac{-8x+7y}{6}$ (2) $-\dfrac{4}{3}x+\dfrac{7}{6}y$

❹ (1) $\dfrac{3x-5y}{4}\left(\dfrac{3}{4}x-\dfrac{5}{4}y\right)$ (2) $\dfrac{13a-9b}{15}\left(\dfrac{13}{15}a-\dfrac{3}{5}b\right)$

(3) $\dfrac{x+y}{10}\left(\dfrac{1}{10}x+\dfrac{1}{10}y\right)$ (4) $\dfrac{9x-5y}{6}\left(\dfrac{3}{2}x-\dfrac{5}{6}y\right)$

(5) $\dfrac{-10a+9b}{24}\left(-\dfrac{5}{12}a+\dfrac{3}{8}b\right)$ (6) $\dfrac{7x-9y}{4}\left(\dfrac{7}{4}x-\dfrac{9}{4}y\right)$

─── 解 説 ───

❶ 分配法則を使ってかっこをはずし, 同類項をまとめる。

(1) $4(2x-y)+3(2x-5y)$

$$=8x-4y+6x-15y$$ ⟩かっこをはずす。

$$=14x-19y$$ ⟩同類項をまとめる。

(2) $7(a-2b)+5(-a+3b)$

$$=7a-14b-5a+15b$$

$$=2a+b$$

(3) $4(2x+y)-3(x-y)$

$$=8x+4y-3x+3y$$

$$=5x+7y$$

(4) $4(x^2+3x+2)-6(2x-3)$

$$=4x^2+12x+8-12x+18$$

$$=4x^2+26$$

❷ $3(2x-5y)-2(-4x-3y)$

$$=6x-15y+8x+6y$$

$$=14x-9y$$

ポイント

式全体を何倍かするときには, かならず式にかっこをつける。

❸ (1) $\dfrac{2x-y}{3}-\dfrac{4x-3y}{2}$

$$=\dfrac{2(2x-y)}{6}-\dfrac{3(4x-3y)}{6}$$ ⟩通分する。

$$=\dfrac{2(2x-y)-3(4x-3y)}{6}$$ ⟩1つの分数にまとめる。

$$=\dfrac{4x-2y-12x+9y}{6}$$ ⟩かっこをはずす。

$$=\dfrac{-8x+7y}{6}$$ ⟩同類項をまとめる。

(2) $\dfrac{2x-y}{3}-\dfrac{4x-3y}{2}$

$$=\dfrac{1}{3}(2x-y)-\dfrac{1}{2}(4x-3y)$$ ⟩(分数)×(多項式)の形になおす。

$$=\dfrac{2}{3}x-\dfrac{1}{3}y-2x+\dfrac{3}{2}y$$ ⟩分配法則を使ってかっこをはずす。

$$=\left(\dfrac{2}{3}-2\right)x+\left(-\dfrac{1}{3}+\dfrac{3}{2}\right)y$$ ⟩同類項をまとめる。

$$=-\dfrac{4}{3}x+\dfrac{7}{6}y$$

参考 (1)と(2)の答えはちがうように見えるが, 同じ答えである。

(1) $\dfrac{-8x+7y}{6}=\dfrac{1}{6}(-8x+7y)$

$$=-\dfrac{8}{6}x+\dfrac{7}{6}y$$

$$=-\dfrac{4}{3}x+\dfrac{7}{6}y$$

❹ (1) $\dfrac{x+y}{4}+\dfrac{x-3y}{2}$

$$=\dfrac{x+y}{4}+\dfrac{2(x-3y)}{4}$$ ⟩通分する。

$$=\dfrac{x+y+2(x-3y)}{4}$$ ⟩1つの分数にまとめる。

$$=\dfrac{x+y+2x-6y}{4}$$ ⟩かっこをはずす。

$$=\dfrac{3x-5y}{4}$$ ⟩同類項をまとめる。

(2) $\dfrac{2a-3b}{3}+\dfrac{a+2b}{5}$

1章

4　解答と解説

$$= \frac{5(2a-3b)}{15} + \frac{3(a+2b)}{15}$$

$$= \frac{5(2a-3b)+3(a+2b)}{15}$$

$$= \frac{10a-15b+3a+6b}{15}$$

$$= \frac{13a-9b}{15}$$

(3)　$\dfrac{x-y}{5} - \dfrac{x-3y}{10}$

$$= \frac{2(x-y)}{10} - \frac{x-3y}{10}$$

$$= \frac{2(x-y)-(x-3y)}{10} \quad \longleftarrow \text{かならずかっこを} \atop \text{つける。}$$

$$= \frac{2x-2y-x+3y}{10}$$

$$= \frac{x+y}{10}$$

(4)　$\dfrac{5x-y}{2} - \dfrac{3x+y}{3}$

$$= \frac{3(5x-y)}{6} - \frac{2(3x+y)}{6}$$

$$= \frac{3(5x-y)-2(3x+y)}{6}$$

$$= \frac{15x-3y-6x-2y}{6}$$

$$= \frac{9x-5y}{6}$$

(5)　$\dfrac{2a-b}{8} - \dfrac{4a-3b}{6}$

$$= \frac{3(2a-b)}{24} - \frac{4(4a-3b)}{24}$$

$$= \frac{3(2a-b)-4(4a-3b)}{24}$$

$$= \frac{6a-3b-16a+12b}{24}$$

$$= \frac{-10a+9b}{24}$$

(6)　$x-2y+\dfrac{3x-y}{4}$

$$= \frac{x-2y}{1} + \frac{3x-y}{4} \quad \longleftarrow {x-2y \text{を分母が}} \atop {1 \text{の分数とみる。}}$$

$$= \frac{4(x-2y)}{4} + \frac{3x-y}{4}$$

$$= \frac{4(x-2y)+3x-y}{4}$$

$$= \frac{4x-8y+3x-y}{4}$$

$$= \frac{7x-9y}{4}$$

別解　（分数）×（多項式）の形にしてもよい。

(1)　$\dfrac{x+y}{4} + \dfrac{x-3y}{2}$

$$= \frac{1}{4}(x+y) + \frac{1}{2}(x-3y) \quad \Big\} \begin{smallmatrix}\text{（分数）×（多項式）の}\\\text{形になおす。}\end{smallmatrix}$$

$$= \frac{1}{4}x + \frac{1}{4}y + \frac{1}{2}x - \frac{3}{2}y \quad \Big\} \text{かっこをはずす。}$$

$$= \frac{1}{4}x + \frac{1}{4}y + \frac{2}{4}x - \frac{6}{4}y \quad \Big\} \text{通分する。}$$

$$= \frac{3}{4}x - \frac{5}{4}y \quad \Big\} \text{同類項をまとめる。}$$

(2)　$\dfrac{2a-3b}{3} + \dfrac{a+2b}{5}$

$$= \frac{1}{3}(2a-3b) + \frac{1}{5}(a+2b)$$

$$= \frac{2}{3}a - b + \frac{1}{5}a + \frac{2}{5}b$$

$$= \frac{10}{15}a - \frac{5}{5}b + \frac{3}{15}a + \frac{2}{5}b$$

$$= \frac{13}{15}a - \frac{3}{5}b$$

(3)　$\dfrac{x-y}{5} - \dfrac{x-3y}{10}$

$$= \frac{1}{5}(x-y) - \frac{1}{10}(x-3y)$$

$$= \frac{1}{5}x - \frac{1}{5}y - \frac{1}{10}x + \frac{3}{10}y$$

$$= \frac{2}{10}x - \frac{2}{10}y - \frac{1}{10}x + \frac{3}{10}y$$

$$= \frac{1}{10}x + \frac{1}{10}y$$

(4)　$\dfrac{5x-y}{2} - \dfrac{3x+y}{3}$

$$= \frac{1}{2}(5x-y) - \frac{1}{3}(3x+y)$$

$$= \frac{5}{2}x - \frac{1}{2}y - x - \frac{1}{3}y$$

$$= \frac{5}{2}x - \frac{3}{6}y - \frac{2}{2}x - \frac{2}{6}y$$

$$= \frac{3}{2}x - \frac{5}{6}y$$

(5)　$\dfrac{2a-b}{8} - \dfrac{4a-3b}{6}$

$$= \frac{1}{8}(2a-b) - \frac{1}{6}(4a-3b)$$

$$= \frac{1}{4}a - \frac{1}{8}b - \frac{2}{3}a + \frac{1}{2}b$$

$$= \frac{3}{12}a - \frac{1}{8}b - \frac{8}{12}a + \frac{4}{8}b$$

別解 の方法でもできるようにしよう。

$$= -\frac{5}{12}a + \frac{3}{8}b$$

(6) $\quad x - 2y + \dfrac{3x-y}{4}$

$$= x - 2y + \frac{1}{4}(3x - y)$$

$$= x - 2y + \frac{3}{4}x - \frac{1}{4}y$$

$$= \frac{4}{4}x - \frac{8}{4}y + \frac{3}{4}x - \frac{1}{4}y$$

$$= \frac{7}{4}x - \frac{9}{4}y$$

---

p.8〜9 ■■■ステージ**1**

❶ (1) $-10xy$ (2) $12mn$

(3) $3a^3b$ (4) $-12x^3y^2$

(5) $-3b$ (6) $3a$

(7) $32y$ (8) $\dfrac{3}{4}ab$

❷ (1) $\dfrac{a}{b}$ (2) $\dfrac{1}{4}a^2$

(3) $-10xy$ (4) $-15b^4$

❸ 17

❹ (1) -53 (2) -8

■■■ 解 説 ■■■

❶ (1) $(-2x) \times 5y = (-2) \times 5 \times x \times y = -10xy$

(2) $(-3m) \times (-4n) = (-3) \times (-4) \times m \times n$
$$= 12mn$$

(3) $(-a)^2 \times 3ab = (-a) \times (-a) \times 3 \times a \times b$
$$= 3a^3b$$

(4) $(-3x^2y) \times 4xy$
$$= (-3) \times x \times x \times y \times 4 \times x \times y$$
$$= -12x^3y^2$$

(5) $9ab \div (-3a) = \dfrac{9ab}{-3a}$ ← 分数の形にする。

$$= -\frac{\overset{3}{\cancel{9}} \times \overset{1}{\cancel{a}} \times b}{\underset{1}{\cancel{3}} \times \underset{1}{\cancel{a}}}$$ ← 約分する。
$$= -3b$$

(6) $(-12a^3b) \div (-4a^2b) = \dfrac{-12a^3b}{-4a^2b}$

$$= \frac{\overset{3}{\cancel{12}} \times \overset{1}{\cancel{a}} \times \overset{1}{\cancel{a}} \times a \times \overset{1}{\cancel{b}}}{\underset{1}{\cancel{4}} \times \underset{1}{\cancel{a}} \times \underset{1}{\cancel{a}} \times \underset{1}{\cancel{b}}}$$
$$= 3a$$

---

(7) $8xy \div \boxed{\dfrac{1}{4}x} = 8xy \times \boxed{\dfrac{4}{x}}$ ← わる数の逆数をかける。

$$= \frac{8 \times \overset{1}{\cancel{x}} \times y \times 4}{\underset{1}{\cancel{x}}}$$
$$= 32y$$

$\dfrac{1}{4}x = \dfrac{x}{4}$ だから，逆数は $\dfrac{4}{x}$

(8) $\dfrac{1}{2}ab^2 \boxed{\div \dfrac{2}{3}b} = \dfrac{1}{2}ab^2 \boxed{\times \dfrac{3}{2b}}$ ← わる数の逆数をかける。

$$= \frac{a \times \overset{1}{\cancel{b}} \times b \times 3}{2 \times 2 \times \underset{1}{\cancel{b}}}$$
$$= \frac{3}{4}ab$$

$\dfrac{2}{3}b = \dfrac{2b}{3}$ だから，逆数は $\dfrac{3}{2b}$

ポイント

単項式の乗法と除法
・単項式の乗法…係数の積に文字の積をかける。
・単項式の除法…分数の形にして約分する。わる数が分数のときは，わる数の逆数をかける。

❷ (1) $ab \times a \div ab^2 = \dfrac{ab \times a}{ab^2} = \dfrac{\overset{1}{\cancel{a}} \times \overset{1}{\cancel{b}} \times a}{\underset{1}{\cancel{a}} \times \underset{1}{\cancel{b}} \times b} = \dfrac{a}{b}$

(2) $a^3 \times b \div 4ab = \dfrac{a^3 \times b}{4ab}$
$$= \frac{\overset{1}{\cancel{a}} \times a \times a \times \overset{1}{\cancel{b}}}{4 \times \underset{1}{\cancel{a}} \times \underset{1}{\cancel{b}}}$$
$$= \frac{1}{4}a^2$$

(3) $6x^2y \div (-3xy) \times 5y$

$$= -\frac{6x^2y \times 5y}{3xy}$$

$$= -\frac{\overset{2}{\cancel{6}} \times \overset{1}{\cancel{x}} \times x \times \overset{1}{\cancel{y}} \times 5 \times y}{\underset{1}{\cancel{3}} \times \underset{1}{\cancel{x}} \times \underset{1}{\cancel{y}}}$$
$$= -10xy$$

(4) わる数が分数のときは，逆数をかける。

$$3ab^3 \div \left(-\frac{1}{5}a^2\right) \times ab$$

$$= 3ab^3 \times \left(-\frac{5}{a^2}\right) \times ab$$

$$= -\frac{3ab^3 \times 5 \times ab}{a^2}$$

$$= -\frac{3 \times \overset{1}{\cancel{a}} \times b \times b \times b \times 5 \times \overset{1}{\cancel{a}} \times b}{\underset{1}{\cancel{a}} \times \underset{1}{\cancel{a}}} = -15b^4$$

❸ $2(4a-5b)-3(a-4b)$
$=8a-10b-3a+12b$
$=5a+2b$
$=5\times5+2\times(-4)$ ←$a=5$, $b=-4$ を代入する。
$=17$

ミス注意! 負の数を代入するときは，かならずかっこをつける。

ポイント
式を計算してから a, b の値を代入する。

❹ (1)　$3(a-4b)+2(4a-3b)$
$=3a-12b+8a-6b$
$=11a-18b$
$=11\times(-4)-18\times\dfrac{1}{2}$ ←$a=-4$, $b=\dfrac{1}{2}$ を代入する。
$=-53$

(2)　$12ab^2\div3b$
$=\dfrac{12ab^2}{3b}$
$=4ab$
$=4\times(-4)\times\dfrac{1}{2}$ ←$a=-4$, $b=\dfrac{1}{2}$ を代入する。
$=-8$

代入する数が分数になっても，考え方は同じだよ。

p.10〜11 ステージ2

❶ (1)　$-xy$, $\dfrac{1}{2}xy^2$, -3

(2)　3次式

❷ (1)　$\dfrac{2}{3}a-\dfrac{3}{2}b\left(\dfrac{4a-9b}{6}\right)$ (2)　$-3x^2+x-1$

(3)　$2x^2-12x+19$ (4)　$-4x+3y-1$

(5)　$-4x-3y$ (6)　$\dfrac{-2a+3b}{4}\left(-\dfrac{1}{2}a+\dfrac{3}{4}b\right)$

❸ (1)　$-14abc$ (2)　$6xy$

(3)　$2x^2y^3$ (4)　$-32x$

(5)　$-4ab$ (6)　$-4a^2$

❹ (1)　$\dfrac{20}{7}x-\dfrac{9}{7}y\left(\dfrac{20x-9y}{7}\right)$

(2)　$\dfrac{-2a-7b+15}{24}\left(-\dfrac{1}{12}a-\dfrac{7}{24}b+\dfrac{5}{8}\right)$

(3)　$\dfrac{11x+10y}{12}\left(\dfrac{11}{12}x+\dfrac{5}{6}y\right)$ (4)　$8x^2$

❺ (1)　-11 (2)　-36

❻ (1)　$\dfrac{7}{36}$ (2)　6

❼ 4π cm

❽ $\dfrac{1}{3}\pi ab^2$ cm³

• • • • • •

① (1)　$a+8b$ (2)　$\dfrac{5x-13y}{14}\left(\dfrac{5}{14}x-\dfrac{13}{14}y\right)$

(3)　$-4x^2$ (4)　$-70ab^2$

② -4

━━━ 解説 ━━━

① (2)　$-xy+\dfrac{1}{2}xy^2-3$
$=\underbrace{(-xy)}_{次数2}+\underbrace{\dfrac{1}{2}xy^2}_{次数3}+\underbrace{(-3)}$

ポイント
各項の次数のうちでもっとも大きいものが多項式の次数になる。

② (1)　$a-2b-\dfrac{1}{3}a+\dfrac{1}{2}b$
$=a-\dfrac{1}{3}a-2b+\dfrac{1}{2}b$
$=\left(1-\dfrac{1}{3}\right)a+\left(-2+\dfrac{1}{2}\right)b$
$=\left(\dfrac{3}{3}-\dfrac{1}{3}\right)a+\left(-\dfrac{4}{2}+\dfrac{1}{2}\right)b$
$=\dfrac{2}{3}a-\dfrac{3}{2}b$

(2)　$(x^2-2x-6)-(4x^2-3x-5)$
$=x^2-2x-6-4x^2+3x+5$
$=x^2-4x^2-2x+3x-6+5$
$=-3x^2+x-1$

(3)　$2(x^2-3x+5)-3(2x-3)$
$=2x^2-6x+10-6x+9$
$=2x^2-12x+19$

(4)　$(8x-6y+2)\times\left(-\dfrac{1}{2}\right)$
$=8x\times\left(-\dfrac{1}{2}\right)-6y\times\left(-\dfrac{1}{2}\right)+2\times\left(-\dfrac{1}{2}\right)$
$=-4x+3y-1$

(5)　$\dfrac{1}{4}(8x-4y)-2(3x+y)$
$=\dfrac{1}{4}\times8x+\dfrac{1}{4}\times(-4y)+(-2)\times3x+(-2)\times y$
$=2x-y-6x-2y$ ｝同類項をまとめる。
$=-4x-3y$

1 章

(6) $\dfrac{4a+b}{4}-\dfrac{3a-b}{2}$ 　〉通分する。

$=\dfrac{4a+b}{4}-\dfrac{2(3a-b)}{4}$ 　〉1つの分数に まとめる。

$=\dfrac{4a+b-2(3a-b)}{4}$ 　〉かっこをはずす。

$=\dfrac{4a+b-6a+2b}{4}$ 　〉同類項をまとめる。

$=\dfrac{-2a+3b}{4}$

別解 (分数)×(多項式) の形にして計算しても よい。

$\dfrac{4a+b}{4}-\dfrac{3a-b}{2}$

$=\dfrac{1}{4}(4a+b)-\dfrac{1}{2}(3a-b)$

$=a+\dfrac{1}{4}b-\dfrac{3}{2}a+\dfrac{1}{2}b$

$=\dfrac{2}{2}a+\dfrac{1}{4}b-\dfrac{3}{2}a+\dfrac{2}{4}b$

$=-\dfrac{1}{2}a+\dfrac{3}{4}b$

❸ (4) $(-8x^2y)\div\dfrac{1}{4}xy$

$=(-8x^2y)\div\dfrac{xy}{4}$ 　〉わる式の逆数を かける。

$=(-8x^2y)\times\dfrac{4}{xy}$

$=\dfrac{(-8x^2y)\times4}{xy}$

$=-\dfrac{8\times\overset{1}{\cancel{x}}\times x\times\overset{1}{\cancel{y}}\times4}{\underset{1}{\cancel{x}}\times\underset{1}{\cancel{y}}}$

$=-32x$

(5) $\dfrac{3}{2}a^2b^2\div\left(-\dfrac{3}{8}ab\right)$

$=\dfrac{3}{2}a^2b^2\div\left(-\dfrac{3ab}{8}\right)$ 　〉わる式の逆数を かける。

$=\dfrac{3}{2}a^2b^2\times\left(-\dfrac{8}{3ab}\right)$

$=-\dfrac{3a^2b^2\times8}{2\times3ab}$

$=-\dfrac{\overset{1}{\cancel{3}}\times\overset{1}{\cancel{a}}\times a\times\overset{1}{\cancel{b}}\times b\times\overset{4}{\cancel{8}}}{\underset{1}{2}\times\underset{1}{\cancel{3}}\times\underset{1}{\cancel{a}}\times\underset{1}{\cancel{b}}}$

$=-4ab$

(6) $(-2a)^2\div(-a)\times a$ 　〉かける式を分子, わる式を分母にする。

$=\dfrac{4a^2\times a}{-a}$

$=-\dfrac{4\times\overset{1}{\cancel{a}}\times a\times a}{\underset{1}{\cancel{a}}}$

$=-4a^2$

❹ (1) $\dfrac{1}{2}(6x-4y)-\dfrac{1}{7}(x-5y)$ 　〉分配法則を使って かっこをはずす。

$=3x-2y-\dfrac{1}{7}x+\dfrac{5}{7}y$ 　〉同類項をまとめる。

$=\left(3-\dfrac{1}{7}\right)x+\left(-2+\dfrac{5}{7}\right)y$

$=\dfrac{20}{7}x-\dfrac{9}{7}y$

(2) $\dfrac{a-b+3}{6}-\dfrac{2a+b-1}{8}$

$=\dfrac{4(a-b+3)}{24}-\dfrac{3(2a+b-1)}{24}$ 　〉通分する。

$=\dfrac{4(a-b+3)-3(2a+b-1)}{24}$ 　〉1つの分数 にまとめる。

$=\dfrac{4a-4b+12-6a-3b+3}{24}$

$=\dfrac{-2a-7b+15}{24}$

(3) $\dfrac{2x-y}{3}-\dfrac{x-2y}{4}+\dfrac{3x+4y}{6}$

$=\dfrac{4(2x-y)}{12}-\dfrac{3(x-2y)}{12}+\dfrac{2(3x+4y)}{12}$

$=\dfrac{4(2x-y)-3(x-2y)+2(3x+4y)}{12}$

$=\dfrac{8x-4y-3x+6y+6x+8y}{12}$

$=\dfrac{11x+10y}{12}$

(4) $\dfrac{2}{3}x^3y\div\left(-\dfrac{5}{6}xy^2\right)\times(-10y)$

$=\dfrac{2}{3}x^3y\times\left(-\dfrac{6}{5xy^2}\right)\times(-10y)$

$=\dfrac{2\times\overset{1}{\cancel{x}}\times x\times x\times\overset{1}{\cancel{y}}\times\overset{2}{\cancel{6}}\times10\times\overset{1}{\cancel{y}}}{\underset{1}{3}\times\underset{1}{5}\times\underset{1}{\cancel{x}}\times\underset{1}{\cancel{y}}\times\underset{1}{\cancel{y}}}$

$=8x^2$

❺ (1) $2(a-3b)-3(2a+b)$

$=2a-6b-6a-3b$

$=-4a-9b$

$=-4\times(-4)-9\times3$ ← 負の数を代入するときは, かならずかっこをつける。

$=16-27$

$=-11$

(2) $9a^2b \div 3a$

$= \dfrac{9a^2b}{3a}$ ← わる式を分母にする。

$= \dfrac{\overset{3}{9} \times \overset{1}{a} \times a \times b}{\underset{1}{3} \times \underset{1}{a}}$

$= 3ab$

$= 3 \times (-4) \times 3$

$= -36$

ポイント

式を計算してから a, b の値を代入する。

❻ (1) $\dfrac{1}{2}(2x-3y) - \dfrac{1}{3}(x-6y)$

$= x - \dfrac{3}{2}y - \dfrac{1}{3}x + 2y$

$= \dfrac{2}{3}x + \dfrac{1}{2}y$

$= \dfrac{2}{3} \times \dfrac{2}{3} + \dfrac{1}{2} \times \left(-\dfrac{1}{2}\right)$ ← $x=\dfrac{2}{3}$, $y=-\dfrac{1}{2}$ を代入する。

$= \dfrac{7}{36}$

(2) $12x^2y \times (-2y) \div \dfrac{4}{3}xy$

$= 12x^2y \times (-2y) \times \dfrac{3}{4xy}$

$= -\dfrac{12x^2y \times 2y \times 3}{4xy}$

$= -18xy$

$= -18 \times \dfrac{2}{3} \times \left(-\dfrac{1}{2}\right)$ ← $x=\dfrac{2}{3}$, $y=-\dfrac{1}{2}$ を代入する。

$= 6$

❼ (円周の長さ)＝(直径)×(円周率) より,

半径が $(r+2)$ cm の円の周の長さは,

$2 \times \pi \times (r+2)$

$= 2\pi(r+2)$

$= 2\pi r + 4\pi$

半径が r cm の円の周の長さは,

$2 \times \pi \times r$

$= 2\pi r$

円の周の長さの差は,

$2\pi r + 4\pi - 2\pi r$

$= 4\pi$

❽ (円錐の体積)＝$\dfrac{1}{3}$×(底面積)×(高さ) より,

(円錐の体積)＝$\dfrac{1}{3} \times \pi \times b^2 \times a$

$= \dfrac{1}{3}\pi ab^2$

① (1) $2(5a+b) - 3(3a-2b)$

$= 10a + 2b - 9a + 6b$

$= a + 8b$

(2) $\dfrac{x-y}{2} - \dfrac{x+3y}{7}$

$= \dfrac{7(x-y)}{14} - \dfrac{2(x+3y)}{14}$

$= \dfrac{7(x-y) - 2(x+3y)}{14}$

$= \dfrac{7x - 7y - 2x - 6y}{14}$

$= \dfrac{5x - 13y}{14}$

別解 $\dfrac{x-y}{2} - \dfrac{x+3y}{7}$

$= \dfrac{1}{2}(x-y) - \dfrac{1}{7}(x+3y)$

$= \dfrac{1}{2}x - \dfrac{1}{2}y - \dfrac{1}{7}x - \dfrac{3}{7}y$

$= \dfrac{7}{14}x - \dfrac{7}{14}y - \dfrac{2}{14}x - \dfrac{6}{14}y$

$= \dfrac{5}{14}x - \dfrac{13}{14}y$

(3) $8x^2y \times (-6xy) \div 12xy^2$

$= \dfrac{8x^2y \times (-6xy)}{12xy^2}$

$= -\dfrac{\overset{4}{8} \times \overset{1}{x} \times x \times \overset{1}{y} \times \overset{1}{6} \times x \times \overset{1}{y}}{\underset{2}{12} \times \underset{1}{x} \times \underset{1}{y} \times \underset{1}{y}}$

$= -4x^2$

(4) $4a^2b \div \left(-\dfrac{2}{5}ab\right) \times 7b^2$

$= 4a^2b \times \left(-\dfrac{5}{2ab}\right) \times 7b^2$

$= \dfrac{4a^2b \times (-5) \times 7b^2}{2ab}$

$= -\dfrac{\overset{2}{4} \times \overset{1}{a} \times a \times \overset{1}{b} \times 5 \times 7 \times b \times b}{\underset{1}{2} \times \underset{1}{a} \times \underset{1}{b}}$

$= -70ab^2$

入試問題も, 今までと同じように解くことができるんだね。

② $3(2x-3y)-(x-8y)$
$=6x-9y-x+8y$
$=5x-y$
$=-1-3$ ← $x=-\dfrac{1}{5}$, $y=3$ を
$=-4$　　　代入する。

と表される。したがって，それらの差は，
　　$(100x+10y+z)-(100y+10x+z)$
　　$=90x-90y$
　　$=90(x-y)$
$x-y$ は整数だから，$90(x-y)$ は 90 の倍数
である。したがって，3けたの自然数から，
その数の百の位の数字と十の位の数字を入れ
かえた数をひいた差は，90 の倍数になる。

❶ 5つの続いた整数のうち，中央の整数を n と
すると，5つの続いた整数は，
　　$n-2$, $n-1$, n, $n+1$, $n+2$
と表される。したがって，それらの和は，
　　$(n-2)+(n-1)+n+(n+1)+(n+2)$
　　$=5n$
n は整数だから，$5n$ は 5 の倍数である。
したがって，5つの続いた整数の和は，5 の
倍数になる。

❷ 7つの続いた整数のうち，中央の整数を n と
すると，7つの続いた整数は，
　　$n-3$, $n-2$, $n-1$,
　　　　　　　　n, $n+1$, $n+2$, $n+3$
と表される。したがって，それらの和は，
　　$(n-3)+(n-2)+(n-1)+n+(n+1)$
　　　　　　　　$+(n+2)+(n+3)=7n$
n は整数だから，$7n$ は 7 の倍数である。
したがって，7つの続いた整数の和は，7 の倍
数になる。

❸ 4つの続いた整数のうち，2番目に小さい整
数を n とすると，4つの続いた整数は，
　　$n-1$, n, $n+1$, $n+2$
と表される。したがって，それらの和から 2
をひいた数は，
　　$\{(n-1)+n+(n+1)+(n+2)\}-2=4n$
n は整数だから，$4n$ は 4 の倍数である。
したがって，4つの続いた整数の和から 2 を
ひいた数は 4 の倍数になる。

❹ ① $10x+y$　　② $11x$
　③ x　　　　　④ $11x$

❺ はじめに考えた数の百の位を x，十の位を y，
一の位を z とすると，
　　はじめに考えた数は，$100x+10y+z$
　　百の位と十の位を入れかえた数は，
　　　　　　　　　　　$100y+10x+z$

⎯⎯⎯ 解 説 ⎯⎯⎯

❷ 7つの続いた整数を，中央の数を n として，
$n-3$, $n-2$, $n-1$, n, $n+1$, $n+2$, $n+3$ と表
すとよい。

参考 中央の整数以外を n としても解くことがで
きるが，連続する整数の問題では，中央の整数を
n としたほうが計算が簡単になることが多い。

ポイント

7 の倍数であることを説明するときは，
$7\times$(整数) の形に式を変形する。

❸ 4つの続いた整数を，$n-1$, n, $n+1$, $n+2$ と
表すとよい。あるいは，n, $n+1$, $n+2$, $n+3$ と
表してもよい。また，4 の倍数であることを示す
には，$4\times$(整数) と表されることをいえばよい。

❹ 2けたの自然数の十の位を x，一の位を y とす
ると，その 2 けたの自然数は，$10x+y$
十の位の数から一の位の数をひいた差は，$x-y$
したがって，それらの和は，$(10x+y)+(x-y)$

❶ 図形で囲まれた 3 つの数のうち，上段の数を
x とすると，その真下の数は，$x+7$
その右の数は，$(x+7)+1=x+8$
と表される。
したがって，それら 3 つの数の和は，
　　$x+(x+7)+(x+8)=3x+15=3(x+5)$
$x+5$ は整数だから，$3(x+5)$ は 3 の倍数で
ある。したがって，図形で囲まれた 3 つの数
の和は 3 の倍数になる。

❷ (1)　$y=-3x+6$　　(2)　$a=\dfrac{2}{5}b+\dfrac{6}{5}$

　(3)　$x=-2y+3$　　(4)　$b=\dfrac{4}{5}a+\dfrac{3}{5}$

　(5)　$a=\dfrac{4}{b}$　　　(6)　$y=\dfrac{18}{x}$

❸ (1) $b=\dfrac{2S}{h}-a$ (2) $c=\dfrac{V}{ab}$

(3) $h=\dfrac{V}{\pi r^2}$

━━━━━━ 解 説 ━━━━━━

❶ 図形で囲まれた 3 つの数の
表し方に気をつける。
上段の数を x とすると，カレ
ンダーは 1 行に 7 つずつ数が
並んでいるので，x の真下の数は x より 7 大きく
なり，

$\quad x+7$
また，その右の数は，さらに 1 だけ大きくなり，
$\quad (x+7)+1=x+8$

❷ (1) $6x+2y=12$
$\quad\quad 2y=12-6x$ ⟩ $6x$ を移項する。
$\quad\quad\quad y=-3x+6$ ⟩ 両辺を 2 でわる。

(2) $5a-2b=6$
$\quad\quad 5a=6+2b$
$\quad\quad a=\dfrac{2}{5}b+\dfrac{6}{5}$

$a=\dfrac{2b+6}{5}$ と答えてもよい。

(3) $3x+6y-9=0$
$\quad\quad 3x=-6y+9$ ⟩ $6y$，-9 を移項する。
$\quad\quad\quad x=-2y+3$ ⟩ 両辺を 3 でわる。

(4) $4a-5b+3=0$
$\quad\quad -5b=-4a-3$
$\quad\quad b=\dfrac{4}{5}a+\dfrac{3}{5}$

$b=\dfrac{4a+3}{5}$ と答えてもよい。

(5) $5ab=20$
$\quad\quad a=\dfrac{\overset{4}{\cancel{20}}}{\underset{1}{\cancel{5}}b}$ ⟩ 両辺を $5b$ でわる。
$\quad\quad a=\dfrac{4}{b}$ ⟩ 約分する。

(6) $6=\dfrac{1}{3}xy$
$\quad\quad \dfrac{1}{3}xy=6$ ⟩ 両辺を入れかえる。
$\quad\quad xy=18$ ⟩ 両辺に 3 をかける。
$\quad\quad y=\dfrac{18}{x}$ ⟩ 両辺を x でわる。

ポイント

等式の変形
① 解く文字をふくむ項を左辺に，残りの項を右辺
に移項する。
② 両辺を解く文字の係数でわる。

❸ (1) $\quad\quad S=\dfrac{1}{2}(a+b)h$

$\quad\dfrac{1}{2}(a+b)h=S$ ⟩ 両辺を入れかえる。
$\quad\quad (a+b)h=2S$ ⟩ 両辺を 2 倍する。
$\quad\quad ah+bh=2S$ ⟩ かっこをはずす。
$\quad\quad\quad\quad bh=2S-ah$ ⟩ ah を移項する。
$\quad\quad\quad\quad b=\dfrac{2S}{h}-a$ ⟩ 両辺を h でわる。

$b=\dfrac{2S-ah}{h}$ と答えてもよい。

別解 $\quad S=\dfrac{1}{2}(a+b)h$

$\quad\dfrac{1}{2}(a+b)h=S$ ⟩ 両辺を入れかえる。
$\quad\quad (a+b)h=2S$ ⟩ 両辺を 2 倍する。
$\quad\quad\quad a+b=\dfrac{2S}{h}$ ⟩ 両辺を h でわる。
$\quad\quad\quad\quad b=\dfrac{2S}{h}-a$ ⟩ a を移項する。

(2) $\quad\quad V=abc$
$\quad\quad abc=V$ ⟩ 両辺を入れかえる。
$\quad\quad\quad c=\dfrac{V}{ab}$ ⟩ 両辺を ab でわる。

(3) $\quad\quad V=\pi r^2 h$
$\quad\quad \pi r^2 h=V$ ⟩ 両辺を入れかえる。
$\quad\quad\quad h=\dfrac{V}{\pi r^2}$ ⟩ 両辺を πr^2 でわる。

参考 (1)の答えは，台形の面積 S と上底 a，高さ
h から下底 b を求める式である。
(2)の答えは，直方体の体積 V と縦 a，横 b から高
さ c を求める式である。
(3)の答えは，円柱の体積 V と底面の半径 r から
高さ h を求める式である。

p.16~17 ステージ2

❶ ① 3 ② $2n+3$ ③ 4
④ 4 ⑤ 4 ⑥ 1
⑦ 1 ⑧ $4(n+1)$

❷ m，n を整数とすると，

奇数は $2m+1$,偶数は $2n$
と表される。したがって,それらの和は,
$$(2m+1)+2n=2m+2n+1$$
$$=2(m+n)+1$$
$m+n$ は整数だから,$2(m+n)+1$ は奇数である。
したがって,奇数と偶数の和は奇数になる。

❸ 2けたの自然数の十の位を x,一の位を y とすると,この2けたの自然数は,
$$10x+y$$
と表される。このとき,$x+y=9$ ならば,
$$10x+y=9x+(x+y)$$
$$=9x+9$$
$$=9(x+1)$$
$x+1$ は整数だから,$9(x+1)$ は9の倍数である。したがって,2けたの自然数の十の位と一の位の和が9ならば,この2けたの自然数は9の倍数になる。

❹ 図形で囲まれた4つの数のうち,上の段の真ん中の数を x とすると,その左側の数は $x-1$,右側の数は $x+1$ で表される。
また,表の数は横に8つずつ並べたものだから,x の真下の数は $x+8$ となる。
したがって,4つの数の和は,
$$(x-1)+x+(x+1)+(x+8)$$
$$=4x+8$$
$$=4(x+2)$$
$x+2$ は整数だから,$4(x+2)$ は4の倍数である。したがって,図形で囲まれた4つの数の和は4の倍数になる。

❺ (1) $x=\dfrac{\ell}{2}-y$　　(2) $y=3x-2$

(3) $a=-2b+3c$

❻ (1) $h=\dfrac{3V}{a^2}$　　(2) $8\,\text{cm}$

❼ 円錐の側面積は,右の図のような展開図で,おうぎ形の面積で表される。
このおうぎ形の弧の長さと底面の円の円周の長さは等しいから,おうぎ形の中心角を $a°$ とすると,
$$2\pi\ell \times \dfrac{a}{360}=2\pi r$$

$$\dfrac{a}{360}=\dfrac{r}{\ell}$$
が成り立つので,円錐の側面積 S は,
$$S=\pi\ell^2 \times \dfrac{a}{360}=\pi\ell^2 \times \dfrac{r}{\ell}=\pi\ell r$$
したがって,$S=\pi\ell r$

❽ ℓ と S を π,r を使って表すと,
$$\ell=3\pi r$$
$$S=3\pi r^2$$
と表される。
したがって,$S=3\pi r^2$
$$=r \times 3\pi r$$
$$=r\ell$$
となり,$S=r\ell$ がいえる。

❾ $\text{AB}=a$,$\text{BC}=b$,$\text{CD}=c$ とすると,AB,BC,CD をそれぞれ直径とする3つの半円の弧の長さの和は,
$$\dfrac{1}{2}\pi a+\dfrac{1}{2}\pi b+\dfrac{1}{2}\pi c \quad\cdots\cdots①$$
AD を直径とする半円の弧の長さは,
$$\dfrac{1}{2}\pi(a+b+c)$$
$$=\dfrac{1}{2}\pi a+\dfrac{1}{2}\pi b+\dfrac{1}{2}\pi c \quad\cdots\cdots②$$
①,②から,AB,BC,CD をそれぞれ直径とする3つの半円の弧の長さの和は,AD を直径とする半円の弧の長さと等しくなる。

・・・・・・

① (1) $b=-3a+\dfrac{2}{3}$

(2) $b=-2a+3m$

━━━ 解説 ━━━

❶ n を整数とすると,奇数は $2n+1$ と表される。続いた奇数は2ずつ大きくなるから,小さいほうを $2n+1$ とすると,大きいほうは,
$(2n+1)+2=2n+3$ と表される。
それらの和が $4 \times (\text{整数})$ の形になることを示す。

ポイント

2つの連続した奇数は $2n+1$,$2n+3$ と表される。

❷ **ミス注意** 2つの数を同じ文字 n を使って,
$2n+1$,$2n$
と表すと,続いた数になってしまうので注意する。

❹ 横に並んでいる3つの数は，左から順に1ずつ増えているので，$x-1$, x, $x+1$ と表すことができる。また，1列に8つずつ並べた表では，真下の数はすぐ上の数より8だけ大きいので，すぐ上の数がxのとき，真下の数は$x+8$になる。

❺ (1)
$$\ell=2(x+y)$$
$$2(x+y)=\ell \qquad \text{両辺を入れかえる。}$$
$$2x+2y=\ell \qquad \text{かっこをはずす。}$$
$$2x=\ell-2y \qquad \text{2yを移項する。}$$
$$x=\frac{\ell}{2}-y \qquad \text{両辺を2でわる。}$$

$x=\dfrac{\ell-2y}{2}$ と答えてもよい。

別解
$$\ell=2(x+y)$$
$$2(x+y)=\ell \qquad \text{両辺を入れかえる。}$$
$$x+y=\frac{\ell}{2} \qquad \text{両辺を2でわる。}$$
$$x=\frac{\ell}{2}-y \qquad \text{yを移項する。}$$

(2)
$$2(3x-y)=4$$
$$3x-y=2 \qquad \text{両辺を2でわる。}$$
$$-y=2-3x \qquad \text{3xを移項する。}$$
$$y=3x-2 \qquad \text{両辺を-1でわる。}$$

(3)
$$c=\frac{a+2b}{3}$$
$$\frac{a+2b}{3}=c \qquad \text{両辺を入れかえる。}$$
$$a+2b=3c \qquad \text{両辺に3をかける。}$$
$$a=-2b+3c \qquad \text{2bを移項する。}$$

❻ (1) $V=\dfrac{1}{3}a^2h$
$$\frac{1}{3}a^2h=V$$
$$a^2h=3V$$
$$h=\frac{3V}{a^2}$$

(2) (1)で求めた式に，$a=3$，$V=24$ を代入する。

❽ 2つの円の間のちょうど中央を通る円の半径は$\dfrac{3}{2}r$だから，この円の周の長さℓは，
$$\ell=2\pi\times\frac{3}{2}r=3\pi r$$
2つの円の間にある部分の面積Sは，
$$S=(大きい円の面積)-(小さい円の面積)$$
$$=\pi\times(2r)^2-\pi\times r^2$$
$$=4\pi r^2-\pi r^2=3\pi r^2$$

❶ (1)
$$9a+3b=2$$
$$3b=-9a+2$$
$$b=-3a+\frac{2}{3}$$
$b=\dfrac{-9a+2}{3}$ と答えてもよい。

(2)
$$m=\frac{2a+b}{3}$$
$$\frac{2a+b}{3}=m$$
$$2a+b=3m$$
$$b=-2a+3m$$

❶ (1) a^3, b^2, $-3ab^3$, -1

(2) 4次式

❷ (1) $6x^2-x$ 　(2) $2a+14b$

(3) $7x-11y$ 　(4) $-30x^2y$

(5) $5a^3$ 　(6) $-5x^2+x$

(7) $3x^2$ 　(8) $-2a$

(9) $17x-13y$ 　(10) $\dfrac{5x+7y}{12}$ $\left(\dfrac{5}{12}x+\dfrac{7}{12}y\right)$

❸ (1) 16 　(2) -48

❹ nを整数とすると，4つの続いた奇数は，
$$2n-3, \ 2n-1, \ 2n+1, \ 2n+3$$
と表される。したがって，それらの和は，
$$(2n-3)+(2n-1)+(2n+1)+(2n+3)=8n$$
nは整数だから，$8n$は8の倍数である。したがって，4つの続いた奇数の和は8の倍数になる。

❺ (1) $y=2x-5$ 　(2) $b=-\dfrac{1}{2}a+\dfrac{3}{2}m$

❻ (1) $y=\dfrac{20}{x}$ 　(2) $c=b-\dfrac{S}{a}$

❼ 囲んだ数のうち，真ん中の数をnとすると，残りの8つの数は，
$$n-8, \ n-7, \ n-6, \ n-1, \ n+1,$$
$$n+6, \ n+7, \ n+8$$
と表される。したがって，これら9つの数の和は，
$$(n-8)+(n-7)+(n-6)+(n-1)+n$$
$$+(n+1)+(n+6)+(n+7)+(n+8)$$
$$=9n$$
nは真ん中の数だから，$9n$は真ん中の数の9倍である。したがって，囲んだ9つの数の

和は真ん中の数の 9 倍になる。

━━━━━▶ **解 説** ◀━━━━━

❷ (2) $(7a+8b)-(5a-6b)$

$=7a+8b-5a+6b$

$=2a+14b$

(3) $3(x-3y)-2(y-2x)$

$=3x-9y-2y+4x$

$=7x-11y$

(6) $(25x^2-5x)\div(-5)$

$=(25x^2-5x)\times\left(-\dfrac{1}{5}\right)$

$=25x^2\times\left(-\dfrac{1}{5}\right)-5x\times\left(-\dfrac{1}{5}\right)$

$=-5x^2+x$

(7) $x^3y\times6y\div2xy^2=\dfrac{x^3y\times6y}{2xy^2}$

$=\dfrac{\overset{1}{x}\times x\times x\times\overset{1}{y}\times\overset{3}{6}\times\overset{1}{y}}{\underset{1}{2}\times\underset{1}{x}\times\underset{1}{y}\times\underset{1}{y}}$

$=3x^2$

(8) $10a^3\div(-5a)\div a=-\dfrac{10a^3}{5a\times a}$

$=-\dfrac{\overset{2}{10}\times\overset{1}{a}\times\overset{1}{a}\times a}{\underset{1}{5}\times\underset{1}{a}\times\underset{1}{a}}$

$=-2a$

(9) $5(3x-2y)-\{y-2(x-y)\}$

$=15x-10y-(y-2x+2y)$

$=15x-10y-(-2x+3y)$

$=15x-10y+2x-3y$

$=17x-13y$

(10) $\dfrac{3x+y}{4}-\dfrac{x-y}{3}$

$=\dfrac{3(3x+y)}{12}-\dfrac{4(x-y)}{12}$

$=\dfrac{3(3x+y)-4(x-y)}{12}$

$=\dfrac{9x+3y-4x+4y}{12}$

$=\dfrac{5x+7y}{12}$

別解 $\dfrac{3x+y}{4}-\dfrac{x-y}{3}$

$=\dfrac{1}{4}(3x+y)-\dfrac{1}{3}(x-y)$

$=\dfrac{3}{4}x+\dfrac{1}{4}y-\dfrac{1}{3}x+\dfrac{1}{3}y$

$=\dfrac{9}{12}x+\dfrac{3}{12}y-\dfrac{4}{12}x+\dfrac{4}{12}y$

$=\dfrac{5}{12}x+\dfrac{7}{12}y$

❸ (1) $3(2x-3y)-4(x-y)=6x-9y-4x+4y$

$=2x-5y$

$=2\times3-5\times(-2)$

$=6+10$

↑ かっこをつける。

$=16$

(2) $-28x^2y^2\div7x=-\dfrac{28x^2y^2}{7x}$

$=-\dfrac{\overset{4}{28}\times\overset{1}{x}\times x\times y\times y}{\underset{1}{7}\times\underset{1}{x}}$

$=-4xy^2$

$=-4\times3\times(-2)^2$

$=-4\times3\times4$ ← $(-2)\times(-2)=4$

$=-48$

❺ (1) $4x-2y-10=0$

$-2y=-4x+10$ } $4x,\ -10$ を移項する。両辺を -2 でわる。

$y=2x-5$

(2) $m=\dfrac{a+2b}{3}$

$\dfrac{a+2b}{3}=m$ } 両辺を入れかえる。

$a+2b=3m$ } 両辺に 3 をかける。

$2b=-a+3m$ } a を移項する。

$b=-\dfrac{1}{2}a+\dfrac{3}{2}m$ } 両辺を 2 でわる。

$b=\dfrac{-a+3m}{2}$ と答えてもよい。

❻ (1) 三角形の面積の公式より，$\dfrac{1}{2}xy=10$

これを y について解く。

(2) 面積は，長方形から道路の部分の平行四辺形の面積をひいて，

$S=ab-ca$

$=ab-ac$

これを c について解く。

$c=\dfrac{ab-S}{a}$ と答えてもよい。

得点アップのコツ

・多項式の減法では，符号の計算ミスが多い。かっこをはずすときは，符号に注意する。

・式の値を求めるときは，複雑な式のときほど式を計算してから代入するとミスをしにくくなる。

2章 [連立方程式] 方程式を利用して問題を解決しよう

❶ (1) ㋐ 5　㋑ 2　㋒ 2　㋓ 0

(2) ㋐ $\dfrac{13}{2}$　㋑ 2　㋒ 2　㋓ $\dfrac{1}{2}$

(3) $x=4$, $y=2$

❷ (1) $x=4$, $y=-3$　(2) $x=3$, $y=2$

(3) $x=1$, $y=3$　(4) $x=1$, $y=-2$

(5) $x=3$, $y=4$　(6) $x=1$, $y=3$

解説

❶ (1) $x+y=6$ の x を移項すると，$y=6-x$

この式の x に 1，4，6 を代入すると，y の値を求めることができる。

(3) (1), (2)の表で，共通な x, y の値の組をさがす。

ポイント

代入したときに等式を成り立たせる x, y の値の組が，2元1次方程式の解である。

2つの方程式のどちらも成り立たせる x, y の値の組が，連立方程式の解である。

❷ 上の式を①，下の式を②とする。

(1)　$\begin{array}{r} 3x+2y=\ 6 \\ +)\ x-2y=10 \\ \hline 4x\quad\ =16 \end{array}$ ← y を消去

$x=4$

$x=4$ を①に代入すると，

$3\times4+2y=6$　　$y=-3$

(2)　$\begin{array}{r} x+y=5 \\ +)2x-y=4 \\ \hline 3x\quad=9 \end{array}$

$x=3$

$x=3$ を①に代入すると，

$3+y=5$　　$y=2$

(3)　$\begin{array}{r} 5x+2y=11 \\ +)-5x+3y=\ 4 \\ \hline 5y=15 \end{array}$ ← x を消去

$y=3$

$y=3$ を①に代入すると，

$5x+2\times3=11$　　$x=1$

(4)　$\begin{array}{r} 3x+4y=-\ 5 \\ -)3x-\ y=\ \ \ 5 \\ \hline 5y=-10 \end{array}$

$y=-2$

$y=-2$ を②に代入すると，

$3x-(-2)=5$　　$x=1$

(5)　$\begin{array}{r} 2x+y=10 \\ -)\ x+y=\ 7 \\ \hline x\quad=\ 3 \end{array}$

$x=3$ を②に代入すると，

$3+y=7$　　$y=4$

(6)　$\begin{array}{r} 5x-2y=-1 \\ -)3x-2y=-3 \\ \hline 2x\quad=\ 2 \end{array}$

$x=1$

$x=1$ を①に代入すると，

$5\times1-2y=-1$　　$y=3$

❶ (1) $x=2$, $y=1$　(2) $x=3$, $y=-1$

(3) $x=-2$, $y=2$　(4) $x=5$, $y=-2$

(5) $x=0$, $y=-1$　(6) $x=1$, $y=2$

❷ (1) $x=1$, $y=2$　(2) $x=8$, $y=-5$

(3) $x=2$, $y=-5$　(4) $x=-2$, $y=-1$

(5) $x=-1$, $y=3$　(6) $x=3$, $y=-2$

解説

上の式を①，下の式を②とする。

❶ 次のように，一方の式を何倍かして，1つの文字を消去する。

(1)　①　　$\begin{array}{r} 2x+5y=9 \\ ②\times2\quad -)2x+4y=8 \\ \hline y=1 \end{array}$ ← x を消去

$y=1$ を②に代入すると，

$x+2\times1=4$　　$x=2$

(2)　$\begin{array}{r} ①\times3\quad 9x-3y=30 \\ ②\quad\ \ +)5x+3y=12 \\ \hline 14x\quad\ =42 \end{array}$ ← y を消去

$x=3$

$x=3$ を①に代入すると，

$3\times3-y=10$　　$y=-1$

(3)　$\begin{array}{r} ①\times5\quad 5x+15y=\ 20 \\ ②\quad\ \ -)5x+\ 2y=-6 \\ \hline 13y=\ 26 \end{array}$

$y=2$

$y=2$ を①に代入すると，

$x+3\times2=4$　　$x=-2$

(4)　$\begin{array}{r} ①\quad\ \ 2x-3y=16 \\ ②\times2\quad -)2x+4y=\ 2 \\ \hline -7y=14 \end{array}$

$y=-2$

$y=-2$ を①に代入すると，

$x+2\times(-2)=1$　　$x=5$

(5) ① $\qquad 7x-4y=4$
　　②×4　$\underline{-)\,8x-4y=4}$
　　　　　　　　$-x\quad\ =0$
　　　　　　　　　　$x=0$

$x=0$ を②に代入すると，
$2\times0-y=1\quad y=-1$

(6) ① $\qquad 5x+\ 4y=\ 13$
　　②×5　$\underline{-)\,5x-15y=-25}$
　　　　　　　$19y=\ 38$
　　　　　　　　$y=2$

$y=2$ を②に代入すると，
$x-3\times2=-5\quad x=1$

❷ 2つの式を何倍かして，1つの文字を消去する。

(1) ①×3 $\qquad 9x+6y=21$
　　②×2 $\underline{+)\,14x-6y=\ 2}$
　　　　　　$23x\quad\ =23$ ←yを消去
　　　　　　　　$x=1$

$x=1$ を①に代入すると，$3\times1+2y=7\quad y=2$

(2) ①×7 $\qquad 14x+21y=7$
　　②×2 $\underline{-)\,14x+22y=2}$
　　　　　　　　　$-y=5$ ←xを消去
　　　　　　　　　　$y=-5$

$y=-5$ を①に代入すると，
$2x+3\times(-5)=1\quad x=8$

(3) ①×3 $\qquad 9x+6y=-12$
　　②×2 $\underline{-)\,4x+6y=-22}$
　　　　　　$5x\quad\ =\ 10$
　　　　　　　　$x=2$

$x=2$ を①に代入すると，
$3\times2+2y=-4\quad y=-5$

(4) ①×2 $\qquad 10x-14y=-6$
　　②×5 $\underline{-)\,10x-15y=-5}$
　　　　　　　　　　$y=-1$

$y=-1$ を②に代入すると，
$2x-3\times(-1)=-1\quad x=-2$

(5) ①×3 $\qquad 21x-6y=-39$
　　②×2 $\underline{+)\,16x+6y=\ \ \ 2}$
　　　　　　$37x\quad\ \ =-37$
　　　　　　　　$x=-1$

$x=-1$ を②に代入すると，
$8\times(-1)+3y=1\quad y=3$

(6) $\begin{cases}3x+4y=1\\7x+5y=11\end{cases}$

　　①×5 $\qquad 15x+20y=\ \ \ 5$
　　②×4 $\underline{-)\,28x+20y=\ \ 44}$
　　　　　$-13x\quad\ \ =-39$
　　　　　　　　$x=3$

$x=3$ を①に代入すると，
$3\times3+4y=1\quad y=-2$

ポイント

そろえたい係数の最小公倍数を考えると，計算しやすい。

p.24〜25 **ステージ❶**

❶ (1) $x=1,\ y=3$ 　(2) $x=2,\ y=3$
　(3) $x=-1,\ y=2$ 　(4) $x=3,\ y=2$

❷ (1) $x=1,\ y=3$ 　(2) $x=1,\ y=-2$
　(3) $x=-3,\ y=1$ 　(4) $x=2,\ y=5$

❸ $x=-1,\ y=-4$

❹ (1) $x=5,\ y=1$ 　(2) $x=4,\ y=-1$
　(3) $x=-1,\ y=3$ 　(4) $x=-2,\ y=4$

━━ 解説 ━━

上の式を①，下の式を②とする。

❶ (1) ①を②に代入すると，$2x+3x=5$
　$x=1$
　$x=1$ を①に代入すると，$y=3\times1\quad y=3$

(2) ②を①に代入すると，$3(4y-10)-y=3$
　$11y=33\quad y=3$
　$y=3$ を②に代入すると，
　$x=4\times3-10\quad x=2$

(3) ①を②に代入すると，
　$3x-2(2x+4)=-7$
　$-x=1\quad x=-1$
　$x=-1$ を①に代入すると，
　$y=2\times(-1)+4\quad y=2$

(4) ①を②に代入すると，
　$2(-3y+9)+5y=16$
　$-y=-2\quad y=2$
　$y=2$ を①に代入すると，
　$x=-3\times2+9\quad x=3$

❷ $y=\blacksquare$ や $x=\blacksquare$ の形にして，代入する。

(1) ①より，$y=2x+1$ …③
　③を②に代入すると，
　$3x+2(2x+1)=9$
　$7x=7\quad x=1$
　$x=1$ を③に代入すると，$y=2\times1+1\quad y=3$

(3) ①を②の $2y$ の部分に代入すると，
　$5x+(x+5)=-13$
　$6x=-18\quad x=-3$

$x=-3$ を①に代入すると,

$2y=-3+5$ $y=1$

参考 ①を y について解くと, $y=\dfrac{x}{2}+\dfrac{5}{2}$

これを②に代入すると，計算が複雑になってしまう。$2y$ のまま代入したほうが計算しやすい。

(4) ①を②の $3x$ の部分に代入すると,

$(2y-4)-7y=-29$ $-5y=-25$ $y=5$

$y=5$ を①に代入すると,

$3x=2\times5-4$ $x=2$

❸ 加減法

① $7x-2y=1$
②×2 $+)\,4x+2y=-12$
       $\overline{11x=-11}$
              $x=-1$

$x=-1$ を②に代入すると,

$2\times(-1)+y=-6$ $y=-4$

代入法

②より, $y=-2x-6$ …③ ← ①より②のほうが $y=\blacksquare$ の形に変形しやすい。

③を①に代入すると,

$7x-2(-2x-6)=1$ $11x=-11$ $x=-1$

$x=-1$ を③に代入すると,

$y=-2\times(-1)-6$ $y=-4$

❹ (1) ①を②に代入すると,

$(8y-3)+6y=11$

$14y=14$ $y=1$

$y=1$ を①に代入すると,

$x=8\times1-3$ $x=5$

(2) ①を②に代入すると,

$x-5=-2x+7$

$3x=12$ $x=4$

$x=4$ を①に代入すると,

$y=4-5$ $y=-1$

(3) ① $4x-y=-7$
     ② $+)\,-2x+y=5$
        $\overline{2x=-2}$
                $x=-1$

$x=-1$ を①に代入すると,

$4\times(-1)-y=-7$ $y=3$

別解 ①より, $y=4x+7$ …③

③を②に代入すると,

$-2x+(4x+7)=5$

$2x=-2$ $x=-1$

$x=-1$ を③に代入すると,

$y=4\times(-1)+7$ $y=3$

(4) ①×3 $9x+6y=6$
    ②×2 $+)\,10x-6y=-44$
       $\overline{19x=-38}$
              $x=-2$

$x=-2$ を①に代入すると,

$3\times(-2)+2y=2$ $y=4$

ポイント

加減法と代入法

$x=\blacksquare$, $y=\blacksquare$ の形の式のときは，代入法が計算しやすい場合が多い。

p.26～27 ステージ1

❶ (1) $x=3,\ y=-1$　(2) $x=2,\ y=-1$
    (3) $x=4,\ y=-2$　(4) $x=8,\ y=-2$
❷ (1) $x=-2,\ y=5$　(2) $x=4,\ y=1$
    (3) $x=10,\ y=3$　(4) $x=3,\ y=-1$
    (5) $x=2,\ y=1$

解説

上の式を①，下の式を②とする。

❶ (1) ②のかっこをはずして整理すると,

$2x+3y=3$ …③

①×2 $2x+2y=4$
③ $-)\,2x+3y=3$
    $\overline{-y=1}$
        $y=-1$

$y=-1$ を①に代入すると, $x+(-1)=2$ $x=3$

(2) ①のかっこをはずして整理すると,

$4x-3y=11$ …③

③ $4x-3y=11$
② $-)\,5x-3y=13$
   $\overline{-x=-2}$
        $x=2$

$x=2$ を②に代入すると,

$5\times2-3y=13$ $y=-1$

(3) ①のかっこをはずして整理すると,

$x-6y=16$ …③

③×3 $3x-18y=48$
② $-)\,3x+5y=2$
    $\overline{-23y=46}$
          $y=-2$

$y=-2$ を③に代入すると,

$x-6\times(-2)=16$ $x=4$

(4) ①のかっこをはずして整理すると,

$6x+3y=42$ …③

②を③に代入すると，

$6(-3y+2)+3y=42 \qquad y=-2$

$y=-2$ を②に代入すると，

$x=-3\times(-2)+2 \qquad x=8$

ポイント

かっこをはずして整理してから解く。

❷ (1) ①の両辺に 4 をかけると，

$3x+2y=4 \quad \cdots ③$

$$
\begin{array}{rl}
③ & 3x+2y=4 \\
②\times 3 & \underline{-)\,3x+9y=39} \\
& -7y=-35 \\
& y=5
\end{array}
$$

$y=5$ を②に代入すると，

$x+3\times 5=13 \qquad x=-2$

(2) ①の両辺に 4 をかけると，

$2x-3y=5 \quad \cdots ③$

$$
\begin{array}{rl}
③ & 2x-3y=5 \\
② & \underline{+)\,2x+3y=11} \\
& 4x=16 \\
& x=4
\end{array}
$$

$x=4$ を②に代入すると，

$2\times 4+3y=11 \qquad y=1$

(3) ②の両辺に 15 をかけると，

$3x-5y=15 \quad \cdots ③$

$$
\begin{array}{rl}
①\times 3 & 3x+6y=48 \\
③ & \underline{-)\,3x-5y=15} \\
& 11y=33 \\
& y=3
\end{array}
$$

$y=3$ を①に代入すると，

$x+2\times 3=16 \qquad x=10$

(4) ②の両辺に 10 をかけると，

$4x-3y=15 \quad \cdots ③$

$$
\begin{array}{rl}
①\times 2 & 4x+10y=2 \\
③ & \underline{-)\,4x-3y=15} \\
& 13y=-13 \\
& y=-1
\end{array}
$$

$y=-1$ を①に代入すると，

$2x+5\times(-1)=1 \qquad x=3$

(5) ①の両辺に 10 をかけると，

$7x-3y=11 \quad \cdots ③$

$$
\begin{array}{rl}
③ & 7x-3y=11 \\
② & \underline{+)\,2x+3y=7} \\
& 9x=18 \\
& x=2
\end{array}
$$

$x=2$ を②に代入すると，

$2\times 2+3y=7 \qquad y=1$

ポイント

係数が分数や小数の場合
分数 ➡ 両辺に分母の最小公倍数をかける。
小数 ➡ 両辺に 10，100 などをかける。

p.28~29 ■ ステージ1

p.28~29

❶ (1) $x=3, \ y=-2$ (2) $x=3, \ y=-2$

❷ (1) $x=5, \ y=1$ (2) $x=4, \ y=3$
(3) $x=4, \ y=7$ (4) $x=-2, \ y=1$

❸ (1) $x=-3, \ y=1, \ z=2$
(2) $x=5, \ y=-4, \ z=2$

■ 解説 ■

❶ $x-3y=4x+2y+1=9$ を $A=B=C$ の形の
連立方程式と見ると，

(1) $\begin{cases} A=C \\ B=C \end{cases}$ と見る ➡ $\begin{cases} x-3y=9 & \cdots ① \\ 4x+2y+1=9 & \cdots ② \end{cases}$

②より，$4x+2y=8 \quad \cdots ③$

$$
\begin{array}{rl}
①\times 4 & 4x-12y=36 \\
③ & \underline{-)\,4x+2y=8} \\
& -14y=28 \\
& y=-2
\end{array}
$$

$y=-2$ を①に代入すると，

$x-3\times(-2)=9 \qquad x=3$

(2) $\begin{cases} A=B \\ A=C \end{cases}$ と見る ➡ $\begin{cases} x-3y=4x+2y+1 & \cdots ① \\ x-3y=9 & \cdots ② \end{cases}$

①より，$-3x-5y=1 \quad \cdots ③$

$$
\begin{array}{rl}
③ & -3x-5y=1 \\
②\times 3 & \underline{+)\,3x-9y=27} \\
& -14y=28 \\
& y=-2
\end{array}
$$

$y=-2$ を②に代入すると，

$x-3\times(-2)=9 \qquad x=3$

(1)，(2)で求めた解は，もちろん一致する。

❷ (1)，(2)は $\begin{cases} A=C \\ B=C \end{cases}$ の連立方程式として解くとよい。

(3)，(4)はどのような組み合わせでもよい。

(1) $\begin{cases} 4x-3y=17 & \cdots ① \\ 3x+2y=17 & \cdots ② \end{cases}$ として解く。

$$
\begin{array}{rl}
①\times 2 & 8x-6y=34 \\
②\times 3 & \underline{+)\,9x+6y=51} \\
& 17x=85 \\
& x=5
\end{array}
$$

$x=5$ を②に代入すると,

$3×5+2y=17$ $y=1$

(2) $\begin{cases} 3x-5y=-3 & \cdots① \\ 6x-9y=-3 & \cdots② \end{cases}$ として解く。

①×2　　$6x-10y=-6$
②　　　$-)6x-\ 9y=-3$
　　　　　　　$-y=-3$
　　　　　　　　$y=3$

$y=3$ を①に代入すると,

$3x-5×3=-3$ $x=4$

(3) $\begin{cases} 3x+2y=7x-2 & \cdots① \\ 5+3y=7x-2 & \cdots② \end{cases}$ として解く。

それぞれの式を整理すると,

$\begin{cases} -4x+2y=-2 & \cdots③ \\ -7x+3y=-7 & \cdots④ \end{cases}$ これを解く。

③×3　　　$-12x+6y=-\ 6$
④×2　　$-)-14x+6y=-14$
　　　　　$2x\ \ \ \ \ \ =\ \ 8$
　　　　　　　　$x=4$

$x=4$ を③に代入すると,

$-4×4+2y=-2$ $y=7$

(4) $\begin{cases} 2x+3y=3x+5 & \cdots① \\ -x-3y=3x+5 & \cdots② \end{cases}$ として解く。

それぞれの式を整理すると,

$\begin{cases} -x+3y=5 & \cdots③ \\ -4x-3y=5 & \cdots④ \end{cases}$ これを解く。

③　　　　$-x+3y=\ 5$
④　　$+)-4x-3y=\ 5$
　　　　$-5x\ \ \ \ \ =10$
　　　　　　　$x=-2$

$x=-2$ を③に代入すると,

$-(-2)+3y=5$ $y=1$

❸ (1) $\begin{cases} x+y+z=0 & \cdots① \\ 4x+2y-z=-12 & \cdots② \\ x=-3y & \cdots③ \end{cases}$

③を①と②に代入すると,

$-3y+y+z=0$ $-2y+z=0$　$\cdots④$

$-12y+2y-z=-12$ $-10y-z=-12$　$\cdots⑤$

$\begin{cases} -2y+z=0 & \cdots④ \\ -10y-z=-12 & \cdots⑤ \end{cases}$ これを解く。

④　　　　　$-2y+z=0$
⑤　　$+)-10y-z=-12$
　　　　$-12y\ \ \ \ \ =-12$
　　　　　　　$y=1$

$y=1$ を③に代入すると,

$x=(-3)×1=-3$ $x=-3$

$x=-3,\ y=1$ を①に代入すると,

$-3+1+z=0$ $z=2$

(2) $\begin{cases} x-y-z=7 & \cdots① \\ y=-2z & \cdots② \\ 3x-2y+2z=27 & \cdots③ \end{cases}$

②を①, ③に代入すると,

$x-(-2z)-z=7$ $x+z=7$　$\cdots④$

$3x-2×(-2z)+2z=27$

$3x+6z=27$ $x+2z=9$　$\cdots⑤$

$\begin{cases} x+z=7 & \cdots④ \\ x+2z=9 & \cdots⑤ \end{cases}$ これを解く。

④　　　$x+\ z=\ \ 7$
⑤　$-)x+2z=\ \ 9$
　　　　$-z=-2$
　　　　　$z=2$

$z=2$ を②に代入して,

$y=(-2)×2=-4$ $y=-4$

$z=2$ を④に代入して,

$x+2=7$ $x=7-2$ $x=5$

p.30〜31 ■■ ステージ❷

❶ ㋒

❷ (1) $x=-3,\ y=5$　　(2) $x=3,\ y=-2$
(3) $x=-2,\ y=3$　　(4) $x=5,\ y=4$
(5) $x=5,\ y=2$　　(6) $x=-4,\ y=2$
(7) $x=2,\ y=7$　　(8) $x=2,\ y=1$
(9) $x=3,\ y=2$

❸ (1) $x=5,\ y=1$　　(2) $x=2,\ y=-1$
(3) $x=6,\ y=3$　　(4) $x=-2,\ y=-5$
(5) $x=2,\ y=-3$　　(6) $x=-2,\ y=-4$

❹ (1) $x=-2,\ y=3$　　(2) $x=2,\ y=3$
(3) $x=5,\ y=10$　　(4) $x=\dfrac{3}{2},\ y=-\dfrac{1}{2}$
(5) $x=5,\ y=0$　　(6) $x=6,\ y=-4$

❺ (1) $x=-1,\ y=-3,\ z=2$
(2) $x=6,\ y=-4,\ z=2$

● ● ● ● ● ●

① (1) $x=-3,\ y=5$　　(2) $x=5,\ y=-2$
(3) $x=3,\ y=5$　　(4) $x=-3,\ y=6$

② $a=7,\ b=-4$

▶▶▶ 解説 ◀◀◀

① 2つの方程式が両方とも成り立つものが解である。

❷ 上の式を①，下の式を②とする。

(4)　①×3　　　$21x-9y=69$
　　　②　　　$\underline{-)\ \ 5x-9y=-11}$
　　　　　　　$16x=80$
　　　　　　　　　　　$x=5$

　　$x=5$ を①に代入すると，
　　$7\times5-3y=23$　　$y=4$

(5)　①より，$4x-7y=6$　…③
　　②より，$3x-8y=-1$　…④

　　③×3　　　$12x-21y=18$
　　④×4　$\underline{-)12x-32y=-4}$
　　　　　　　　$11y=22$
　　　　　　　　　$y=2$

　　$y=2$ を④に代入すると，
　　$3x-8\times2=-1$　　$x=5$

(6)　①×4　　　$-20x+16y=112$
　　②×5　$\underline{+)\ \ 20x+45y=10}$
　　　　　　　　　$61y=122$
　　　　　　　　　　$y=2$

　　$y=2$ を②に代入すると，
　　$4x+9\times2=2$　　$x=-4$

(7)　②を①に代入すると，
　　$5x-3=-3x+13$
　　$8x=16$　　$x=2$
　　$x=2$ を②に代入すると，
　　$y=5\times2-3$　　$y=7$

(8)　①を②に代入すると，
　　$5x-4(2x-3)=6$
　　$-3x=-6$　　$x=2$
　　$x=2$ を①に代入すると，
　　$y=2\times2-3$　　$y=1$

(9)　①を②の $2y$ の部分に代入すると，
　　$5x+(3x-5)=19$
　　$8x=24$　　$x=3$
　　$x=3$ を①に代入すると，
　　$2y=3\times3-5$　　$y=2$

❸ 上の式を①，下の式を②とする。

(1)　①のかっこをはずして整理すると，
　　$\begin{cases} x-2y=3 & \cdots③ \\ 2x+3y=13 & \cdots② \end{cases}$

　　③×2　　　$2x-4y=6$
　　②　　$\underline{-)\ 2x+3y=\ 13}$
　　　　　　　　$-7y=-7$
　　　　　　　　　$y=1$

　　$y=1$ を③に代入すると，$x-2\times1=3$　　$x=5$

(2)　②の両辺に 12 をかけると，　←分母 4, 6, 3 の
　　　　　　　　　　　　　　　　　最小公倍数 12 を
　　$\begin{cases} 2x-3y=7 & \cdots① \\ 3x+2y=4 & \cdots③ \end{cases}$　かける。

　　①×2　　　$4x-6y=14$
　　③×3　$\underline{+)\ 9x+6y=12}$
　　　　　　　$13x=26$
　　　　　　　　　$x=2$

　　$x=2$ を①に代入すると，
　　$2\times2-3y=7$　　$y=-1$

(3)　①の両辺に 6 をかけると，
　　$\begin{cases} 4x+y=27 & \cdots③ \\ x+3y=15 & \cdots② \end{cases}$

　　③×3　　　$12x+3y=81$
　　②　　$\underline{-)\ \ \ x+3y=15}$
　　　　　　　$11x=66$
　　　　　　　　$x=6$

　　$x=6$ を②に代入すると，$6+3y=15$　　$y=3$

(4)　①の両辺に 10 をかけると，
　　$\begin{cases} 7x-5y=11 & \cdots③ \\ 6x-2y=-2 & \cdots② \end{cases}$

　　③×2　　　　　$14x-10y=22$
　　②×5　$\underline{-)\ 30x-10y=-10}$
　　　　　　　$-16x=32$
　　　　　　　　　$x=-2$

　　$x=-2$ を②に代入すると，
　　$6\times(-2)-2y=-2$　　$y=-5$

(5)　$\begin{cases} 4x+5y=-7 & \cdots① \\ x+3y=-7 & \cdots② \end{cases}$　として解く。

　　①　　　　$4x+5y=-7$
　　②×4　$\underline{-)\ 4x+12y=-28}$
　　　　　　　$-7y=21$
　　　　　　　　$y=-3$

　　$y=-3$ を②に代入すると，
　　$x+3\times(-3)=-7$　　$x=2$

(6)　$\begin{cases} -3x+y=2 & \cdots① \\ x-y=2 & \cdots② \end{cases}$　として解く。

　　①　　　$-3x+y=\ 2$
　　②　$\underline{+)\ \ \ x-y=\ 2}$
　　　　　　$-2x=\ 4$
　　　　　　　$x=-2$

　　$x=-2$ を②に代入すると，
　　$(-2)-y=2$　　$y=-4$

ポイント

連立方程式の解を 2 つの方程式に代入すると，それらの方程式は成り立つ。

❹ 上の式を①，下の式を②とする。

(1) ①，②のかっこをはずして整理すると，
$$\begin{cases} 4x-3y=-17 & \text{…③} \\ 3x-4y=-18 & \text{…④} \end{cases}$$
③×4−④×3 より，$7x=-14$　　$x=-2$
$x=-2$ を③に代入すると，
$-8-3y=-17$　　$y=3$

(2) ①のかっこをはずすと，$5x+2y=16$ …③
②の両辺に 100 をかけると，
$x-4y=-10$ …④
③×2+④ より，$11x=22$　　$x=2$
$x=2$ を④に代入すると，
$2-4y=-10$　　$y=3$

(3) ①の両辺に 10 をかけると，$3x-y=5$ …③
②の両辺に 10 をかけると，$6x+5y=80$ …④
③×2−④ より，$-7y=-70$　　$y=10$
$y=10$ を③に代入すると，
$3x-10=5$　　$x=5$
ミス注意! ②の両辺を 10 倍するとき，右辺の
8 も 10 倍するのを忘れないようにしよう。

(4) ①の両辺に 10 をかけると，$4x-2y=7$ …③
②の両辺に 15 をかけると，$5x+3y=6$ …④
③×3+④×2 より，$22x=33$　　$x=\dfrac{3}{2}$

$x=\dfrac{3}{2}$ を③に代入すると，

$6-2y=7$　　$y=-\dfrac{1}{2}$

(5) ①のかっこをはずして整理すると，
$x-2y=5$ …③
②の両辺に 2 をかけると，
$2y-(1-x)=4$ ← $y×2-\dfrac{1-x}{2}×2=2×2$
$x+2y=5$　…④
③+④ より，$2x=10$　　$x=5$
$x=5$ を④に代入すると，
$5+2y=5$　　$y=0$
ミス注意! ②の両辺を 2 倍するとき，右辺の 2
も 2 倍するのを忘れないようにしよう。

(6) ①の両辺に 100 をかけると，
$10x-35y=200$ …③
②の両辺に 6 をかけると，$4x+3y=12$ …④
③×2−④×5 より，$-85y=340$　　$y=-4$
$y=-4$ を④に代入すると，
$4x-12=12$　　$x=6$

❺ (1)
$$\begin{cases} 3x=y & \text{…①} \\ 2x-3y+4z=15 & \text{…②} \\ x-y-z=0 & \text{…③} \end{cases}$$
①の y を②と③に代入すると，
$2x-9x+4z=15$
$-7x+4z=15$ …④
$x-3x-z=0$
$-2x-z=0$ …⑤
$$\begin{cases} -7x+4z=15 & \text{…④} \\ -2x-z=0 & \text{…⑤} \end{cases}$$ これを解く。

④　　　　　$-7x+4z=15$
⑤×4　+)$-8x-4z=0$
　　　　　$-15x\quad\quad=15$
　　　　　　　　　$x=-1$
$x=-1$ を①に代入して，
$y=3×(-1)=-3$
$x=-1$ を④に代入して，
$7+4z=15$　$4z=8$　$z=2$

(2)
$$\begin{cases} x=3z & \text{…①} \\ y=-2z & \text{…②} \\ x+y+z=4 & \text{…③} \end{cases}$$
①と②を③に代入すると，
$3z-2z+z=4$
　　　$2z=4$
　　　　$z=2$
$z=2$ を①に代入して，
$x=3×2=6$
$z=2$ を②に代入して，
$y=-2×2$　　$y=-4$

① 上の式を①，下の式を②とする。

(1) ②を①に代入すると，
$2x+3(3x+14)=9$
$11x=-33$　　$x=-3$
$x=-3$ を②に代入すると，
$y=3×(-3)+14$　　$y=5$

(2) ①　　　　　　$2x-3y=16$
②×3　+)$12x+3y=54$
　　　　　$14x\quad\quad=70$
　　　　　　　　$x=5$
$x=5$ を②に代入すると，
$4×5+y=18$　　$y=-2$

(3)　①×3　　　　$6x+3y=33$
　　　②　　　＋) $8x-3y=9$
　　　　　　　　　　$14x=42$
　　　　　　　　　　　　　$x=3$

　　$x=3$ を①に代入して，
　　$2×3+y=11$　　　$y=5$

(4)　①の両辺に 12 をかけると，
　　$2x-3y=-24$ …③
　　②×2　　　$6x+4y=6$
　　③×3　　－) $6x-9y=-72$
　　　　　　　　　　$13y=78$
　　　　　　　　　　　$y=6$

　　$y=6$を②に代入して，
　　$3x+2×6=3$　　　$x=-3$

❷　それぞれの方程式に $x=5$，$y=-3$ を代入すると，
$$\begin{cases} 5a+3b=23 \ \cdots① \\ 10+3a=31 \ \cdots② \end{cases}$$
　　この a，b についての連立方程式を解くと，
　　$a=7$，$b=-4$

---

p.32〜33　■**ステージ1**

❶ (1)　$x+y=15$

　(2)　$80x+140y=1560$

　(3)　オレンジ…9 個，りんご…6 個

❷ おとな…4 人，中学生…9 人

❸ サンドイッチ…90 円，おにぎり…130 円

❹ 品物 A…240 g，品物 B…80 g

━━━━**解説**━━━━

❶ (1)　(オレンジの個数)＋(りんごの個数)＝15 (個)
　　だから，$x+y=15$ …①

　(2)　代金は，(1 個の値段)×(個数) だから，
　　オレンジの代金は $80x$ (円)
　　りんごの代金は $140y$ (円)
　　したがって，代金の合計について，
　　$80x+140y=1560$ …②

　(3)　①×80－② より，
　　$-60y=-360$　　　$y=6$
　　$y=6$ を①に代入すると，$x=9$
　　別解　②を 10 でわると，
　　$8x+14y=156$ …③
　　①×8－③ より，$-6y=-36$　　　$y=6$
　　とすると，計算が楽になる。

ポイント
個数の合計と代金の合計で，それぞれ方程式をつくる。

❷　おとなが x 人，中学生が y 人とすると，
　　入園料の合計について，
　　$600x+400y=6000$ …①
　　人数のちがいについて，
　　$y=x+5$ …②
　　①，②の連立方程式を解くと，
　　$x=4$，$y=9$
　　参考　①を 200 でわると，$3x+2y=30$ …③
　　②を③に代入すると，計算が楽になる。

❸　サンドイッチ 1 個の値段を x 円，おにぎり 1 個
　　の値段を y 円とすると，それぞれのときの代金の
　　合計について，
$$\begin{cases} 2x+5y=830 \ \cdots① \\ 4x+3y=750 \ \cdots② \end{cases}$$
　　①，②の連立方程式を解くと，
　　$x=90$，$y=130$

❹　A 3 個と B 1 個について，$3x+y=800$ …①
　　A 1 個と B 2 個について，$x+2y=400$ …②
　　①，②の連立方程式を解くと，
　　$x=240$，$y=80$

---

p.34〜35　■**ステージ1**

❶ 歩いた道のり…600 m
　　走った道のり…300 m

❷ AC 間…24 km，CB 間…12 km

❸ お弁当…600 円，サンドイッチ…350 円

❹ 製品 A…200 個，製品 B…300 個

━━━━**解説**━━━━

❶ 歩いた道のりを x m，走った道のりを y m と
　　すると，全体の道のりは 900 m だから，
　　$x+y=900$ …①
　　歩いた時間と走った時間の和は 12 分だから，
　　$\dfrac{x}{60}+\dfrac{y}{150}=12$ …②　←(時間)＝$\dfrac{(道のり)}{(速さ)}$
　　②の両辺に 300 をかけると，
　　$5x+2y=3600$ …③
　　①，③の連立方程式を解くと，$x=600$，$y=300$

ポイント
道のりの合計と時間の合計で，それぞれ方程式をつくる。

❷ AC 間を x km，CB 間を y km とすると，
全体の道のりについて，$x+y=36$ …①

また，2 時間 30 分$=\dfrac{5}{2}$ 時間だから，

時間の合計について，$\dfrac{x}{16}+\dfrac{y}{12}=\dfrac{5}{2}$ …②

②の両辺に 48 をかけて，$3x+4y=120$ …③

①，③の連立方程式を解くと，

$x=24$，$y=12$

❸ お弁当の定価を x 円，サンドイッチの定価を y
円とすると，
定価の合計について，$x+y=950$ …①
また，(値引き額)＝(定価)×(値引き率) だから，
値引き額の合計について，

$\dfrac{20}{100}x+\dfrac{40}{100}y=260$ …②

①，②の連立方程式を解くと，

$x=600$，$y=350$

別解 ②の式は，値引き後の関係から，

$\dfrac{80}{100}x+\dfrac{60}{100}y=950-260$

としてもよい。

❹ 製品 A を x 個，製品 B を y 個つくったとする。
つくった個数の合計から，

$x+y=500$ …①

不良品の個数の合計から，

$\dfrac{20}{100}x+\dfrac{10}{100}y=70$ …②

①，②の連立方程式を解くと，

$x=200$，$y=300$

---

p.36~37 ■■■ステージ2

❶ 鉛筆…80 円，ノート…120 円

❷ 46

❸ ⑦ 22　　　　　⑦ $70y$
走った時間…8 分，歩いた時間…14 分

❹ (1) 昨年度の男子の生徒数…325 人
女子の生徒数…340 人
(2) 今年度の男子の生徒数…338 人
女子の生徒数…357 人

❺ 80 円…9 個，100 円…11 個

❻ AB 間…10 km，BC 間…15 km

❼ (1) 216000 L
(2) A…150 人，C…50 人

---

(3) AとCの取り組みで
$280000-216000=64000$ より，あと
64000 L 節約できるかどうかを求める。
Aの取り組みを行う人数を x 人，C の取り
組みを行う人数を y 人とすると，

$\begin{cases} x+y=200 & \cdots① \\ 180x+360y=64000 & \cdots② \end{cases}$

①，②の連立方程式を解くと，

$x=\dfrac{400}{9}$，$y=\dfrac{1400}{9}$

x，y は人数なので自然数となるから，こ
の解は適さない。したがって，A からC全
体で 280000 L 節約することはできない。

● ● ● ● ● ●

① 32 人

■■■■■■ 解 説 ■■■■■■

❶ 鉛筆 1 本を x 円，ノート 1 冊を y 円とすると，

$\begin{cases} 4x+3y=680 & \cdots① \\ 5x+6y=1120 & \cdots② \end{cases}$

①，②の連立方程式を解くと，

$x=80$，$y=120$

❷ もとの自然数は $10x+y$，十の位と一の位を入
れかえた自然数は $10y+x$ と表される。
各位の数の和は 10 であるから，

$x+y=10$ …①

入れかえた自然数はもとの自然数より 18 大きい
から，

$10y+x=(10x+y)+18$ …②

②より，$-9x+9y=18$

両辺を 9 でわると，$-x+y=2$ …③

①，③の連立方程式を解くと，

$x=4$，$y=6$

❸ 走った時間を x 分，歩いた時間を y 分とすると，
全体の時間について，

$x+y=22$ …①

(道のり)＝(速さ)×(時間) で，2.1km＝2100 m
だから，全体の道のりについて，

$140x+70y=2100$ …②

①，②の連立方程式を解くと，

$x=8$，$y=14$

参考 問題で示した方法とは異なるが，
走った道のりを x m，歩いた道のりを y m とし

て，次のように考えることもできる。

道のりの合計から，$x+y=2100$ …③

時間の合計から，$\dfrac{x}{140}+\dfrac{y}{70}=22$ …④

③，④を解いて，$x=1120$，$y=980$

走った時間は，$\dfrac{1120}{140}=8$（分）

歩いた時間は，$\dfrac{980}{70}=14$（分）

ポイント

速さの問題では，時間の単位，道のりの単位をそろえる。

❹ (1) 昨年度の全体の生徒数について，

$x+y=665$ …①

今年度の増えた生徒数に注目して，

$\dfrac{4}{100}x+\dfrac{5}{100}y=30$ …②

②の両辺に 100 をかけると，

$4x+5y=3000$ …③

①，③の連立方程式を解くと，$x=325$，$y=340$

別解 ②は，今年度の全体の生徒数に注目して，

$\dfrac{104}{100}x+\dfrac{105}{100}y=665+30$

両辺に 100 をかけて整理して，

$104x+105y=69500$

とすることもできる。

(2) 今年度の男子と女子の生徒数は，

男子　$325\times\left(1+\dfrac{4}{100}\right)=338$（人）

女子　$340\times\left(1+\dfrac{5}{100}\right)=357$（人）

❺ 80 円のお菓子を x 個，100 円のお菓子を y 個買う予定だったとする。

合わせて 20 個買うので，$x+y=20$ …①

反対にして買ったときと予定のときの金額について，$80y+100x=(80x+100y)-40$ …②

②より，$20x-20y=-40$

両辺を 20 でわると，$x-y=-2$ …③

①，③の連立方程式を解くと，

$x=9$，$y=11$

❻ AB 間の道のりを x km，BC 間の道のりを y km とする。

全体の時間について，連立方程式をつくる。

4 時間 20 分 $=\dfrac{13}{3}$ 時間 ← $4+\dfrac{1}{3}=\dfrac{13}{3}$

5 時間 40 分 $=\dfrac{17}{3}$ 時間 ← $5+\dfrac{2}{3}=\dfrac{17}{3}$

だから，$\dfrac{x}{3}+\dfrac{y}{15}=\dfrac{13}{3}$ …①

$\dfrac{x}{15}+\dfrac{y}{3}=\dfrac{17}{3}$ …②

①の両辺に 15 をかけると，$5x+y=65$ …③

②の両辺に 15 をかけると，$x+5y=85$ …④

③，④の連立方程式を解くと，$x=10$，$y=15$

❼ (1) 1 日で 36 L を 30 日間 200 人で行うので，

$36\times30\times200=216000$（L）

(2) 取り組みＡを行うと，節約できる水の量は 1 人あたり $6\times30=180$（L）である。取り組みＡを行った人数を x 人，Ｃを行った人数を y 人とすると，取り組みＡとＣで節約した水の量は，(1)より，

$261000-216000=45000$（L）なので，

$\begin{cases} x+y=200 & \text{…①} \\ 180x+360y=45000 & \text{…②} \end{cases}$

この連立方程式を解くと，$x=150$，$y=50$

(3) 人数が自然数とならない場合は適さない。

① 男子の人数を x 人，女子の人数を y 人とすると，

$x+y=180$ …①

自転車で通学している人数について，

$0.16x=0.2y$　両辺に 100 をかけて整理すると，

$4x-5y=0$ …②

①，②の連立方程式を解いて，

$x=100$，$y=80$

男子の自転車で通学している人数は，$0.16\times100=16$（人）

これより，全部で $16\times2=32$（人）

ミス注意！ 求めるものは，男子と女子の人数ではなく，自転車通学をしている人数である。

p.38〜39 ステージ3

❶ ㋒

❷ (1) $x=3$，$y=-2$　　(2) $x=7$，$y=2$

(3) $x=4$，$y=5$　　(4) $x=2$，$y=-1$

(5) $x=1$，$y=-1$　　(6) $x=4$，$y=7$

(7) $x=9$，$y=6$　　(8) $x=6$，$y=-5$

❸ (1) $x=-3$，$y=-4$　　(2) $x=-3$，$y=2$

(3) $x=-\dfrac{2}{3}$，$y=4$　　(4) $x=5$，$y=-4$

❹ $a=1$，$b=4$

❺ (1) $\begin{cases} 2x+3y=480 \\ 3x+y=440 \end{cases}$

(2) りんご…120円

なし…80円

❻ (1) $\begin{cases} x=y-20 \\ \dfrac{10}{100}x+\dfrac{8}{100}y=25 \end{cases}$

(2) 男子…130人

女子…150人

❼ 6分歩いて4分走る。

─────▶ **解 説** ◀─────

❷ 上の式を①，下の式を②とする。

(1) ①＋② より，

$4x=12$ $x=3$

$x=3$ を②に代入すると，

$3+2y=-1$ $y=-2$

(3) ①－②×3 より，

$-x=-4$ $x=4$

$x=4$ を②に代入すると，

$8-y=3$ $y=5$

(4) ①×2－②×3 より，

$17y=-17$ $y=-1$

$y=-1$ を②に代入すると，

$2x+3=7$ $x=2$

(6) ①を②に代入すると，

$4x-(2x-1)=9$ $x=4$

$x=4$ を①に代入すると，

$y=8-1$ $y=7$

(8) ①×5＋②×2 より，

$53x=318$ $x=6$

$x=6$ を①に代入すると，

$54-2y=64$ $y=-5$

❸ 上の式を①，下の式を②とする。

(1) ①のかっこをはずして整理すると，

$3x-2y=-1$ …③

③×2 $6x-4y=-\ 2$

② $\quad -)6x-7y=\quad 10$

$\qquad\qquad\quad 3y=-12$

$\qquad\qquad\qquad y=-4$

$y=-4$ を②に代入すると，

$6x-7\times(-4)=10$ $x=-3$

(3) ②の両辺に10をかけると，

$3x-2y=-10$ …③ ◀── $(0.3x-0.2y)\times10=-1\times10$

① $\qquad 3x+2y=\quad 6$

③ $-)3x-2y=-10$

$\qquad\quad 4y=\quad 16$

$\qquad\qquad y=4$

$y=4$ を①に代入すると，

$3x+2\times4=6$ $x=-\dfrac{2}{3}$

ミス注意❗ ②の両辺を10倍するとき，右辺の -1 も10倍するのを忘れないようにしよう。

(4) $\begin{cases} x+y=1 & \cdots① \\ 5x+6y=1 & \cdots② \end{cases}$ として解く。

①×5－② より，

$-y=4$ $y=-4$

$y=-4$ を①に代入すると，

$x-4=1$ $x=5$

❹ 連立方程式に $x=2$，$y=1$ を代入すると，

$\begin{cases} 4a+b=8 & \cdots① \\ 2a-3b=-10 & \cdots② \end{cases}$

この a，b についての連立方程式を解いて，a，b の値を求める。

①×3＋② より，

$14a=14$ $a=1$

$a=1$ を①に代入すると，

$4+b=8$ $b=4$

❼ x 分歩いて y 分走ったとする。

約束の時刻まで10分だから，

$x+y=10$ …①

毎分60 mで歩き，毎分150 mで走った道のりは合わせて960 mだから，

$60x+150y=960$ …② ◀── (道のり)＝(速さ)×(時間)

②の両辺を30でわると，

$2x+5y=32$ …③

①×2－③ より，

$-3y=-12$ $y=4$

$y=4$ を①に代入すると，

$x+4=10$ $x=6$

得点アップのコツ

・連立方程式の計算では，式の形によって，加減法，代入法のうち，計算しやすい方法を使う。

・式の形が $x=\blacksquare$，$y=\blacksquare$ のときは，代入法が計算しやすい。

・速さに関する問題のときは，時間の単位と道のりの単位をそろえてから方程式をつくる。

3章　[1次関数]関数を利用して問題を解決しよう

❶ (1) ㋐　$y=-x+1000$　　㋑　$y=\dfrac{50}{x}$

　　　　㋒　$y=10x$

　　(2) ㋐，㋒

❷ (1) -4　　　　　　(2) -4

❸ (1) ㋐　3　　　　　　㋑　-2

　　(2) ㋐　15　　　　　　㋑　-10

❹ (1) -4　　　　　　(2) $-\dfrac{1}{2}$

──────◆ 解説 ◆──────

❶ (1) ㋐　(残っている水の量)

　　　＝(はじめの量)−(出した量) だから，

　　　$y=1000-x$ より，

　　　$y=-x+1000$

　　㋑　(時間)＝(道のり)÷(速さ) より，

　　　$y=\dfrac{50}{x}$

　　㋒　(平行四辺形の面積)＝(底辺)×(高さ) より，

　　　$y=10x$

　　(2) $y=ax+b$ の形で表されるとき，y は x の1
　　　次関数である。

　　㋐　$y=-x+1000$ より，$y=ax+b$ で
　　　$a=-1$，$b=1000$ のときである。

　　㋒　$y=10x$ は比例の式であるが，$y=ax+b$ で
　　　$a=10$，$b=0$ のときのものと考えられる。

　　ミス注意 比例は1次関数にふくまれ，反比
　　例はふくまれない。

❷ (1) x の増加量は，$5-3=2$

　　　y の増加量は，

　　　$(-4\times5+1)-(-4\times3+1)$

　　　$=-19-(-11)=-8$

　　　したがって，変化の割合は，$\dfrac{-8}{2}=-4$

　　(2) x の増加量は，$-2-(-6)=4$

　　　y の増加量は，

　　　$\{-4\times(-2)+1\}-\{-4\times(-6)+1\}$

　　　$=9-25=-16$

　　　したがって，変化の割合は，$\dfrac{-16}{4}=-4$

　　別解 1次関数の変化の割合は一定で，a に等
　　しいことから，-4 と答えてもよい。

　1次関数 $y=ax+b$ の変化の割合は一定で，a に
　等しい。

❸ (1) 1次関数の変化の割合は一定で，a に等し
　　　いことから，㋐の変化の割合は3，㋑の変化の
　　　割合は -2 である。

　　(2) (y の増加量)＝a×(x の増加量) である。

　　　㋐　(y の増加量)＝$3\times5=15$

　　　㋑　(y の増加量)＝$-2\times5=-10$

❹ (1) x の増加量は，$3-1=2$

　　　y の増加量は，$\dfrac{12}{3}-\dfrac{12}{1}=4-12=-8$

　　　したがって，変化の割合は，$\dfrac{-8}{2}=-4$

　　(2) x の増加量は，$6-4=2$

　　　y の増加量は，$\dfrac{12}{6}-\dfrac{12}{4}=2-3=-1$

　　　したがって，変化の割合は，$\dfrac{-1}{2}=-\dfrac{1}{2}$

　　ミス注意 1次関数 $y=ax+b$ の変化の割合
　　は一定で，a に等しいが，反比例の変化の割合は
　　一定ではないので，変化の割合を比例定数の12
　　と答えないようにする。

❶ (1) ㋒

　　(2) ㋓

　　(3) 左から順に，

　　　-14，-11，-8，-5，-2，1，4

　　(4) 下へ9だけ平行移動

　　(5) 12

❷ (1) $(0,\ 4)$

　　(2) 12

──────◆ 解説 ◆──────

❶ (1) 式に $x=4$，$y=3$ を代入し，等式が成り立
　　　つかどうか調べる。

　　(2) グラフが平行になるのは傾きが等しいときで
　　　あるから，傾きが -2 であるものを選ぶ。

　　(3) $3x-5$ の値は，表のすぐ上の段の $3x$ の値よ
　　　り5だけ小さいので，

　　　$x=-3$ のとき，$-9-5=-14$

　　　$x=-2$ のとき，$-6-5=-11$

$x=-1$ のとき，$-3-5=-8$

$x=0$ のとき，$0-5=-5$

$x=1$ のとき，$3-5=-2$

$x=2$ のとき，$6-5=1$

$x=3$ のとき，$9-5=4$

(4) **別解** 「上へ -9 だけ平行移動」としてもよい。

(5) 傾きが 3 より，右へ 1 だけ進むとき上へ 3 だけ進むから，右へ 4 だけ進むときは，$3×4=12$ より，上へ 12 だけ進む。

❷ (1) $y=-3x+4$ は，$x=0$ のとき $y=4$ だから，y 軸と交わる点の座標は $(0,\ 4)$ である。

(2) $y=-3x+4$ は，右へ 1 だけ進むと，上に -3 だけ進むので，$-3×4=-12$ より，右へ 4 だけ進むとき，上に -12 だけ進む。

「上に -12 だけ進む」ことは，「下に 12 だけ進む」ことと同じである。

ポイント

$y=-3x+4$ のグラフは，$y=-3x$ のグラフを，y 軸の正の方向に 4 だけ平行移動したものである。

---

p.44～45 ステージ1

❶ (1) 傾き…3，切片…-4

(2) $(0,\ -4)$

❷ (1) ④，⑨

(2)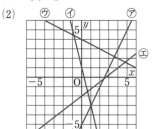

❸ (1) 右の図

(2) $x=-1$ のとき
$y=5$
$x=2$ のとき
$y=-4$

(3) 3 減少する。

解説

❶ (1) $y=ax+b$ について a を傾き，b を切片という。

(2) 切片は $x=0$ のときの y の値である。

❷ (1) 傾きが負であるものを答える。

---

(2) $y=ax+b$ のグラフをかくには，

切片 b から，点 $(0,\ b)$ ←— y 軸上の点

傾き a から，もう 1 点の座標をとって，その 2 点を通る直線をひけばよい。a，b が分数のときは，x 座標，y 座標がともに整数となるような点を選ぶ。

⑦ 2 点 $(0,\ -5)$，$\underset{\uparrow}{(5,\ 5)}$ を通る直線をひく。

他の点 $(1,\ -3)$ などでもよいが，はなれている点のほうが正確にかける。

④ 2 点 $(0,\ 1)$，$(1,\ -3)$ を通る直線をひく。

⑨ 2 点 $(0,\ 4)$，$(4,\ 2)$ を通る直線をひく。

④ 2 点 $(0,\ -2)$，$(4,\ 1)$ を通る直線をひく。

ポイント

傾きが正 ➡ グラフは右上がりの直線

傾きが負 ➡ グラフは右下がりの直線

❸ (1) 2 点 $(0,\ 2)$，$(2,\ -4)$ を通る直線をひく。

(2) $x=-1$ のとき，$y=-3×(-1)+2=5$
$x=2$ のとき，$y=-3×2+2=-4$

(3) 傾きの値となる。

---

p.46～47 ステージ1

❶ (1) $y=2x+2$ (2) $y=-\dfrac{2}{3}x+2$

(3) $y=\dfrac{2}{3}x-2$ (4) $y=-\dfrac{1}{3}x-1$

❷ (1) $y=2x+1$ (2) $y=-4x+6$

(3) $y=3x+2$ (4) $y=-5x-1$

❸ (1) $y=-2x+3$

(2) $y=5x+11$

(3) $y=3x-2$

(4) $y=-4x+11$

❹ (1) $y=5x-3$

(2) $y=-2x+6$

解説

❶ (1) グラフが y 軸と交わる点の y 座標は 2 だから，切片は 2

その点から右へ 1 だけ進むとき，上へ 2 だけ進むから，傾きは 2

(2) グラフが y 軸と交わる点の y 座標は 2 だから，切片は 2

その点から右へ 3 だけ進むとき，下へ 2 だけ進むから，傾きは $-\dfrac{2}{3}$ ←— $\dfrac{(y\,の増加量)}{(x\,の増加量)}$

(3) グラフが y 軸と交わる点の y 座標は -2 だから，切片は -2

その点から右へ 3 だけ進むとき，上へ 2 だけ進むから，傾きは $\dfrac{2}{3}$

(4) グラフが y 軸と交わる点の y 座標は -1 だから，切片は -1

その点から右へ 3 だけ進むとき，下へ 1 だけ進むから，傾きは $-\dfrac{1}{3}$

ポイント

グラフから，傾きと切片を読みとる。
切片 ➡ グラフが y 軸と交わる点の y 座標
傾き ➡ $\dfrac{(y \text{の増加量})}{(x \text{の増加量})}$

❷ (1) 変化の割合が 2 だから，求める 1 次関数の式を $y=2x+b$ とする。

$x=3$, $y=7$ を代入すると，

$7=2\times3+b$　　$b=1$

したがって，$y=2x+1$

(2) 傾きが -4 だから，$y=-4x+b$ とする。

$x=1$, $y=2$ を代入すると，

$2=-4\times1+b$　　$b=6$

したがって，$y=-4x+6$

(3) 切片が 2 だから，$y=ax+2$ とする。

$x=2$, $y=8$ を代入すると，

$8=a\times2+2$　　$a=3$

したがって，$y=3x+2$

(4) 平行な直線は傾きが等しいから，

$y=-5x+b$ とする。

$x=1$, $y=-6$ を代入すると，

$-6=-5\times1+b$　　$b=-1$

したがって，$y=-5x-1$

❸ (1) 傾きは，$\dfrac{-7-(-1)}{5-2}=-2$ だから，

$y=-2x+b$ とする。

$x=2$, $y=-1$ を代入すると，

$-1=-2\times2+b$　　$b=3$

したがって，$y=-2x+3$

(2) 傾きは $\dfrac{21-(-4)}{2-(-3)}=5$ だから，

$y=5x+b$ とする。

$x=-3$, $y=-4$ を代入すると，

$-4=5\times(-3)+b$　　$b=11$

したがって，$y=5x+11$

(3) 変化の割合は $\dfrac{10-1}{4-1}=3$ だから，

$y=3x+b$ とする。

$x=1$, $y=1$ を代入すると，

$1=3\times1+b$　　$b=-2$

したがって，$y=3x-2$

(4) 変化の割合は $\dfrac{3-35}{2-(-6)}=-4$ だから，

$y=-4x+b$ とする。

$x=2$, $y=3$ を代入すると，

$3=-4\times2+b$　　$b=11$

したがって，$y=-4x+11$

別解 次のように a, b についての連立方程式をつくって求めることもできる。

(1) 求める 1 次関数の式を $y=ax+b$ とする。

$x=2$ のとき $y=-1$ だから，$-1=2a+b$ …①

$x=5$ のとき $y=-7$ だから，$-7=5a+b$ …②

①，②を連立方程式として解いて，a, b の値を求めると，

$a=-2$, $b=3$

(3) 求める 1 次関数の式を $y=ax+b$ とする。

$x=1$ のとき $y=1$ だから，$1=a+b$ …①

$x=4$ のとき $y=10$ だから，$10=4a+b$ …②

①，②を連立方程式として解いて，a, b の値を求めると，

$a=3$, $b=-2$

❹ 直線の式は，1 次関数の式と同じで $y=ax+b$ である。

(1) 傾きは $\dfrac{7-(-8)}{2-(-1)}=5$ だから，

$y=5x+b$ とする。

$x=2$, $y=7$ を代入すると，

$7=5\times2+b$　　$b=-3$

したがって，$y=5x-3$

(2) グラフが 2 点 $(-2,\ 10)$, $(3,\ 0)$ を通る 1 次関数の式を求めればよい。

傾きは $\dfrac{0-10}{3-(-2)}=-2$ だから，

$y=-2x+b$ とする。

$x=3$, $y=0$ を代入すると，

$0=-2\times3+b$　　$b=6$

したがって，$y=-2x+6$

❶ ⑦, ⑤

❷ (1) 上に 2

(2) −1

(3) −3

(4) −5

(5) 傾き −1，切片 2

❸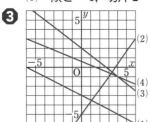

❹ (1) $y=-3x+6$　　(2) $y=\dfrac{5}{6}x+\dfrac{4}{3}$

❺ (1) $y=-4x-3$　　(2) $y=\dfrac{1}{2}x-2$

(3) $y=\dfrac{3}{2}x+4$　　(4) $y=-\dfrac{3}{4}x+\dfrac{5}{4}$

❻ (1) $y=5x-4$　　(2) $y=-\dfrac{3}{2}x+\dfrac{13}{2}$

(3) $y=-3x+8$

❼ (1) $y=-x+5$　　(2) $(2,\ 3)$

(3) $y=2x-1$

・ ・ ・ ・ ・ ・

① ⑦

━━━ 解説 ━━━

❶ ⑦〜⑤で，y を x の式で表すと，次のようになる。

⑦ $y=x^2$

④ $\dfrac{1}{2}xy=60$

➡ $y=\dfrac{120}{x}$

⑤ $y=40-2x$

➡ $y=-2x+40$

⑤ $y=20+0.5x$

➡ $y=0.5x+20$

関数の式が $y=ax+b$ の形をしているのは，
⑤，⑤

❷ (1) 1次関数 $ax+b$ の b の値である。

(2) 1次関数 $y=ax+b$ の変化の割合は一定で a に等しい。

(3) $x=-4$ のとき，$y=-(-4)+2=6$

$x=-1$ のとき，$y=-(-1)+2=3$

したがって，y の増加量は，$3-6=-3$

(4) 1次関数 $y=ax+b$ について，

$$\dfrac{(\,y\ の増加量\,)}{(\,x\ の増加量\,)}=a$$

だから，$(\,y\ の増加量\,)=a\times(\,x\ の増加量\,)$

したがって，y の増加量は，$-1\times5=-5$

(5) $y=\underset{↑傾き}{\fbox{$a$}}x+\underset{↑切片}{\fbox{b}}$ のグラフ

❸ (1) 2点 $(0,\ -3)$ と $(4,\ -5)$ を通る直線。

(2) 2点 $(0,\ -5)$ と $(3,\ -1)$ を通る直線。

(3) 2点 $(0,\ 2)$ と $(4,\ -1)$ を通る直線。

(4) x 座標，y 座標がともに整数である点を見つ
ける。2点 $(-1,\ 1)$ と $(4,\ -1)$ を通る直線を
かく。

❹ (1) グラフは右へ 1 だけ進むと下へ 3 だけ進む
ので，傾きは -3 だから，$y=-3x+b$ とする。

$x=2$，$y=0$ を代入すると，

$0=-3\times2+b$　　$b=6$

したがって，$y=-3x+6$

(2) グラフは 2点 $(-4,\ -2)$，$(2,\ 3)$ を通る。

傾きは $\dfrac{3-(-2)}{2-(-4)}=\dfrac{5}{6}$ だから，$y=\dfrac{5}{6}x+b$ と
する。$x=2$，$y=3$ を代入すると，

$3=\dfrac{5}{6}\times2+b$　　$b=\dfrac{4}{3}$

したがって，$y=\dfrac{5}{6}x+\dfrac{4}{3}$

別解 求める直線の式を $y=ax+b$ とする。

$x=-4$ のとき $y=-2$ だから，

$-2=-4a+b$ …①

$x=2$ のとき $y=3$ だから，

$3=2a+b$ …②

①，②を連立方程式として解いて，$a,\ b$ の値を
求めると，$a=\dfrac{5}{6}$，$b=\dfrac{4}{3}$

ポイント

グラフから，x 座標と y 座標がともに整数である点
を2つ見つける。

❺ $y=ax+b$ の，a と b を求めればよい。

(1) 変化の割合が -4 だから，$y=-4x+b$ と
する。

$x=-1$，$y=1$ を代入すると，

$1=-4\times(-1)+b$　　$b=-3$

(2) 平行な直線は傾きが等しいから,

$y=\dfrac{1}{2}x+b$ とする。

$x=4$, $y=0$ を代入すると,

$0=\dfrac{1}{2}\times4+b$ $b=-2$

(3) $\dfrac{(y\text{の増加量})}{(x\text{の増加量})}=\dfrac{3}{2}$ だから $y=\dfrac{3}{2}x+b$ とする。

$x=2$, $y=7$ を代入すると,

$7=\dfrac{3}{2}\times2+b$ $b=4$

(4) 傾きは, $\dfrac{-1-2}{3-(-1)}=-\dfrac{3}{4}$ だから,

$y=-\dfrac{3}{4}x+b$ とする。

$x=-1$, $y=2$ を代入すると,

$2=-\dfrac{3}{4}\times(-1)+b$ $b=\dfrac{5}{4}$

❻ (1) $y=5x+2$ の変化の割合は 5 であるから,
$y=5x+b$ とする。

$x=2$, $y=6$ を代入すると,

$6=5\times2+b$ $b=-4$

(2) 原点と点 $(-2,\ 3)$ を通る直線の傾きは $-\dfrac{3}{2}$

であるから, $y=-\dfrac{3}{2}x+b$ とする。

$x=3$, $y=2$ を代入すると,

$2=-\dfrac{3}{2}\times3+b$ $b=\dfrac{13}{2}$

(3) 傾きは, $\dfrac{-1-2}{3-2}=-3$ だから, $y=-3x+b$

とする。

$x=2$, $y=2$ を代入すると,

$2=-3\times2+b$ $b=8$

❼ (1) グラフが y 軸と交わる点の y 座標は 5 だから, 切片は 5

その点から右へ 5 だけ進むとき, 下へ 5 だけ進むから, 傾きは $-\dfrac{5}{5}=-1$

(2) 点Aは①のグラフ上の点だから, y 座標は,
$y=-x+5$ に $x=2$ を代入して,
$y=-2+5=3$

(3) 2 点 $(2,\ 3)$, $(-1,\ -3)$ を通る直線の式を求める。

① $y=ax+b$ において, a, b が正であるから, 傾きと切片は正である。

傾きが正のグラフは右上がりとなり, 切片が正のグラフは, y 軸の正の位置で交わる。これらをみたすのは⑦のグラフである。

p.50〜51 **ステージ1**

❶ (1) ⑦　$y=-2x+6$

⑦　$y=\dfrac{1}{2}x+2$

⑦　$y=-\dfrac{3}{2}x+4$

(2)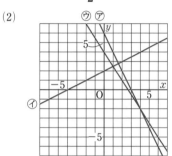

(3) ㊀　$y=1$, $x=-2$

㊉　$y=-3$, $x=-5$

(4)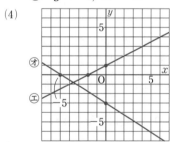

❷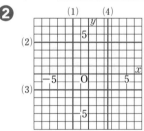

❸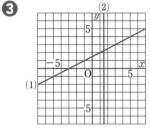

〰〰〰〰〰〰〰 **解説** 〰〰〰〰〰〰〰

❶ (1) ⑨ $3x+2y=8$

$2y=-3x+8$ ⎫ $3x$ を移項する。

$y=-\dfrac{3}{2}x+4$ ⎫ 両辺を2でわる。

(2) ⑦ 傾きが -2，切片が6の直線。

⑦ 傾きが $\dfrac{1}{2}$，切片が2の直線。

⑨ 傾きが $-\dfrac{3}{2}$，切片が4の直線。

(3) ⑤ $x=0$ を代入すると，

$0-2y=-2$ $y=1$

$y=0$ を代入すると，

$x-2\times0=-2$ $x=-2$

⑦ $x=0$ を代入すると，

$\dfrac{1}{3}y=-1$ $y=-3$

$y=0$ を代入すると，

$\dfrac{1}{5}x=-1$ $x=-5$

(4) ⑤ 2点 $(0,\ 1)$，$(-2,\ 0)$ を通る直線。

⑦ 2点 $(0,\ -3)$，$(-5,\ 0)$ を通る直線。

❷ (1) $(-2,\ 0)$ を通り，y 軸に平行な直線。

(2) $(0,\ 4)$ を通り，x 軸に平行な直線。

(3) $3y+6=0$ より，$y=-2$ と変形する。

$(0,\ -2)$ を通り，x 軸に平行な直線。

(4) $-2x+5=0$ より，$x=\dfrac{5}{2}$ と変形する。

$\left(\dfrac{5}{2},\ 0\right)$ を通り，y 軸に平行な直線。

ポイント

x 軸，y 軸に平行な直線
$y=▲$ ➡ $(0,\ ▲)$ を通り，x 軸に平行な直線。
$x=●$ ➡ $(●,\ 0)$ を通り，y 軸に平行な直線。

❸ (1) $3x-6y=-9$

y について解くと，$y=\dfrac{1}{2}x+\dfrac{3}{2}$

$x=1$ のとき，$y=2$ より，$(1,\ 2)$ を通り，傾き

$\dfrac{1}{2}$ の直線。

(2) $2x+0=3$ つまり，$2x=3$

$x=\dfrac{3}{2}$ と変形する。$\left(\dfrac{3}{2},\ 0\right)$ を通り，y 軸に平

行な直線。

〰〰〰〰〰〰〰 **p.52～53** 〰 **ステージ1** 〰〰〰〰〰〰〰

❶ (1) $x=2,\ y=-3$ (2) $x=3,\ y=1$

❷ (1) ① $y=3x-2$ ② $y=-2x+1$

(2) $\left(\dfrac{3}{5},\ -\dfrac{1}{5}\right)$

❸ (1) $(1,\ -3)$ (2) $\left(\dfrac{9}{7},\ -\dfrac{20}{7}\right)$

(3) $(3,\ -1)$

❹ (1) A$(0,\ -2)$ (2) B$\left(\dfrac{2}{3},\ 0\right)$

〰〰〰〰〰〰〰 **解説** 〰〰〰〰〰〰〰

❶ (1) y について解くと，

① $y=\dfrac{3}{2}x-6$

② $y=\dfrac{1}{2}x-4$

グラフは右の図となり，
交点は $(2,\ -3)$

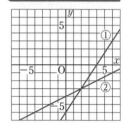

(2) ①は，2点 $(1,\ 0)$，
$(7,\ 3)$ を通る直線。
②は y について解くと，
$y=-2x+7$
グラフは右の図となり，
交点は $(3,\ 1)$

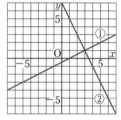

❷ (1) ①は切片 -2 で，傾き3の直線。
②は切片1で，傾き -2 の直線。

(2) $\begin{cases} y=3x-2 & \cdots① \\ y=-2x+1 & \cdots② \end{cases}$

$3x-2=-2x+1$ ⟵ ①を②に代入する。

$5x=3$ $x=\dfrac{3}{5}$

$x=\dfrac{3}{5}$ を①に代入して，

$y=3\times\dfrac{3}{5}-2$ $y=-\dfrac{1}{5}$

ポイント

2直線の交点の座標は，2つの直線の式を組にして，
連立方程式を解いて求める。

❸ 2つの直線の式を連立方程式として解き，その
解を求める。

❹ (1) y 軸との交点は，切片が -2 より，
A$(0,\ -2)$

(2) x 軸との交点Bは，式に $y=0$ を代入すると，

$0=3x-2$ $x=\dfrac{2}{3}$ より，B$\left(\dfrac{2}{3},\ 0\right)$

1 (1) $y=6x+10$　　(2) $10℃$

　(3) 15分後

2 (1) 9600円　　(2) 4日目

3 (1) 分速100 m　　(2) 8時42分30秒

━━━━━━ 解説 ━━━━━━

1 (1) 点 (5, 40), (8, 58), (10, 70), (12, 82) をグラフにかいて調べると，1つの直線上に並んでいるので，1次関数とみなすことができる。そこで，2点 (5, 40), (8, 58) を通る直線の式を求めるとよい。

(2) 水の最初の温度は，$x=0$ のときの y の値だから，(1)で求めた式に $x=0$ を代入すると，$y=10$

(3) (1)で求めた式に $y=100$ を代入すると，
$100=6x+10$　　$x=15$

2 (1) y を x の1次関数とみなすと，そのグラフは2点 (1, 7200), (2, 8400) を通る直線になる。その式を求めると，$y=1200x+6000$ ($1≦x≦7$) この式に $x=3$ を代入すると，
$y=1200×3+6000=9600$

(2) $y=10000$ とすると，$10000=1200x+6000$
より，$x=\dfrac{4000}{1200}=\dfrac{10}{3}=3.333\cdots$ これより大きい x の値のうち，もっとも小さい自然数は，$x=4$

3 (1) 15分後から45分後までの30分間で，$9-6=3$ (km) 走ったので，分速 $3000÷30=100$ (m)

(2) 兄と弟がすれちがうのは家から7 kmの地点で，兄のグラフは点 (25, 7) を通り，右に1 (5分) だけ進むと下に2 (km) だけ進む直線となる。

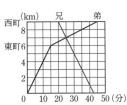

したがって，0 kmになるのはグラフより 42.5 (分)。つまり，8時42分30秒。

ポイント

2つのグラフの交点の x 座標がすれちがったときの出発してからの時間，y 座標がすれちがったときの家からの道のりである。

1 (1) $0≦x≦4$

　(2) $y=6$

　(3) $4≦x≦7$

　(4) $y=-2x+14$

　(5) 右の図

　(6) $x=5$

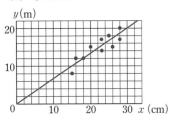

2 (1) $y=3x$, $0≦x≦5$

　(2) $y=15$, $5≦x≦11$

3 およそ20 m

```
 y(m)
20
10
  0   10   20   30  x (cm)
```

━━━━━━ 解説 ━━━━━━

1 (2) 点Pが辺 AB 上 ➡ 底辺 CD で高さは 3 cm (一定) なので，$y=\dfrac{1}{2}×4×3=6$

(4) 点Pが辺 BC 上 ➡ 底辺 CD で，高さは PC $=7-x$ (cm) ← (AB+BC-x) cm
したがって，$y=\dfrac{1}{2}×4×(7-x)=-2x+14$

(5) グラフは，$0≦x≦4$ のとき直線 $y=6$
$4≦x≦7$ のとき直線 $y=-2x+14$

(6) $y=4$ となるのは $4≦x≦7$ のときだから，
$y=-2x+14$ に $y=4$ を代入すると，
$4=-2x+14$　　$x=5$

2 (1) 点Pが辺 BA 上 ➡ $0≦x≦5$
$y=\dfrac{1}{2}×BC×x=\dfrac{1}{2}×6×x=3x$

(2) 点Pが辺 AD 上 ➡ $5≦x≦11$
△PBC は高さが一定で，　　5+6
$y=\dfrac{1}{2}×6×5=15$

3 表から，x と y の値を座標に表して，それらの点の集まりのなるべく真ん中を通る直線をひくと，その式は $y=\dfrac{2}{3}x$ となる。この式に $x=30$ を代入すると，$y=20$

参考 グラフのかき方によって答えが変わるので，「およそ20 m」は答えの例である。

p.58〜59 ステージ2

❶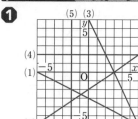

❷ (1) ① $y=-x+5$　② $y=\dfrac{3}{2}x-\dfrac{7}{2}$

　(2) $\left(\dfrac{17}{5},\ \dfrac{8}{5}\right)$　　(3) $\left(\dfrac{7}{3},\ 0\right)$

❸ (1) $(2,\ 1)$

　(2) $y=-2x-4$

　(3) $a=-3$

❹ (1)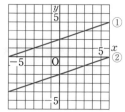

　(2) ①と②のグラフは，傾きが等しく平行であるため交わらない。①と②の交点がないため，①と②を同時にみたす連立方程式の解は見つからない。

❺ (1) $y=5x,\ 0\leqq x\leqq 6$

　(2) $y=-3x+48,\ 6\leqq x\leqq 16$

❻ (1) $\mathrm{A}(1,\ 4)$

　(2) $\dfrac{15}{2}$

・・・・・・

① (1) ア…350，イ…1200

　(2)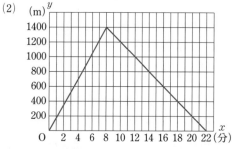

　(3) $y=-100x+2200$

解説

❶ (1) $y=-\dfrac{1}{2}x-3$ と変形

　➡ 傾き $-\dfrac{1}{2}$，切片 -3

　(2) $y=\dfrac{2}{3}x-2$ と変形

　➡ 傾き $\dfrac{2}{3}$，切片 -2

　(3) $y=-2x+6$ と変形

　➡ 傾き -2，切片 6

　(4) $y=2$ と変形

　➡ 点 $(0,\ 2)$ を通り x 軸に平行

　(5) $x=-2$ と変形

　➡ 点 $(-2,\ 0)$ を通り y 軸に平行

❷ (1) ①は切片 5 で，傾き -1

　②は 2 点 $(3,\ 1)$，$(5,\ 4)$ を通る直線。

　(2) ①，②を連立方程式として解くと，

　$x=\dfrac{17}{5}$，$y=\dfrac{8}{5}$　交点は $\left(\dfrac{17}{5},\ \dfrac{8}{5}\right)$

　(3) ②の式に $y=0$ を代入すると，

　$0=\dfrac{3}{2}x-\dfrac{7}{2}$　　$x=\dfrac{7}{3}$

　したがって，$\left(\dfrac{7}{3},\ 0\right)$

❸ (1) $\begin{cases} 2x-y=3 \\ 3x+2y=8 \end{cases}$ を解くと，$x=2,\ y=1$

　(2) $\begin{cases} x-2y=3 \\ 3x+y=-5 \end{cases}$ を解くと，$x=-1,\ y=-2$

　点 $(-1,\ -2)$ を通り，傾き -2 の直線の式を求める。

　(3) x 軸上の交点は，$2x-y=2$ に $y=0$ を代入すると，$2x-0=2$　　$x=1$ より，$(1,\ 0)$

　この点の座標 $x=1,\ y=0$ を $ax-y=-3$ に代入すると，$a=-3$

❹ (1) ①は $y=\dfrac{1}{3}x+2$ の直線のグラフとなる。

　(2) 2 つの直線は交わらないので連立方程式の解は見つからない。

❺ (1) 点Ｐが AB 上にあるのは $0\leqq x\leqq 6$ のときで，$y=\dfrac{1}{2}\times\mathrm{AP}\times\mathrm{BC}=\dfrac{1}{2}\times x\times 10=5x$

　(2) 点Ｐが BC 上にあるのは $6\leqq x\leqq 16$ のときで，底辺 $\mathrm{PC}=\underset{\substack{\uparrow \\ \mathrm{AB}+\mathrm{BC}-x}}{16-x}$　　高さ $\mathrm{AB}=6$

　$y=\dfrac{1}{2}\times\mathrm{PC}\times\mathrm{AB}=\dfrac{1}{2}\times(16-x)\times 6$

　$=-3x+48$

❻ (1) $\begin{cases} y=x+3 & \cdots① \\ y=-2x+6 & \cdots② \end{cases}$ を解くと $x=1,\ y=4$

　したがって，$\mathrm{A}(1,\ 4)$

(2)　①の切片は 3 だから，B(0，3)

②に $y=0$ を代入すると，$0=-2x+6$ より

$x=3$

したがって，C(3，0)

四角形 ABOC

$=\triangle ABO+\triangle AOC$

$=\dfrac{1}{2}\times OB\times(A の x 座標)+\dfrac{1}{2}\times OC\times(A の y 座標)$

$=\dfrac{1}{2}\times3\times1+\dfrac{1}{2}\times3\times4=\dfrac{15}{2}$

① (1)　学校から公園までのAさんの走る速さは一定で，8 分間で 1400 m 進んだことから，学校から公園までのAさんの走る速さは，

$1400\div8=175$ より，分速 175 m

したがって，アは，$175\times2=350$

公園から学校までは 8 分後から 22 分後までに 1400 m 進んだことから，公園から学校までのAさんの走る速さは，

$1400\div(22-8)=100$ より，分速 100 m

したがって，イは，$1400-100\times2=1200$

(2)　8 分後までは，(0，0)(原点)と(8，1400)を通る直線，8 分後から 22 分後までは，(8，1400)と(22，0)を通る直線をかく。

(3)　8 分後から 22 分後までのグラフの式を求めればよい。(2)より，(8，1400)と(22，0)を通る直線の式を求める。

p.60~61 ステージ3

❶ (1)　㋐　$y=-15x+5000$　㋑　$y=\dfrac{30}{x}$

㋒　$y=4x$

(2)　㋐，㋒

❷ (1)　傾き -5，切片 -2　(2)　$y=8$

(3)　-20　　　　　　(4)　$-7\leqq y\leqq13$

❸ (1)　$y=3x+10$

(2)　$y=-\dfrac{3}{2}x+4$

(3)　$y=-2x+6$

(4)　$y=2x+1$

❹ 右の図

❺ (1)　$y=2x-2$

(2)　(2，2)　　(3)　$\left(0，\dfrac{10}{3}\right)$

---

❻ (1)　$0\leqq x\leqq50$

(2)　$y=-2x+100$

(3)　右の図

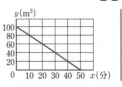

$y(m^3)$

0 10 20 30 40 50 x(分)

解説

❷ (4)　$x=-3$ のとき，

$y=-5\times(-3)-2=13$

$x=1$ のとき，$y=-5\times1-2=-7$

❸ (2)　2 点 $(4，-2)$，$(-2，7)$ を通るから，

傾きは $\dfrac{-2-7}{4-(-2)}=\dfrac{-9}{6}=-\dfrac{3}{2}$

$y=-\dfrac{3}{2}x+b$ に $x=4$，$y=-2$ を代入すると，

$-2=-\dfrac{3}{2}\times4+b$　　$b=4$

(3)　平行な直線の傾きは等しいから，

$y=-2x+b$ とする。

$x=3$，$y=0$ を代入すると，

$0=-2\times3+b$　　$b=6$

(4)　切片が 1 だから，$y=ax+1$ とする。

$x=2$，$y=5$ を代入すると，

$5=2a+1$　　$a=2$

❹ (2)　$x+2y=6$ を $y=-\dfrac{1}{2}x+3$ と変形する。

❺ (1)　$(0，-2)$ を通るから，切片は -2

傾きは $\dfrac{0-(-2)}{1-0}=2$

(2)　$\begin{cases} y=2x-2 \\ 2x+3y=10 \end{cases}$ を解いて，$x=2$，$y=2$

(3)　x 座標は 0　y 座標は，$2x+3y=10$ に

$x=0$ を代入すると，$3y=10$　　$y=\dfrac{10}{3}$

❻ (1)　$100\div2=50$ で，50 分後に水そうはからになるから，$0\leqq x\leqq50$

(2)　x 分間に $2x$ m³ の水が出ていくから，

$y=100-2x$ ➡ $y=-2x+100$

(3)　$0\leqq x\leqq50$ における，$y=-2x+100$ のグラフをかく。

得点アップのコツ

- 1 次関数の式を求めるときは，$y=ax+b$ の式に，与えられた条件を代入して a，b の値を求める。
- 2 つのグラフの交点の座標は，2 つの直線の式を組にした連立方程式を解いて求めるとよい。

34 解答と解説

4章 [平行と合同]図形の性質の調べ方を考えよう

p.62〜63 ステージ**1**

❶ (1) 左から順に
三角形の数 … 3, 4, 5, $n-2$
内角の和 … $180°×3$, $180°×4$, $180°×5$,
$180°×(n-2)$

(2) $1620°$

❷ ① 180 ② 180 ③ 1260
④ 1260 ⑤ 360

❸ (1) n 角形のどの頂点でも，内角と外角の和
は $180°$ である。したがって，n 個の頂
点の内角と外角の和をすべて加えると，
$180°×n$
ここで，n 角形の内角の和は，
$180°×(n-2)$
したがって，n 角形の外角の和は，
$180°×n-180°×(n-2)$
$=180°×n-180°×n+360°$
$=360°$

(2) ① 内角 ② 外角 ③ 180

● 解説 ●

❶ (1) n 角形の1つの頂点から出る対角線は
$n-3$(本)，分けられる三角形は $n-2$(個)
したがって，内角の和は $180°×(n-2)$

(2) $180°×(11-2)=1620°$

❷ (外角の和)
=(内角と外角の和)-(内角の和)
$=180°×7-180°×(7-2)$
$=360°$
したがって，七角形の外角の和は，つねに $360°$

❸ (1) ❷と同じように，
(外角の和)
=(内角と外角の和)-(内角の和)
を考える。

p.64〜65 ステージ**1**

❶ (1) $∠c$ (2) $180°$
(3) $∠a=43°$, $∠b=32°$,
$∠c=43°$, $∠d=105°$

❷ (1) $∠e$ (2) $∠g$
(3) $∠h$ (4) $∠c$

❸ (1) ⑦ $a\,/\!/\,d$, $b\,/\!/\,c$
④ $∠x=∠w$, $∠y=∠z$

(2) $∠x=70°$, $∠y=85°$

● 解説 ●

❶ (1) 2つの直線が交わってできる角のうち，向
かい合っている角が対頂角である。

(2) 一直線の角は $180°$ である。

(3) $105°+∠a+32°=180°$ より，
$∠a=180°-(105°+32°)=43°$
対頂角は等しいから，$∠b=32°$，$∠c=43°$，
$∠d=105°$

ポイント

対頂角は等しい。

❷ (1) $∠a$ は直線 $ℓ$ に対して左上にあるから，直
線 m に対して左上にある $∠e$ が同位角。

(2) $∠c$ は直線 $ℓ$ に対して右下にあるから，直線
m に対して右下にある $∠g$ が同位角。

(3) 錯角は，対頂角の同位角と考えることもでき
る。$∠b$ の対頂角は $∠d$　$∠d$ の同位角は $∠h$
したがって，$∠b$ の錯角は $∠h$

(4) $∠e$ の対頂角は $∠g$　$∠g$ の同位角は $∠c$
したがって，$∠e$ の錯角は $∠c$

❸ (1) ⑦ 直線 a と d は，錯角が $55°$ で等しい。
直線 b と c は，同位角が $75°$ で等しい。

④ $a\,/\!/\,d$ より，錯角は等しいので，$∠x=∠w$
$b\,/\!/\,c$ より，同位角は等しいので，$∠y=∠z$

(2) $ℓ\,/\!/\,m$ より，同位角は等しいから，$∠x=70°$
錯角は等しいから，$∠y=85°$

ポイント

(1)⑦は，「同位角，錯角が等しいとき，2直線は平行
である」④は，「平行な2直線の同位角，錯角は等し
い」ことを使っている。

p.66〜67 ステージ**1**

❶ ① 錯角 ② ACD ③ 同位角
④ DCE ⑤ DCE

❷ ① CAD ② CAD ③ CDE
④ CDE

❸ (1) $70°$ (2) $62°$ (3) $64°$
(4) $70°$

❹ (1) $360°$ (2) $72°$ (3) $25°$

───────── **解説** ─────────

❸ (1)　∠$x=180°−(45°+65°)=70°$

(2)　直角は $90°$ であるから，

　　∠$x=180°−(90°+28°)=62°$

(3)　∠$x+68°=132°$ だから，

　　∠$x=132°−68°=64°$

(4)　$134°$ の角ととなり合う内角は，

　　$180°−134°=46°$

　　したがって，

　　∠$x=46°+24°=70°$

ポイント

三角形の外角は，それととなり合わない 2 つの内角の和に等しい。

❹ (1)　多角形の外角の和はどんな多角形でも $360°$ である。

(2)　正五角形の外角はすべて等しいので，

　　$360°÷5=72°$

(3)　四角形の外角の和は $360°$ だから，

　　$360°−(110°+120°+105°)=25°$

p.68〜69 ═══ **ステージ2**

❶ (1)　**2700°**　(2)　**十四角形**　(3)　**30°**

　(4)　**135°**

❷ (1)　**180°**

　(2)　∠$a=$**52°**，∠$b=$**128°**，

　　　∠$c=$**52°**，∠$d=$**128°**

❸ (1)　**60°**　(2)　**15°**　(3)　**40°**

　(4)　**20°**　(5)　**35°**　(6)　**130°**

　(7)　**85°**　(8)　**65°**　(9)　**105°**

❹ ①　**35**　②　**40**　③　**75**

❺ (1)　**125°**　(2)　**65°**

❻ (1)　**2340°**　(2)　**正十八角形**

　(3)　**正八角形**

● ● ● ● ● ●

① (1)　**100°**　(2)　**72°**　(3)　**120°**

② **41°**

───────── **解説** ─────────

❶ (1)　$180°×(17−2)=2700°$

(2)　$180°×(n−2)=2160°$

　　$n−2=12$　　｝両辺を $180°$ でわる。

　　$n=14$　　｝$−2$ を移項。

(3)　正十二角形の外角はすべて等しいので，

$360°÷12=30°$

(4)　正八角形の 1 つの外角の大きさは，

$360°÷8=45°$

したがって，1 つの内角の大きさは，

$180°−45°=135°$

別解　正八角形の内角の和は，

$180°×(8−2)=1080°$

したがって，1 つの内角の大きさは，

$1080°÷8=135°$

❷ (1)　$ℓ /\!/ m$ のとき，

錯角は等しいから，

∠$x=$∠c

したがって，

∠$x+$∠$b=$∠$c+$∠b

$=180°$

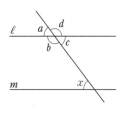

(2)　∠$a=$∠$c=$∠$x=52°$

∠$b=$∠$d=180°−52°$

$=128°$

❸ (1)　$ℓ /\!/ m$ より，錯角は等しいから，∠$x=60°$

(2)　∠$x=180°−(20°+145°)=15°$

(3)　三角形の外角は，それととなり合わない 2 つの内角の和に等しいから，∠$x+45°=85°$

したがって，∠$x=85°−45°=40°$

(4)　$ℓ /\!/ m$ のとき，同位角は等しく，三角形の外角は，それととなり合わない 2 つの内角の和に等しいから，

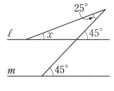

∠$x+25°=45°$

∠$x=45°−25°=20°$

(5)　∠$x+50°=30°+55°$ より，

∠$x=30°+55°−50°=35°$

(6)　三角形の外角はそれととなり合わない 2 つの内角の和に等しいから，

∠$x=(60°+25°)+45°$

$=130°$ ← ∠DEC

別解　p.67 ❷ の「知ってると得」の「くさび型の定理」より，

∠$x=60°+25°+45°=130°$

(7)　四角形の内角の和は $360°$ だから，

∠$x=360°−(70°+80°+125°)=85°$

(8) 75°の角ととなり合う内角は,

$180°-75°=105°$

また, 四角形の内角の和は,

360° だから,

$\angle x=360°-(88°+102°+105°)$

$\quad=65°$

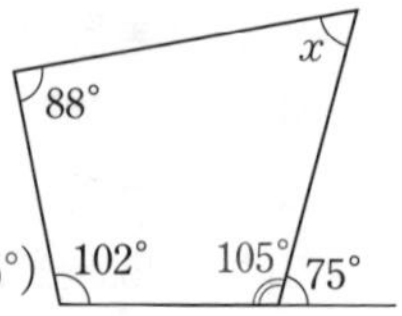

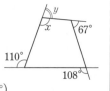

(9) $\angle x$ ととなり合う外角を

$\angle y$ とする。

多角形の外角の和は 360°

だから, $\angle y$ の大きさは,

$\angle y=360°-(110°+108°+67°)$

$\quad=75°$

$\angle x=180°-\angle y=180°-75°=105°$

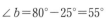

⑤ (1) 80° の角の頂点を通り

$\ell /\!/ n$ となる直線 n をひく。

右の図で, $\angle a=25°$

$\angle b=80°-25°=55°$

$\angle c=\angle b=55°$

$\angle x=180°-55°=125°$

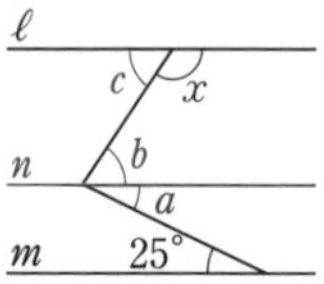

(2) 右の図のように $\ell /\!/ n$

となる直線 n をひく。

$\angle a=180°-105°=75°$

$\angle b=\angle a=75°$

$\angle c=40°$

$\angle x=180°-(\angle b+\angle c)=180°-(75°+40°)=65°$

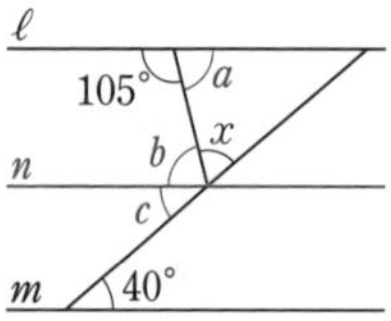

別解 右の図で,

$\angle a=40°$

$\angle x+\angle a=105°$

$\angle x=105°-\angle a$

$\quad=105°-40°$

$\quad=65°$

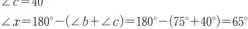

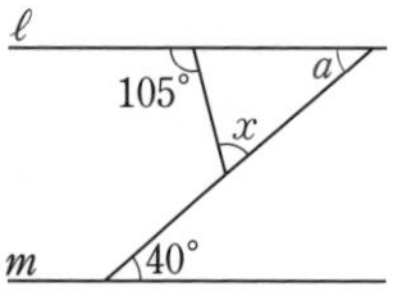

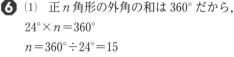

⑥ (1) 正 n 角形の外角の和は 360° だから,

$24°\times n=360°$

$n=360°\div24°=15$

内角の和は, $180°\times(15-2)=2340°$

(2) 1 つの外角は, $180°-160°=20°$

したがって, $360°\div20°=18$ より, 正十八角形

別解 正 n 角形とすると,

$160°\times n=180°\times(n-2)$　　$n=18$

(3) 1 つの外角を $\angle x$ とすると, 内角は $3\angle x$

$\angle x+3\angle x=180°$ より, $\angle x=45°$

したがって, $360°\div45°=8$ より, 正八角形

① (1) 右の図のように

$\ell /\!/ n$ となる直線

n をひく。

$\angle a=180°-150°=30°$

$\angle b$ は, 平行線の同位角より 70°

$\angle x=\angle a+\angle b=30°+70°=100°$

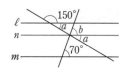

(2) 三角形の外角の性質

より, 右の図の $\angle a$ の

となりの三角形の内角

は, $140°-32°=108°$

$\angle a=180°-108°=72°$

平行線の錯角より,

$\angle x=\angle a$　したがって, $\angle x=72°$

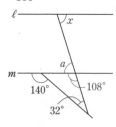

(3) $\angle x$ ととなり合う外角を $\angle y$ とすると,

$80°+105°+\angle y+70°+45°=360°$　$\angle y=60°$

したがって,

$\angle x=180°-\angle y=180°-60°=120°$

② 平行線の同位角の性質より,

$\angle DAC=76°-36°=40°$

直線 AD は $\angle BAC$ の二

等分線なので,

$\angle BAD=\angle DAC=40°$

直線 ℓ と直線 AB がなす残りの角は,

$180°-(40°+40°+36°)=64°$

平行線の錯角の性質より, $\angle ABC+\angle x=64°$

したがって, $\angle x=64°-23°=41°$

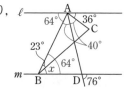

p.70~71 ≡ **ステージ1**

① (1)　頂点 H　　　　(2)　辺 HE

(3)　四角形 ABCD≡四角形 GHEF

(4)　⑦　3 cm　　⑦　2 cm　　⑦　4 cm

(5)　⑦　80°　　⑦　70°　　⑦　118°

② △ABC≡△UTS

2 組の辺とその間の角がそれぞれ等しい。

△DEF≡△XVW

3 組の辺がそれぞれ等しい。

△GHI≡△MNO

1 組の辺とその両端の角がそれぞれ等しい。

③ (1)　△AOD≡△BOC

2 組の辺とその間の角がそれぞれ等しい。

(2)　△ACM≡△BDM

1 組の辺とその両端の角がそれぞれ等しい。

解　説

❶

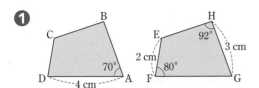

(1) 頂点Bに対応する頂点は，頂点H

(2) 辺BCに対応する辺は，辺HE

(3) 対応する頂点は，頂点Aと頂点G，頂点Bと頂点H，頂点Cと頂点E，頂点Dと頂点F

ミス注意！ 合同な図形を答えるときは，対応する頂点の順をそろえる。

(4) ⑦　AB=GH=3 (cm)

　　 ⑦　CD=EF=2 (cm)

　　 ⑨　FG=DA=4 (cm)

(5) ⑰　∠C=∠E=360°−(80°+70°+92°)=118°

❷ △MNOについて，

∠N=180°−(80°+30°)=70°

したがって，△GHIと△MNOは1組の辺とその両端の角がそれぞれ等しいので合同である。

ポイント

等しい辺や角をさがし，三角形の合同条件のどれにあてはまるのかを考える。

❸ (1) 図より，AO=BO，DO=CO

対頂角は等しいから，∠AOD=∠BOC

したがって，2組の辺とその間の角がそれぞれ等しいから，△AOD≡△BOC

(2) 図より，AM=BM，∠CAM=∠DBM

対頂角は等しいから，∠AMC=∠BMD

したがって，1組の辺とその両端の角がそれぞれ等しいから，△ACM≡△BDM

❶ ① CA　　② 3組の辺　　③ 角

　　 ④ BAP　　⑤ 錯角

❷ ① CBD　　② CB　　③ AD

　　 ④ 3組の辺　　⑤ CBD　　⑥ 角

■■■■■ 解説 ■■■■■

❶ **参考** 小学校では，三角定規をずらして平行線をかいたが，作図の場合にはこの方法は使えない。問題文の作図の方法を覚えておくとよい。

❷ 問題文の中で，BD=BD とあるが，これはBDが2つの三角形に共通な辺であることを示している。

❶ (1) 仮定 … △ABC≡△DEF

　　　 結論 … AC=DF

(2) 仮定 … xが4の倍数

　　 結論 … xは2の倍数

(3) 仮定 … ℓ∥m, m∥n

　　 結論 … ℓ∥n

(4) 仮定 … 2直線が平行

　　 結論 … 錯角は等しい

❷ (1) 仮定 … ℓ∥m, AM=BM

　　　 結論 … CM=DM

(2) △AMCと△BMD

(3) ① BMD　　② BMD

　　 ③ MBD　　④ DM

(4) ⑦ 対頂角は等しい。

　　 ⑦ 平行線の錯角は等しい。

　　 ⑨ 1組の辺とその両端の角がそれぞれ等しい2つの三角形は合同である。

　　 ⑨ 合同な図形の対応する辺は等しい。

■■■■■ 解説 ■■■■■

❶ 「○○○ ならば □□□」という形の文で，「ならば」の前の○○○の部分が仮定，あとの□□□の部分が結論である。

(1) <u>△ABC≡△DEF</u> ならば <u>AC=DF</u> である。
　　　　↑仮定　　　　　　　　　　↑結論

(2) <u>xが4の倍数</u> ならば <u>xは2の倍数</u> である。
　　　　↑仮定　　　　　　　　↑結論

(3) <u>ℓ∥m, m∥n</u> のとき <u>ℓ∥n</u> となる。
　　　↑仮定　　　　↑「ならば」　↑結論

(4) <u>2直線が平行</u> ならば <u>錯角は等しい</u>。
　　　↑仮定　　　　　　　　↑結論

❷ (2) CM=DM であることを導くには，CMとDMをそれぞれ辺にもつ△AMCと△BMDの合同を示せばよい。

❶ (1) ∠P　　　　　(2) 辺RS

(3) 四角形ABCD≡四角形RQPS

❷ (1) ① BC=EF, AC=DF

② AC=DF, ∠A=∠D

③ BC=EF, ∠B=∠E

④ ∠B=∠E, ∠A=∠D

(2) ⑦　△AOD≡△BOC
　　　1組の辺とその両端の角がそれぞれ
　　　等しい。
　　④　△AOC≡△BOC
　　　2組の辺とその間の角がそれぞれ等
　　　しい。

❸ (1)　仮定 … BC=DA, ∠ACB=∠CAD
　　　結論 … AB∥CD
　(2)　CDA
　(3)　⑦　2組の辺とその間の角がそれぞれ等
　　　しい2つの三角形は合同である。
　　④　合同な図形の対応する角は等しい。
　　⑦　錯角が等しければ, 2直線は平行で
　　　ある。

❹ △ABEと△DFEにおいて,
　仮定から,　　　　AE=DE …①
　対頂角は等しいから, ∠AEB=∠DEF …②
　AB∥DC であり, 平行線の錯角は等しいから,
　　　　　　∠BAE=FDE …③
　①, ②, ③より, 1組の辺とその両端の角が
　それぞれ等しいから, △ABE≡△DFE
　合同な図形の対応する辺は等しいから,
　　　　　　　AB=DF

❺ △ABDと△CBDにおいて,
　仮定から,　　　AB=CB　　…①
　　　　　　∠ABD=∠CBD …②
　また,　　　　　BDは共通　　…③
　①, ②, ③より, 2組の辺とその間の角がそれ
　ぞれ等しいから,
　　　　　　　△ABD≡△CBD
　合同な図形の対応する辺は等しいから,
　　　　　　　AD=CD

● ● ● ● ● ●

① Ⅰ　90　Ⅱ　45
　a　2組の辺とその間の角

●●●●●●●●● 解説 ●●●●●●●●●

❷ (1)　①　合同条件は, 3組の辺がそれぞれ等しい。
　　②③　合同条件は, 2組の辺とその間の角がそ
　　　れぞれ等しい。
　　④　合同条件は, 1組の辺とその両端の角がそ
　　　れぞれ等しい。
　　参考 三角形の合同条件は, 次の3つである。

・三角形の合同条件・
　1　3組の辺がそれぞれ等しい。
　2　2組の辺とその間の角がそれぞれ等しい。
　3　1組の辺とその両端の角がそれぞれ等しい。

1にあてはめるには,「残りの2組の辺」をつけ加
えればよい。
2にあてはめるには,「残りの1組の辺とその間
の角」をつけ加えればよい。このとき, 残りの1
組の辺は, 辺ACとBCの2つがあるので, 2通
りの答えが考えられる。
3にあてはめるには,「両端の角」をつけ加えれば
よい。
別解 三角形の2組の角が等しければ, 残りの角
も等しいから, ④を ∠B=∠E, ∠C=∠F
(または, ∠A=∠D, ∠C=∠F) としてもよい。
(2)　⑦　OA=OB　　……仮定
　　　∠OAD=∠OBC　……仮定
　　　∠AOD=∠BOC　……対頂角は等しい
　　④　OA=OB　　……仮定
　　　∠AOC=∠BOC　……仮定
　　　OC=OC　　……共通

❸ (2)　AB∥CD を導くには, △ABCと△CDA
　の合同を示せばよい。
　(3)　⑦　∠BAC=∠DCA から AB∥CD を導く。
　　「2直線が平行になるための条件」を答える。

❺ AD=CD であることを導くには,
　△ABD≡△CBD であることを示せばよい。

① ∠ADC=∠EDG=90°,
　∠EDC が共通な角だから, ∠ADE=∠CDG と
　なる。
　参考 2つの角の大きさが等しいとき, それらの
　角から共通する角をひいた角の大きさは等しくな
　る。
　右の図で,
　∠AOB=∠COD のとき,
　∠AOC=∠AOB-∠COB
　∠BOD=∠COD-∠COB
　したがって, ∠AOC=∠BOD

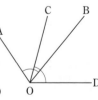

━━━ p.78~79 ━━━ ステージ❸ ━━━

❶ ∠x=55°, ∠y=125°
❷ (1)　144°　　　(2)　十八角形　(3)　正二十角形

❸ (1) **76°** (2) **75°** (3) **37°**
(4) **67°** (5) **70°** (6) **75°**

❹ (1) AB＝DE
（または BC＝EF，または AC＝DF）
(2) BC＝EF，∠A＝∠D
(3) AB＝DE，∠C＝∠F
（または ∠A＝∠D）

❺ (1) 仮定 … ∠ABD＝∠CBD，
∠ADB＝∠CDB
結論 … AB＝CB
(2) △ABD と △CBD
(3) 1組の辺とその両端の角がそれぞれ等しい。
(4) △ABD と △CBD において，
仮定から， ∠ABD＝∠CBD …①
∠ADB＝∠CDB …②
また， BD は共通 …③
①，②，③より，1組の辺とその両端の角がそれぞれ等しいから，
△ABD≡△CBD
合同な図形の対応する辺は等しいから，
AB＝CB

━━━━━━ ▶ 解説 ◀ ━━━━━━

❶ 平行線の同位角は等しいから，右の図のようになる。したがって，
∠x＝180°－(40°＋85°)
＝55°
∠y＝180°－∠x＝180°－55°＝125°

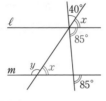

❷ (1) 正十角形の内角の和は，
180°×(10－2)＝1440°
正十角形の内角の大きさはすべて等しいから，
1つの内角の大きさは，
1440°÷10＝144°
別解 正十角形の1つの外角は，
360°÷10＝36°
したがって，1つの内角は，
180°－36°＝144°
(2) 求める多角形を n 角形とすると，
180°×(n－2)＝2880°
n－2＝16 ⎫ 両辺を180°でわる。
n＝18 ⎭ －2を移項して右辺を計算。
(3) 1つの外角が18°の正多角形は，
360°÷18°＝20 より，正二十角形。

❸ (1) ∠x＝32°＋44°＝76°
(2) ∠x＋(180°－120°)＝135° ∠x＝75°
(3) ∠x＋50°＝20°＋67° ∠x＝37°
(4) 五角形の内角の和は，
180°×(5－2)＝540° だから，
∠x＝540°－(130°＋85°＋140°＋118°)＝67°
(5) 多角形の外角の和は360°だから，
∠x＝360°－(95°＋50°＋55°＋90°)＝70°
(6) ∠xの頂点を通り，ℓ, m に平行な直線をひく。
錯角は等しいから，∠x＝30°＋45°＝75°

❹ (1) 2組の角がそれぞれ等しいことがわかっているので，この2つの角が両端にくる辺をいい，1組の辺とその両端の角がそれぞれ等しいとする。
別解 三角形の内角の和は180°だから，2組の角が等しければ，残りの角も等しい。
したがって，∠C＝∠F が成り立つから，AB＝DE 以外の辺が等しいことを示しても，1組の辺とその両端の角が等しいことを導くことができる。
(2) 2組の辺がそれぞれ等しいことがわかっているので，あと1組の辺をいい，3組の辺がそれぞれ等しいとするか，間の角をいい，2組の辺とその間の角がそれぞれ等しいとする。
(3) 1組の辺とその片端の角がそれぞれ等しいことがわかっているので，この角をつくるもう1組の辺をいい，2組の辺とその間の角がそれぞれ等しいとするか，もう片端の角をいい，1組の辺とその両端の角がそれぞれ等しいとする。
参考 2組の角が等しければ残りの角も等しいので，∠A＝∠D をつけ加えれば，∠C＝∠F がいえ，1組の辺とその両端の角がそれぞれ等しいことがいえる。

❺ (2) AB＝CB であることを導くには，AB と CB を辺にもつ △ABD と △CBD の合同を示せばよい。

得点アップのコツ
• n 角形の内角の和は 180°×(n－2) である。
• n 角形の外角の和は360°である。
• 三角形の合同の証明では，等しいとわかっている長さや角度を図にかき入れてから，合同条件のどれにあてはまるか考えるとよい。

4
章

5章 [三角形と四角形]図形の性質を見つけて証明しよう

❶ (1) **70°**　(2) **45°**　(3) **130°**
(4) **30°**

❷ ① **CD**　② **C**　③ **CD**
④ **共通**　⑤ **3組の辺**　⑥ **ACD**
⑦ **C**

❸ (1) **30°**　(2) **120°**

━━━━━ 解説 ━━━━━

❶ (1) $\angle x = 180° - 55° \times 2 = 70°$
(2) $\angle x = (180° - 90°) \div 2 = 45°$

　参考 頂角が直角である二等辺三角形を，直角二等辺三角形という。

(3) 三角形の外角は，それととなり合わない2つの内角の和に等しいから，
$\angle x = 65° + 65° = 130°$
(4) 底角の外角が105°だから，底角は，
$180° - 105° = 75°$
$\angle x = 180° - 75° \times 2 = 30°$

　参考 三角形は角によって，次の3つに分類することができる。
① 鋭角三角形 ➡ 3つの角がすべて鋭角の三角形
② 直角三角形 ➡ 1つの角が直角の三角形
③ 鈍角三角形 ➡ 1つの角が鈍角の三角形

ポイント

次の三角形の角の性質を使って，$\angle x$ を求める。
① 二等辺三角形の底角は等しい。
② 三角形の内角の和は180°である。
③ 三角形の外角は，それととなり合わない2つの内角の和に等しい。

❷ $\angle B = \angle C$ であることを証明するには，$\angle B$と$\angle C$ をふくむ $\triangle ABD$ と $\triangle ACD$ が合同であることを証明すればよい。

❸ (1) 正三角形の1つの内角は60°
したがって，
$\angle BAD = 60° \div 2 = 30°$
(2) $\triangle ABF$ で，(1)より $\angle BAF = 30°$
同様に考えて，$\angle ABF = 30°$
したがって，
$\angle AFB = 180° - (30° + 30°) = 120°$
対頂角は等しいから，
$\angle EFD = \angle AFB = 120°$

ポイント

正三角形の定義と定理
定義　3つの辺が等しい三角形。
定理　3つの角は等しい。

❶ ① **底角**　② **ACE**
③ **PCB**　④ **2つの角**

❷ (1) ㋐ $\left(90 - \dfrac{a}{2}\right)^\circ$　㋑ $\left(45 - \dfrac{a}{4}\right)^\circ$
㋒ $\left(45 + \dfrac{3a}{4}\right)^\circ$

(2) $a = 36$

❸ (1) $\angle A = \angle D$ ならば $\triangle ABC \equiv \triangle DEF$ である。
正しくない。
(2) 2つの三角形の面積が等しいならば合同である。
正しくない。
(3) 二等辺三角形は，2つの角が等しい。
正しい。
(4) $ab > 0$ ならば $a > 0$, $b > 0$ である。
正しくない。

━━━━━ 解説 ━━━━━

❶ $PB = PC$ であることを証明するには，$\triangle PBC$ が二等辺三角形であることを導けばよい。
$\angle PBC = \angle PCB$ を示すことができれば，定理より $\triangle PBC$ は二等辺三角形であるといえる。

❷ (1) ㋐ 二等辺三角形の底角は等しいから，
$\angle ABC = (180° - a°) \div 2$
$= \left(90 - \dfrac{a}{2}\right)^\circ$
㋑ $\angle DBC$ は $\angle ABC$ の半分の大きさだから，
$\angle DBC = \left(90 - \dfrac{a}{2}\right)° \div 2$
$= \left(45 - \dfrac{a}{4}\right)^\circ$
㋒ 三角形の内角と外角の関係から，
$\angle BDC = \angle BAD + \angle ABD$
$= \angle BAD + \angle DBC$
$= a° + \left(45 - \dfrac{a}{4}\right)^\circ$
$= \left(45 + \dfrac{3a}{4}\right)^\circ$

(2) 右の図から，△DAB は二等
辺三角形になるので，底角は等
しい。また，BD は ∠ABC の
二等分線だから ∠ABD，
∠CBD はともに大きさが $a°$ で
ある。

したがって，∠ABC＝2∠a となるから，
△ABC の内角の和を考えると，
∠a＋2∠a＋2∠a＝180° より，
∠a＝180°÷5
∠a＝36°

❸ (1) 1つの角が等しくても，他の角の大きさや
辺の長さがわからないので，合同であるとはか
ぎらない。
よって，逆は正しくない。

参考 次のような反例が考えられる。

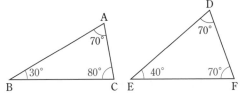

(2) 三角形の面積が等しくても，底辺，高さが等
しいとはかぎらない。また，底辺，高さが等し
くても角が等しくなるとはかぎらないので合同
であるとはかぎらない。
よって，逆は正しくない。

参考 次のような反例が考えられる。
「底辺 6 cm，高さ 4 cm の三角形」と，「底辺
8 cm，高さ 3 cm の三角形」はどちらも面積は
12 cm² で等しいが，底辺，高さが等しくないの
で合同ではない。

(3) 二等辺三角形の底角は等しいので，逆は正し
い。

(4) $ab>0$ であっても，$a<0$，$b<0$ の場合があ
るので，逆は正しくない。

参考 次のような反例が考えられる。
$a=-4$，$b=-2$ のとき，$ab=8$ となり，$ab>0$
である。

ポイント

逆が正しくないことを説明するには，反例を1つあ
げればよい。

---

p.84〜85 **ステージ1**

❶ ㋐ △ABC≡△QRP
直角三角形で，斜辺と1つの鋭角がそれ
ぞれ等しい。

㋑ △DEF≡△OMN
直角三角形で，斜辺と他の1辺がそれぞ
れ等しい。

❷ 等しい辺 … AB＝DE
または，AC＝DF
合同条件 … 直角三角形で，斜辺と他の1辺
がそれぞれ等しい。
等しい角 … ∠B＝∠E
または，∠C＝∠F
合同条件 … 直角三角形で，斜辺と1つの鋭
角がそれぞれ等しい。

❸ ① BMD　　② BDM
③ 対頂角　　④ BMD
⑤ 斜辺と1つの鋭角 ⑥ BMD

■ **解説**

❶ 合同な直角三角形を見つけるときは，
「斜辺と1つの鋭角」，「斜辺と他の1辺」に注目
する。

ミス注意！ 斜辺の位置をまちがえ
ないように注意しよう。直角に対す
る辺が斜辺である。

斜辺は直角三角形の3つの辺の中でいちばん長い
辺である。

ポイント

直角三角形の合同条件
① 斜辺と1つの鋭角がそれぞれ等しい。
② 斜辺と他の1辺がそれぞれ等しい。

❷ 2つの直角三角形で，斜辺がそれぞれ等しいか
ら，つけ加える条件は，
等しい辺の場合は，「他の1辺」，
等しい角の場合は，「1つの鋭角」
を考える。

❸ AC＝BD であることを証明するには，AC と
BD を辺にもつ △AMC と △BMD が合同である
ことを証明すればよい。仮定から，
∠ACM＝∠BDM＝90° であるから，2つの三角
形は直角三角形である。ここでは，直角三角形の
合同条件を利用する。

5章

❶ (1) 25°
  (2) 90°
  (3) 105°

❷ (1) $x+2=5$ ならば $x=3$ である。
    正しい。
  (2) ∠A＝60° ならば △ABC は正三角形である。
    正しくない。

❸ 90°

❹ △EBC と △DCB において，
  仮定から，BE＝CD …①
      ∠BEC＝∠CDB＝90° …②
          BC は共通 …③
  ①，②，③より，直角三角形で，斜辺と他の1辺がそれぞれ等しいから，
          △EBC≡△DCB
  合同な図形の対応する角は等しいから，
      ∠EBC＝∠DCB （∠B＝∠C）
  2つの角が等しいから，△ABC は二等辺三角形である。

❺ (1) △EBC と △DCB において，
      △ABC は二等辺三角形だから，
          ∠ECB＝∠DBC …①
          AC＝AB …②
      仮定から，
          AE＝AD …③
      ここで，EC＝AC－AE，
          DB＝AB－AD
      であるから，②，③より，
          EC＝DB …④
      また，BC は共通 …⑤
      ①，④，⑤より，2組の辺とその間の角がそれぞれ等しいので，
          △EBC≡△DCB
  (2) △FBC において，(1)より合同な図形の対応する角は等しいから，
      ∠FBC＝∠FCB
      したがって，2つの角が等しいから，△FBC は二等辺三角形である。
      ここで，仮定から，∠BFC＝60°
      ∠FBC＝∠FCB
          ＝(180°－60°)÷2

          ＝60°
  3つの角が等しいので，△FBC は正三角形である。

❻ (1) △IBD と △IBE において，
      仮定から，ID＝IE …①
          ∠IDB＝∠IEB＝90° …②
      また， IB は共通 …③
      ①，②，③より，直角三角形で，斜辺と他の1辺がそれぞれ等しいから，
          △IBD≡△IBE
  (2) (1)より，合同な図形の対応する角は等しいから，∠IBD＝∠IBE
      したがって，線分 BI は ∠B の二等分線である。
      同様に考えると，
      △ICE≡△ICF より，
      線分 CI は ∠C の二等分線
      △IAF≡△IAD より，
      線分 AI は ∠A の二等分線
      これより，点 I は，∠A，∠B，∠C の二等分線の交点である。

• • • • • •

① 30°

② (1) 60°
  (2) △ABF と △ADE において，
      仮定から，AB＝AD …①
      ①より，2辺が等しいので △ABD は二等辺三角形であり，二等辺三角形の底角は等しいので，
      ∠ABF＝∠ADE＝20° …②
      AD∥BC より，平行線の錯角は等しいので，
      ∠DAG＝∠AGB＝90°
      これより，
      ∠BAF＝∠BAE－∠EAF
          ＝90°－∠EAF
          ＝∠DAG－∠EAF
          ＝∠DAE
      よって，∠BAF＝∠DAE …③
      ①，②，③より，1組の辺とその両端の角がそれぞれ等しいので，
      △ABF≡△ADE

解説

❶ (1) 下の図の △ABD で，BA＝BD より，
∠BDA＝∠BAD＝50°
△ADC の頂角の外角が 50° だから，
∠x＋∠x＝50°　　∠x＝25°

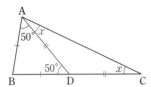

(2) 下の図の △ADC で，DA＝DC より，
∠DAC＝∠DCA＝(180°−40°)÷2＝70°
また，△ABD で，DA＝DB より，
∠DAB＝∠DBA＝40°÷2＝20°
したがって，
∠x＝∠DAC＋∠DAB＝70°＋20°＝90°

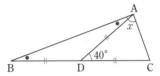

(3) 右の図で，AB＝AC より，
∠ABC＝∠ACB＝70°
したがって，
∠DBC＝70°÷2＝35°
三角形の内角と外角
の関係より，
∠x＝∠DBC＋∠DCB
　　＝35°＋70°＝105°

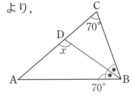

❷ (1) x＋2＝5 を解くと，x＝3 だから，
x＋2＝5 ならば x＝3 であるのは正しい。

(2) ∠A＝60° のとき，右の
図のような三角形もあるの
で，正三角形であるとはか
ぎらない。
したがって，逆は正しくない。

❸ △DAC，△DBC は二等辺
三角形だから，底角は等しい
ので，右の図のように，
∠DCA＝∠DAC＝∠a
∠DCB＝∠DBC＝∠b
三角形の内角の和は 180° だから，
∠a＋∠a＋∠b＋∠b＝180°
2(∠a＋∠b)＝180°
∠a＋∠b＝90°

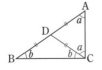

❹ 2 つの角が等しいことを示すことができれば二
等辺三角形であることがいえる。△ABC の底角
をふくむ △EBC と △DCB の合同を示せばよい。

ポイント

ある三角形が二等辺三角形であることを証明するた
めには，次のどちらかを示せばよい。
① 2 つの辺の長さが等しい。
② 2 つの角の大きさが等しい。

❺ (1) 二等辺三角形の性質より，∠ECB＝∠DBC
が成り立つ。このことを見落とさないように注
意する。EC＝DB の示し方がポイントである。

(2) (1)の結果を利用して，△FBC が二等辺三角
形であることを示すと，△FBC は，頂角が 60°
の二等辺三角形となる。

❻ (2) (1)の結果から，点 I は ∠B の二等分線上に
あることを導く。同様にして，点 I は ∠C，
∠A の二等分線上の点であることがいえる。
したがって，点 I は，∠A，∠B，∠C のどの二
等分線上の点でもあるので，それぞれの二等分
線の交点であることになる。
参考 同じ証明を続けて書く場合，「同様にして」
ということばを使って省略することがある。

❶ 右の図のように，
DA＝DB より △DAB
は二等辺三角形で，二等
辺三角形の底角は等しい
から，
∠DAB＝∠DBA＝∠x
三角形の外角は，それととなり合わない 2 つの内
角の和に等しいから，∠BDC＝∠x＋∠x＝2∠x
DB＝BC より △BCD は二等辺三角形で，二等
辺三角形の底角は等しいから，∠BCD＝2∠x
△ABC において，内角の和は 180° だから，
∠x＋2∠x＋90°＝180°　　3∠x＝90°　　∠x＝30°

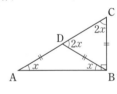

❷ (1) △BCD において，
内角の和は 180°
だから，
∠BDC
＝180°−(20°＋100°)＝60°

(2) ∠BAE＝∠DAG＝90° であるから，この 2
つの角に共通する部分 ∠EAF を取り除いても，
角度が等しいままであることを利用する。

p.88〜89 ■■ステージ1

❶ (1) **5 cm**

平行四辺形の2組の対辺はそれぞれ等しい。

(2) **7 cm**

平行四辺形の対角線はそれぞれの中点で
交わる。

(3) **58°**

平行四辺形の2組の対角はそれぞれ等しい。

(4) **60°**

❷ $a=120$, $b=60$, $x=6$, $y=4$

❸ ① **CDF** ② **対辺** ③ **CD**

④ **錯角** ⑤ **CDF**

⑥ **1組の辺とその両端の角** ⑦ **CDF**

━━━━━━━◀ 解説 ▶━━━━━━━

❶ (1) 平行四辺形の対辺は等しいから,

BC=AD=5 (cm)

(2) 平行四辺形の対角線はそれぞれの中点で交わ
るから, AO=CO

したがって, CO=$\frac{1}{2}$AC=$\frac{1}{2}$×14=7 (cm)

(3) 平行四辺形の対角は等しいから,

∠BAD=∠BCD=58°

(4) 平行四辺形の対角は等しいから,

∠ADC=∠ABC=120°

また, 四角形の内角の和は360°である。

さらに, ∠DCB=∠DAB であるから

∠DCB=(360°−120°×2)÷2=60°

参考 平行四辺形のと
なり合う内角の和は180°
であり, この2つの内
角を同側内角という。

同側内角

ポイント

平行四辺形の定義
2組の対辺がそれぞれ平行である。
平行四辺形の性質
① 2組の対辺はそれぞれ等しい。
② 2組の対角はそれぞれ等しい。
③ 対角線はそれぞれの中点で交わる。

❷ ❶(4)より, 平行四辺形で, となり合う内角の和
は180°だから,

∠a+60°=180° より, ∠a=120°

△DEC で, CD=CE であるから,

∠CDE=∠CED

また, 平行四辺形の対角は等しいので,

∠DCE=60° したがって,

∠b=(180°−60°)÷2=60°

△DEC は, 3つの角がすべて60°だから正三角
形といえるので,

DC=EC=DE=6 (cm)

平行四辺形の対辺は等しいから,

DC=AB=6 (cm), AD=BC=10 (cm)

したがって,

$x=6$

$y=10−6=4$

❸ BE=DF であることを証明するには, BE と
DF を辺にもつ △ABE と △CDF の合同を証明
すればよい。仮定から, ∠BAE=∠DCF

四角形 ABCD は平行四辺形であるから, 対辺が
等しい。したがって, AB=CD

1組の辺とその片端の角がそれぞれ等しいことが
わかったので, 三角形の合同条件にあうような等
しい角か辺があと1つあればよい。

ここで, AB∥DC であるから平行線と角の性質
が利用できる。平行線の錯角は等しいから,

∠ABE=∠CDF が成り立つ。

━━━━━━━━━━━━━━━━━━

p.90〜91 ■■ステージ1

❶ ㋐ ○   ㋑ ○   ㋒ ×

㋓ ○   ㋔ ×   ㋕ ○

㋖ ×   ㋗ ○

❷ (1) 1組の対辺が平行でその長さが等しい。

(2) 2組の対辺がそれぞれ等しい。

❸ AB∥CD, AB=CD であり,

EB=$\frac{1}{2}$AB, DG=$\frac{1}{2}$CD だから,

EB∥DG, EB=DG

したがって, 四角形 EBGD は, 1組の対辺が
平行でその長さが等しいから, 平行四辺形で
ある。したがって,

ED∥BG つまり KN∥LM …①

同様にして, 四角形 AFCH も平行四辺形で
あるから,

AF∥HC つまり KL∥NM …②

①, ②より, 2組の対辺がそれぞれ平行だか
ら, 四角形 KLMN は平行四辺形である。

━━━━━━━◀ 解説 ▶━━━━━━━

❶ 平行四辺形になるための条件にあてはまるかどうか調べる。

⑦ 「2組の対辺がそれぞれ平行である」にあてはまる。

⑦ 「1組の対辺が平行でその長さが等しい」にあてはまる。

⑦ 右の図のようになることもあるので，いつでも平行四辺形になるとはかぎらない。

⑦ 「2組の対辺がそれぞれ等しい」にあてはまる。

⑦ 右の図のようになることもあるので，いつでも平行四辺形になるとはかぎらない。

⑰ 「対角線がそれぞれの中点で交わる」にあてはまる。

⑰ 右の図のようになることもあるので，いつでも平行四辺形になるとはかぎらない。

⑦ 「2組の対角がそれぞれ等しい」にあてはまる。

ポイント

平行四辺形になるための条件
1 2組の対辺がそれぞれ平行である。（定義）
2 2組の対辺がそれぞれ等しい。
3 2組の対角がそれぞれ等しい。
4 対角線がそれぞれの中点で交わる。
5 1組の対辺が平行でその長さが等しい。

❷ (1) 平行四辺形の対辺は平行で，その長さは等しいから，

▱ABCD について，AD∥BC，AD＝BC
▱EBCF について，EF∥BC，EF＝BC
したがって，AD∥EF，AD＝EF

(2) △AEH と △CGF において，
平行四辺形の対辺は等しいから，AD＝BC
仮定から，BF＝DH
ここで，AH＝AD－DH，
　　　　　CF＝BC－BF
であるから，AH＝CF　　…①
平行四辺形の対角は等しいから，
∠A＝∠C　　　　　　　…②
また，仮定から，AE＝CG　…③
①，②，③より，2組の辺とその間の角がそれぞれ等しいから，△AEH≡△CGF

合同な図形の対応する辺は等しいから，
EH＝GF
同様にして，△BFE≡△DHG より，EF＝GH
したがって，EH＝GF，EF＝GH

❸ 四角形 EBGD，AFCH がそれぞれ平行四辺形であることを示すと，ED∥BG，AF∥HC を示すことができる。

p.92〜93 ステージ**1**

❶ (1) △ADC（△CDA でもよい）
(2) △OAD，△OCB，△OCD
(3) ∠ODA，∠OBC，∠ODC
(4) 90°

❷ 112°

❸ (1) AC＝BD
(2) AC⊥BD と AC＝BD

❹ △ABM と △DCM において，
仮定から，AM＝DM …①
　　　　　MB＝MC …②
平行四辺形の対辺は等しいから，
　　　　　AB＝DC …③
①，②，③より，3組の辺がそれぞれ等しいから，△ABM≡△DCM
合同な図形の対応する角は等しいから，
∠BAM＝∠CDM …④
平行四辺形の対角は等しいので，
∠BAM＝∠BCD …⑤
∠CDM＝∠ABC …⑥
④，⑤，⑥より，
∠BAM＝∠BCD＝∠CDM＝∠ABC＝90°
つまり，▱ABCD は長方形である。

解説

❶ (1) ひし形の 2 辺と対角線 AC を 3 つの辺とする三角形を答える。△ABC は二等辺三角形だから，△ADC，△CDA のどちらの書き方でもよい。

参考 証明は次のようになる。
△ABC と △ADC において，
ひし形の 4 つの辺は等しいから，
AB＝AD …①
CB＝CD …②
ひし形の対角は等しいから，
∠ABC＝∠ADC …③

①, ②, ③から, 2組の辺とその間の角がそれ
ぞれ等しいから,

△ABC≡△ADC

(2) ひし形の対角線は垂直に交わる。また, ひし
形は平行四辺形の性質ももっているから, 対角
線はそれぞれの中点で交わる。

したがって,

OA=OC OB=OD

∠AOB=∠COB=∠AOD=∠COD=90°

これを用いて, 合同な三角形を見つける。

(3) (2)の合同な三角形から, 対応する角を答える。

(4) △AOB で ∠AOB=90° だから

∠OAB+∠OBA=180°−∠AOB
$$=180°−90°=90°$$

ポイント

ひし形は, 平行四辺形の特別な場合なので, 平行四
辺形の性質がすべてあてはまる。

❷ 下の図のように, △ABC≡△CDA となるよう
なDをとると, 四角形 ABCD は長方形になる。
長方形は対角線の長さが等しく, それぞれの中点
で交わるので,

$AC=BD$, $AM=CM=\dfrac{1}{2}AC$, $BM=\dfrac{1}{2}BD$

したがって, AM=CM=BM

△ABM で, AM=BM だから,

∠BMC=56°×2=112°

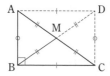

❸ 長方形, ひし形は平行四辺形の特別な場合で,
対角線について, 次のことが成り立つ。

・長方形の対角線は等しい。

・ひし形の対角線は垂直に交わる。

また, 長方形でもあり, ひし形でもある四角形が
正方形であるから, 正方形は, 長方形とひし形の
両方の性質をもっている。

したがって,

・正方形の対角線は等しく, 垂直に交わる。

❹ 長方形になるための条件をみたすことを証明す
れば, ▱ABCD は長方形であることがいえる。

ポイント

長方形は, 平行四辺形のとなり合う角を等しくした
特別な場合である。

p.94~95 ◆ ステージ1

❶ (1) △ABE=△AEC=△DEC

(2) △DFC

① FEC ② DFC ③ DFC

❷ 3:5

❸
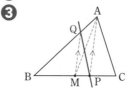

❹
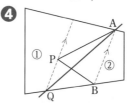

━━━◆ 解 説 ◆━━━

❶ (1) △ABE, △AEC, △DEC は, 底辺の BE
と EC が同じ長さで, AD∥BC より高さが等
しいので, 面積は等しい。

(2) (1)より △AEC=△DEC

それぞれから △FEC をひいたものが △AEF
と △DFC だから, 面積は等しい。

❷ △ABE と △DBC の底辺をそれぞれ BE, BC
とすると, AD∥BC より高さは等しい。

したがって, △ABE と △DBC の面積の比は, 底
辺の長さの比に等しく, その比は,

BE:BC=3:(3+2)=3:5

❸ 点Mを通り AP に平行な直線と辺 AB との交
点をQとする。

参考 Mは BC の中点だから, △AMC の面積は
△ABC の面積の半分である。

ここで, AP∥QM より, △AMP=△AQP

この両辺に △APC を加えると,

△AMP+△APC=△AQP+△APC

△AMC=四角形 AQPC

つまり, 四角形 AQPC の面積は, △ABC の面積
の半分となり, 直線 PQ は △ABC の面積を2等
分する直線となる。

④ 点Pを通り AB に平行な直線が土地の辺と交わる点をQとする。

参考 ②の部分のうち，△APB の部分と △AQB の面積が等しいので，これに②の残りの部分の四角形を加えると，②の部分の面積と，AQ の右側の部分の面積は等しい。

p.96〜97 ■■■ ステージ2 ■■■

❶ (1) ∠x＝65°，∠y＝115°
(2) ∠x＝70°，∠y＝60°
(3) ∠x＝80°，∠y＝140°

❷ (1) ∠OBQ
(2) △OBQ と △ODP において，
平行四辺形の対角線はそれぞれの中点で交わるから，
OB＝OD   …①
対頂角は等しいから，
∠BOQ＝∠DOP …②
AD∥BC より，平行線の錯角は等しいから，
∠OBQ＝∠ODP …③
①，②，③より，1組の辺とその両端の角がそれぞれ等しいから，
△OBQ≡△ODP
合同な図形の対応する辺は等しいから，
BQ＝DP

❸ ⑨，㋕

❹ 平行四辺形の対角線は，それぞれの中点で交わるから，
OA＝OC …①
OB＝OD …②
仮定から，   BE＝DF …③
ここで，   OE＝OB−BE
OF＝OD−DF
②，③より，OE＝OF …④
①，④より，対角線がそれぞれの中点で交わるから，四角形 AECF は平行四辺形である。

❺ (1) 90°
(2) 長方形

❻ AF∥ED，AE∥FD だから，
四角形 AEDF は平行四辺形である。
したがって，AE＝FD，AF＝ED …①

また，平行線の錯角は等しいから，
∠FAD＝∠EDA
∠EAD＝∠FAD だから，
∠EAD＝∠EDA
したがって，△EAD は二等辺三角形だから，
EA＝ED …②
①，②より，4つの辺が等しいから，四角形 AEDF はひし形である。

❼ △ABE と △ACD において，
△ABE＝△ADE＋△DBE
△ACD＝△ADE＋△DCE
DE∥BC より，
△DBE＝△DCE
したがって，
△ABE＝△ACD

❽ 四角形 ABCM＝△ABM＋△MBC
四角形 AMCD＝△AMD＋△DMC
BM＝MD だから，
△ABM＝△AMD，△MBC＝△DMC
つまり，四角形 ABCM＝四角形 AMCD
したがって，折れ線 AMC は四角形 ABCD の面積を2等分する。
直線 … 下の図の直線 AE

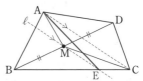

❾ 点Gを通り辺 AB に平行な直線と辺 AD，BC との交点をそれぞれ K，L とすると，
△GAB＝△KAB
△GCD＝△KCD
ここで，△KBC は ▱ABCD の面積の半分だから，△KAB と △KCD の面積の和も ▱ABCD の面積の半分である。
したがって，△GAB と △GCD の面積の和も ▱ABCD の面積の半分である。
これより，△GDA と △GBC の面積の和も ▱ABCD の面積の半分である。
つまり，それらの面積の和は，どちらも ▱ABCD の面積の半分で等しい。

● ● ● ● ● ●

① 112°

■■■■■■■■■ **解 説** ■■■■■■■■■

❶ (1) 平行四辺形の対角は等しいから，

$\angle x = \angle D = 65°$

また，$\angle D + \angle C = 180°$ より，

$65° + \angle y = 180°$

$\angle y = 115°$

(2) AB∥CD より錯角が等しいので，

$\angle x = \angle ACD = 70°$

また，$\angle D + \angle BCD = 180°$ より，

$50° + (\angle y + 70°) = 180°$

$\angle y = 60°$

(3) $\angle A + \angle D = 180°$ より，

$100° + \angle x = 180°$　　$\angle x = 80°$

また，△ABE で，内角と外角の関係より，

$\angle y = \angle A + \angle ABE$

　　$= 100° + 80° ÷ 2$

　　$= 140°$

ポイント

平行四辺形で角度を求めるとき，平行四辺形の性質のほかに，平行線の性質（同位角や錯角が等しい）も使って考える。

❷ (1) AD∥BC より，錯角は等しいから，

$\angle ODP = \angle OBQ$

(2) BQ，DP を辺にもつ三角形に注目する。

平行四辺形の対角線の性質，対頂角，平行線の性質を使って，合同であることを証明する。

❸ 平行四辺形になるための条件にあてはまるかどうか考える。

㋐ AB＝AD の条件を加えても，右の図のようになることもあるので，平行四辺形になるとはかぎらない。

㋑ AB＝DC の条件を加えても，右の図のようになることもあるので，平行四辺形になるとはかぎらない。

㋒ 「1組の対辺が平行でその長さが等しい」にあてはまるので，平行四辺形になる。

㋓ AC＝DB の条件を加えても，右の図のようになることもあるので，平行四辺形になるとはかぎらない。

㋔ $\angle A = \angle B$ の条件を加えても，右の図のようになることもあるので，平行四辺形になるとはかぎらない。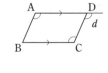

㋕ 右の図で，$\angle C = \angle d$
したがって，$\angle A = \angle C$ のとき，$\angle A = \angle d$ となり，同位角が等しいので，

AB∥CD

「2組の対辺がそれぞれ平行である」にあてはまるので，平行四辺形になる。

㋖ $\angle A = \angle D$ の条件を加えても，右の図のようになることもあるので，平行四辺形になるとはかぎらない。

㋗ $\angle A + \angle C = 180°$ の条件を加えても，右の図のようになることもあるので，平行四辺形になるとはかぎらない。

ポイント

平行四辺形になるための条件にあてはまらないものは，平行四辺形にならない例をあげればよい。

❹ **別解** △ABE と △CDF において，

平行四辺形の対辺は等しいから，

　　　　　　　　AB＝CD　　…①

仮定から，　　　　BE＝DF　　…②

AB∥CD より，平行線の錯角は等しいから，

　　　　　$\angle ABE = \angle CDF$ …③

①，②，③より，2組の辺とその間の角がそれぞれ等しいので，

　　　　　　△ABE≡△CDF

合同な図形の対応する辺は等しいから，

　　　　　　AE＝CF　　…④

同様にして，△AFD≡△CEB より，

　　　　　　AF＝CE　　…⑤

④，⑤より，2組の対辺がそれぞれ等しいので，

四角形 AECF は平行四辺形である。

5 (1) 平行四辺形のとなり合う角の和は 180° だから，●●＋∞＝180°

両辺を 2 でわって，●＋○＝90°

したがって，∠HEF＝∠AEB＝180°－90°＝90°

(2) (1)と同様にして，

∠EFG＝∠FGH＝∠GHE＝90° を示すことができる。

四角形 EFGH は，4 つの角がすべて直角になるので，長方形である。

7 平行線に着目して，面積が等しい三角形を見つける。

8 作図のしかた

① 対角線 AC をひく。

② 点Mを通り，対角線 AC に平行な直線 ℓ をひき，辺 BC との交点をEとする。

③ 直線 AE をひく。

AC∥ℓ より，

△AMC＝△AEC

四角形 AMCD＝△AMC＋△ACD

＝△AEC＋△ACD

＝四角形 AECD

9 △GAB＋△GCD，△GDA＋△GBC は，どちらも ▱ABCD の面積の半分であることに着目する。

① 右の図で，平行四辺形の対角は等しいので，

∠ABC＝∠ADC

＝70°

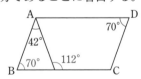

三角形の外角は，それととなり合わない 2 つの内角の和に等しいから，

x＝42°＋∠ABC＝42°＋70°＝112°

p.98～99 ■■ステージ❸

① (1) **58°** (2) **46°** (3) **110°**

② (1) **75°** (2) **53°** (3) **35°**

③ (1) **36°**

(2) 直角三角形で，斜辺と 1 つの鋭角がそれぞれ等しい。

(3) **2 cm**

④ (1) 2 組の辺とその間の角がそれぞれ等しい。

(2) **AD＝AE** （または，∠ADE＝∠AED）

5 Oは AC，EF の中点

AC＝EF

AC⊥EF

6 △ABC と △EAD において，

仮定から， AB＝EA …①

平行四辺形の対辺は等しいから，

BC＝AD …②

AB＝AE より，二等辺三角形の底角は等しいから， ∠ABC＝∠AEB

AD∥BE より，平行線の錯角は等しいから，

∠AEB＝∠EAD

したがって， ∠ABC＝∠EAD …③

①，②，③より，2 組の辺とその間の角がそれぞれ等しいから，

△ABC≡△EAD

7 (1) △AFD

(2) △DEF

■■■■■■■■ ➤解説◄ ■■■■■■■■

① (1) ∠x＝(180°－64°)÷2＝58°

(2) 113° の角のとなりの内角の大きさは，

180°－113°＝67°

したがって，

∠x＝180°－67°×2＝46°

(3) 下の図で，∠BAD＝∠DAC＝∠a とすると，

AD＝CD であるから，

∠DAC＝∠DCA＝∠a

△ABC で，∠a×3＋75°＝180° より，

∠a＝(180°－75°)÷3＝35°

△ABD で，内角と外角の関係より，

∠x＝75°＋35°＝110°

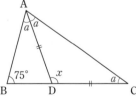

② (1) 平行四辺形のとなり合う角の和は 180° なので，

∠x＝180°－105°＝75°

(2) 平行四辺形の対角は等しいから，

∠B＝70°

三角形の内角と外角の関係より，

∠x＋70°＝123° ∠x＝53°

(3) AB∥CD より錯角が等しいので，

∠BDC＝∠ABD＝35°

∠AOD＝55°＋35°＝90° より，AC⊥BD

したがって，四角形 ABCD はひし形になる。

AB＝AD より，△ABD は二等辺三角形となるので，

∠x＝∠ABD＝35°

❸ (1) ∠ABD＝180°－(90°＋∠BAD)

　　　　　＝90°－∠BAD …①

∠CAE＝∠BAC－∠BAD

　　　　　＝90°－∠BAD 　…②

①，②より，∠ABD＝∠CAE＝36°

(2) △ABD と △CAE において，

仮定から，　AB＝CA　　　…①

　　　　∠ADB＝∠CEA＝90° …②

(1)より，∠ABD＝∠CAE　　…③

①，②，③より，直角三角形で，斜辺と１つの鋭角がそれぞれ等しいから，△ABD≡△CAE

(3) (2)より合同な図形の対応する辺は等しいから，

AE＝BD＝4 cm

AD＝CE＝2 cm

したがって，

DE＝AE－AD＝4－2＝2 (cm)

❹ (1) △ABD と △ACE において，

仮定から，AB＝AC …①

　　　　BD＝CE …②

二等辺三角形の底角は等しいから，

∠B＝∠C …③

①，②，③より，２組の辺とその間の角がそれぞれ等しいから，

△ABD≡△ACE

(2) ある三角形が二等辺三角形であることを証明するには，次のどちらかを示せばよい。

① ２つの辺の長さが等しい。

② ２つの角の大きさが等しい。

①の場合 … AD＝AE を示す。

②の場合 … ∠ADE＝∠AED を示す。

(1)より，△ABD≡△ACE で，∠ADB＝∠AEC

また，∠ADE＝180°－∠ADB

　　　∠AED＝180°－∠AEC

したがって，∠ADE＝∠AED

❺ 四角形 ABCD は平行四辺形（ひし形）だから，

　　　　OA＝OC …①

仮定から，OE＝OA …②

　　　　　OF＝OC …③

①，②，③より，OE＝OA＝OF＝OC …④

対角線がそれぞれの中点で交わるので，四角形 AECF は平行四辺形である。

また，④より，AC＝EF …⑤

四角形 ABCD はひし形だから，AC⊥BD

つまり，AC⊥EF …⑥

⑤，⑥より，対角線の長さが等しく，垂直に交わるので四角形 AECF は正方形である。

ポイント

特別な平行四辺形になるための対角線の条件

長方形 ➡ 対角線の長さが等しい。

ひし形 ➡ 対角線が垂直に交わる。

正方形 ➡ 対角線の長さが等しく，垂直に交わる。

❼ (1) 線分 AC をひく。

AB∥CD より，

△ABE＝△ABC

AD∥BF より，

△ACD＝△AFD

△ABC，△ACD は ▱ABCD の面積の半分であるから，△ABE，△AFD も ▱ABCD の面積の半分で等しい。

(2) AB∥CD より，△BCE＝△ACE …①

また，AD∥BF より，△ACF＝△DCF

この両辺から △ECF をひくと，

△ACF－△ECF＝△DCF－△ECF

　（△ACE）　　　　（△DEF）

つまり，△ACE＝△DEF …②

①，②より，△BCE＝△DEF

得点アップのコツ

- 角度を求める問題では，二等辺三角形の性質，平行四辺形の性質のほかに，平行線の性質や三角形の内角の和などを利用する。
- 長方形，ひし形，正方形は，平行四辺形の特別な場合であるから，平行四辺形の性質がすべてあてはまる。

6章 [確率]起こりやすさをとらえて説明しよう

p.100~101 ≡ **ステージ1**

❶ (1) 6通り

(2) $\dfrac{1}{6}$

(3) $\dfrac{2}{3}$

(4) 0

❷ (1) 13通り (2) $\dfrac{1}{2}$

❸ (1) 8通り (2) $\dfrac{1}{8}$ (3) $\dfrac{3}{8}$

解 説

❶ (1) 1, 2, 3, 4, 5, 6の6通り。

(3) 6の約数は1, 2, 3, 6の4通り。

$$\dfrac{4}{6}=\dfrac{2}{3}$$

(4) 9の倍数の目はひとつもない。

$$\dfrac{0}{6}=0$$

❷ (1) ◆のトランプは全部で13枚。

(2) ♥のトランプ，♠のトランプはそれぞれ13枚あるので，♥か♠である確率は，

$$\dfrac{13+13}{52}=\dfrac{26}{52}=\dfrac{1}{2}$$

❸ (1) 右の8通り。

(2) ○をつけた1通りで，$\dfrac{1}{8}$

(3) ●をつけた3通りで，$\dfrac{3}{8}$

ポイント

樹形図をかいて，起こりうる場合をすべてあげて調べる。

樹形図をかくと，何通りあるか数えやすくなるね。

p.102~103 ≡ **ステージ1**

❶ (1) 6通り (2) $\dfrac{1}{6}$ (3) $\dfrac{1}{3}$

❷ (1) 12通り (2) $\dfrac{1}{2}$ (3) 6通り

(4) $\dfrac{1}{6}$

❸ (1) 36通り (2) $\dfrac{1}{6}$ (3) $\dfrac{5}{36}$

(4) $\dfrac{1}{3}$ (5) $\dfrac{1}{9}$

❶ 2チームを選ぶ順番は関係なく，組み合わせだけを考えればよい。

(1) 右の樹形図より，6通り。

ミス注意！ 「12通り」としないように気をつけよう。選ぶ順番は関係ないので，A−BとB−Aは同じものである。

(2) ○をつけた1通り。求める確率は，$\dfrac{1}{6}$

(3) ●をつけた2通り。求める確率は，$\dfrac{2}{6}=\dfrac{1}{3}$

❷ (1) 委員長と副委員長を選ぶので，選ぶ順番を区別した樹形図をかく。

上の樹形図より，12通り。

(2) ○をつけた6通り。求める確率は，$\dfrac{6}{12}=\dfrac{1}{2}$

(3) 代表を2人選ぶので，選ぶ順番を区別しないで樹形図をかく。

上の樹形図より，6通り。

(4) ●をつけた1通り。求める確率は，$\dfrac{1}{6}$

ポイント

(1)，(2)は選ぶ順番を区別した樹形図，(3)，(4)は選ぶ順番を区別しない樹形図を考える。樹形図をかくときには，はじめに，選ぶ順番を区別するか区別しないかに気をつける。

選ぶ順番を区別しないときは，同じものを入れない樹形図をかこう。

6章

❸ 表をかいて考える。

大 小	1	2	3	4	5	6
1	[1, 1]	[1, 2]	[1, 3]	[1, 4]	[1, 5]	[1, 6]
2	[2, 1]	[2, 2]	[2, 3]	[2, 4]	[2, 5]	[2, 6]
3	[3, 1]	[3, 2]	[3, 3]	[3, 4]	[3, 5]	[3, 6]
4	[4, 1]	[4, 2]	[4, 3]	[4, 4]	[4, 5]	[4, 6]
5	[5, 1]	[5, 2]	[5, 3]	[5, 4]	[5, 5]	[5, 6]
6	[6, 1]	[6, 2]	[6, 3]	[6, 4]	[6, 5]	[6, 6]

(2) [1, 1], [2, 2], [3, 3], [4, 4], [5, 5], [6, 6] の 6 通り。求める確率は,

$$\frac{6}{36} = \frac{1}{6}$$

(3) [2, 6], [3, 5], [4, 4], [5, 3], [6, 2] の 5 通り。求める確率は,

$$\frac{5}{36}$$

(4) 出た目の数の和が 3, 6, 9, 12 のときを考える。

和が 3 … [1, 2], [2, 1] の 2 通り。

和が 6 … [1, 5], [2, 4], [3, 3], [4, 2], [5, 1] の 5 通り。

和が 9 … [3, 6], [4, 5], [5, 4], [6, 3] の 4 通り。

和が 12 … [6, 6] の 1 通り。

合わせて 2+5+4+1=12 (通り) だから, 求める確率は,

$$\frac{12}{36} = \frac{1}{3}$$

(5) 積が 6 になるのは,

[1, 6], [2, 3], [3, 2], [6, 1] の 4 通り。求める確率は,

$$\frac{4}{36} = \frac{1}{9}$$

p.104~105 ステージ1

❶ (1) $\dfrac{5}{6}$　(2) $\dfrac{7}{9}$　(3) $\dfrac{3}{4}$

❷ ⑦

❸ (1) 30 通り　(2) どちらも同じ

◀ 解 説 ▶

❶ (1) 起こりうる場合は全部で 36 通り。

このうち, 出た目の数の和が 7 になるのは,

[1, 6], [2, 5], [3, 4], [4, 3], [5, 2], [6, 1] の 6 通り。

したがって, 出た目の数の和が 7 にならない確率は, $1 - \dfrac{6}{36} = 1 - \dfrac{1}{6} = \dfrac{5}{6}$　← $1 - \left(\begin{smallmatrix}\text{出た目の数の和が}\\\text{7になる確率}\end{smallmatrix}\right)$

参考「出た目の数の和が 7 にならない場合の数」を数えるより,「出た目の数の和が 7 になる場合の数」を数えるほうが簡単なので,「起こらない確率」を使って考えるとよい。

(2) 出た目の数の積が 20 以上になる場合は, [4, 5], [4, 6], [5, 4], [5, 5], [5, 6], [6, 4], [6, 5], [6, 6] の 8 通り。

したがって, 出た目の数の積が 20 以上にならない確率は,

$1 - \dfrac{8}{36} = 1 - \dfrac{2}{9} = \dfrac{7}{9}$　← $1 - \left(\begin{smallmatrix}\text{出た目の数の積が20}\\\text{以上になる確率}\end{smallmatrix}\right)$

参考 次のように, 出た目の数の積を表に表して考えてもよい。

大 小	1	2	3	4	5	6
1	1	2	3	4	5	6
2	2	4	6	8	10	12
3	3	6	9	12	15	18
4	4	8	12	16	20	24
5	5	10	15	20	25	30
6	6	12	18	24	30	36

(3) 出た目の数がどちらも奇数になる場合は, [1, 1], [3, 1], [5, 1], [1, 3], [3, 3], [5, 3], [1, 5], [3, 5], [5, 5] の 9 通り。

したがって, 出た目の数の少なくともどちらか一方が偶数である確率は,

$1 - \dfrac{9}{36} = 1 - \dfrac{1}{4} = \dfrac{3}{4}$　← $1 - \left(\begin{smallmatrix}\text{出た目の数がどちらも}\\\text{奇数になる確率}\end{smallmatrix}\right)$

ポイント

「少なくとも~である確率」を求めるときは,「起こらない確率」を使って考えるほうが簡単になる場合が多い。

数えやすいのがどちらか考えてから問題を解こう。

❷ 「ドーナツ」が出る場合を①，②，「はずれ」が出る場合を③，④，⑤として，2人のけずり方を樹形図に表すと，次のようになる。

起こりうる場合は全部で 25 通り。

㋐の場合は○をつけた 4 通りだから，確率は $\dfrac{4}{25}$

㋑の場合は×をつけた 9 通りだから，確率は $\dfrac{9}{25}$

㋒の場合は△をつけた 12 通りだから，確率は $\dfrac{12}{25}$

したがって，もっとも出やすい場合は，㋒である。

❸ (1) 下の樹形図より 30 通り。

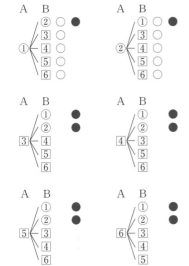

(2) Aがあたるのは，○をつけた 10 通りだから，Aのあたる確率は，

$$\dfrac{10}{30}=\dfrac{1}{3}$$

Bがあたるのは，●をつけた10通りだから，Bのあたる確率は，

$$\dfrac{10}{30}=\dfrac{1}{3}$$

したがって，先にひいてもあとにひいても，あたる確率は同じである。

p.106〜107 ステージ2

❶ (1) $\dfrac{1}{3}$ (2) $\dfrac{2}{3}$

❷ (1) $\dfrac{1}{2}$ (2) $\dfrac{2}{3}$

❸ (1) $\dfrac{1}{5}$ (2) $\dfrac{3}{5}$

❹ 図のさいころは正しく作られておらず，どの目が出る確率も同様に確からしいとはいえないので，2の目が出る確率は $\dfrac{1}{6}$ といえない。

❺ (1) $\dfrac{7}{18}$

(2) $\dfrac{7}{9}$

❻ $\dfrac{9}{10}$

❼ (1) $\dfrac{8}{15}$

(2) $\dfrac{3}{5}$

❽ (1) $\dfrac{7}{36}$

(2) $\dfrac{5}{36}$

・ ・ ・ ・ ・ ・

① $\dfrac{2}{9}$

解 説

❶ 球の数は，$5+4+3=12$（個）より，起こりうる場合の数は 12 通り。

(1) 白球は 4 個なので，求める確率は，$\dfrac{4}{12}=\dfrac{1}{3}$

(2) 「赤球または青球」は，$5+3=8$（個）だから，求める確率は，$\dfrac{8}{12}=\dfrac{2}{3}$

別解 白球以外は「赤球または青球」だから，

(1)より，$1-\dfrac{1}{3}=\dfrac{2}{3}$ ←1−(白球が出る確率)

6 章

❷ 右の樹形図より，起こり うる場合は全部で 6 通り。

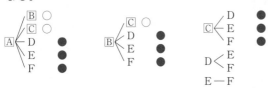

	百 十 一		
1 <	2 — 3	123	○ ●
	3 — 2	132	○
2 <	1 — 3	213	○ ●
	3 — 1	231	●
3 <	1 — 2	312	
	2 — 1	321	●

(1) 230 以下になるのは，○をつけた 3 通りだから，確率は，$\dfrac{3}{6}=\dfrac{1}{2}$

(2) 奇数になるのは，●をつけた 4 通りだから，確率は，$\dfrac{4}{6}=\dfrac{2}{3}$

❸ 男子を A , B , C , 女子を D，E，F として，選ぶ順番を考えないで樹形図をかくと，次のようになる。

```
    B ○            C ○           D ●
   C ○           D ●          C E ●
A  D ●        B  E ●            F ●
   E ●          F ●         D  E ●
   F ●                          F ●
                             E — F
```

(1) ○をつけた 3 通り。求める確率は，
$$\frac{3}{15}=\frac{1}{5}$$

(2) ●をつけた 9 通り。求める確率は，
$$\frac{9}{15}=\frac{3}{5}$$

ポイント

選ばれる委員に区別がないので，選ぶ順番を考えないで樹形図をかく。

❹ 正しく作られたさいころでは，2 の目が出る確率は $\dfrac{1}{6}$ である。

❺ 起こりうる場合は全部で 36 通り。

(1) a が b の約数になっていればよい。
あてはまるのは，$[a, b]$ が，
$[1, 1]$，$[1, 2]$，$[1, 3]$，$[1, 4]$，$[1, 5]$，$[1, 6]$，
$[2, 2]$，$[2, 4]$，$[2, 6]$，$[3, 3]$，$[3, 6]$，
$[4, 4]$，$[5, 5]$，$[6, 6]$ の 14 通り。
確率は，$\dfrac{14}{36}=\dfrac{7}{18}$

(2) $1-(ab$ が 5 未満の確率) で求める。
ab が 5 未満になるのは，
$[1, 1]$，$[1, 2]$，$[1, 3]$，$[1, 4]$，
$[2, 1]$，$[2, 2]$，$[3, 1]$，$[4, 1]$ の 8 通り。

求める確率は，
$$1-\frac{8}{36}=1-\frac{2}{9}=\frac{7}{9}$$

参考 下のような表をかいて問題の条件にあてはまる場合を見つけてもよい。

(1)

b＼a	1	2	3	4	5	6
1	○					
2	○	○				
3	○		○			
4	○	○		○		
5	○				○	
6	○	○	○			○

(2)

b＼a	1	2	3	4	5	6
1	×	×	×	×		
2	×	×				
3	×					
4	×					
5						
6						

❻ 男子を A，B，C，女子を d，e として，選ぶ順番を考えないで樹形図をかくと，次のようになる。

```
      C ●
    B  d            C  d            C — d — e
  A    e          B   e
    C  d            d — e
       e
    d — e
```

樹形図より，選び方は全部で 10 通り。
「少なくとも 1 人が女子」となるのは，
「3 人とも男子」ではないときであり，
「3 人とも男子」は●をつけた 1 通り。
したがって，求める確率は，
$$1-\frac{1}{10}=\frac{9}{10} \quad \longleftarrow 1-(3 人とも 男子が選ばれる確率)$$

❼ 赤球を①，②，青球を③，④，⑤，⑥として，選ぶ順番を考えないで樹形図をかくと，次のようになる。

```
    ② ○              ③ ○          ④ ●         ⑤ ●
  ① ③ ○          ② ④ ○       ③ ⑤ ●      ④ ⑥ ●
    ④ ○              ⑤ ○          ⑥ ●         ⑤ — ⑥ ●
    ⑤ ○              ⑥ ○
    ⑥ ○
```

樹形図より，取り出し方は全部で 15 通り。

(1) 赤球と青球を 1 個ずつ取り出すのは，○をつけた 8 通りで，確率は，$\dfrac{8}{15}$

(2) （少なくとも 1 個が赤球である確率）
＝1－（2 個とも青球である確率）
で求める。2 個とも青球となるのは ● をつけた
6 通りだから，求める確率は，
$$1-\frac{6}{15}=1-\frac{2}{5}=\frac{3}{5}$$

ポイント
同じ色の球がいくつかある場合，樹形図をかくとき
は①，②のように，かならず区別して考える。

8 起こりうる場合は全部で 36 通り。

(1) 出た目の数の和が 5 の場合と 10 の場合を考
える。
出た目の数の和が 5 の場合
〔1，4〕，〔2，3〕，〔3，2〕，〔4，1〕の 4 通り。
出た目の数の和が 10 の場合
〔4，6〕，〔5，5〕，〔6，4〕の 3 通り。
したがって，出た目の数の和が 5 の倍数になる
場合は 4＋3＝7（通り）
したがって，求める確率は，
$$\frac{7}{36}$$

(2) a と b の目の出方を表をかいて考えると次の
ようになる。

b \ a	1	2	3	4	5	6
1	11	21	31	41	51	61
2	12	22	32	42	52	62
3	13	23	33	43	53	63
4	14	24	34	44	54	64
5	15	25	35	45	55	65
6	16	26	36	46	56	66

問題の条件をみたす自然数は 14，15，21，35，
42 の 5 通り。求める確率は，
$$\frac{5}{36}$$

① 2 つの箱からのカードの取り出し方は，
〔1，1〕，〔1，3〕，〔1，5〕，〔2，1〕，
〔2，3〕，〔2，5〕，〔3，1〕，〔3，3〕，
〔3，5〕の 9 通り。
2 枚のカードに書いてある数が同じなのは，
〔1，1〕，〔3，3〕の 2 通り。したがって，求め
る確率は，
$$\frac{2}{9}$$

p.108～109 **ステージ3**

① 同様に確からしいとはいえない。

② (1) $\frac{4}{25}$　(2) $\frac{6}{25}$　(3) 1

③ (1) 8 通り　(2) $\frac{1}{2}$

④ (1) 10 通り　(2) $\frac{3}{5}$

⑤ (1) $\frac{1}{6}$　(2) $\frac{1}{4}$　(3) $\frac{11}{12}$
(4) $\frac{29}{36}$

⑥ (1) 27 通り　(2) $\frac{1}{9}$　(3) $\frac{1}{3}$

⑦ (1) $\frac{2}{7}$　(2) $\frac{1}{21}$

━━ 解説 ━━

① カードの枚数 6 枚のうち，1 が 1 枚，4 が 2 枚
なので，同じ程度に期待できるとはいえない。

② 起こりうる場合は全部で 50 通り。

(1) 6 の倍数は，6，12，18，…，48 の 8 通り。
求める確率は，$\frac{8}{50}=\frac{4}{25}$

(2) 6 の倍数または 8 の倍数は，(1)の場合と 8，
16，32，40 なので，(1)の場合と合わせると，
8＋4＝12（通り）だから，求める確率は，
$$\frac{12}{50}=\frac{6}{25}$$

ミス注意 6 と 8 の公倍数の 24，48 を 2 回数
えないように注意しよう。

(3) 50 以下はすべての場合にあてはまるから，そ
の確率は 1

ポイント
確率 p のとりうる範囲 … $0 \le p \le 1$
① 決して起こらないことがらの確率 … 0
② かならず起こることがらの確率 … 1

③ (1) 表裏の出方を樹形図
に表すと右の図のように
なり，全部で 8 通り。

(2) 表が 2 回以上出るのは ○ をつけた 4 通りで，
求める確率は，$\frac{4}{8}=\frac{1}{2}$

6 章

❹ (1) カードの取り出し方を，選ぶ順番を考えないで樹形図に表すと，次のようになる。

$$1 \begin{cases} 2 & \bigcirc \\ 3 & \\ 4 & \bigcirc \\ 5 & \end{cases} \quad 2 \begin{cases} 3 & \bigcirc \\ 4 & \\ 5 & \bigcirc \end{cases} \quad 3 \begin{cases} 4 & \bigcirc \\ 5 & \end{cases} \quad 4-5 \quad \bigcirc$$

樹形図より，取り出し方は全部で 10 通り。

(2) カードに書かれた数字の和が奇数になるのは，○をつけた 6 通りなので，求める確率は，

$$\frac{6}{10} = \frac{3}{5}$$

別解 和が奇数とならないのは，

[1, 3]，[1, 5]，[2, 4]，[3, 5] の 4 通り。

したがって，和が奇数となる確率は，

$$1 - \frac{4}{10} = 1 - \frac{2}{5} = \frac{3}{5} \longleftarrow \binom{\text{和が奇数に}}{\text{ならない確率}}$$

❺ 起こりうる場合は全部で 36 通り。

(1) 出た目の数の和が 7 になるのは，[1, 6]，[2, 5]，[3, 4]，[4, 3]，[5, 2]，[6, 1] の 6 通り。

求める確率は，$\dfrac{6}{36} = \dfrac{1}{6}$

(2) 出た目の数の和が 4，8，12 の場合を考える。

出た目の数の和が 4 の場合

[1, 3]，[2, 2]，[3, 1] の 3 通り。

出た目の数の和が 8 の場合

[2, 6]，[3, 5]，[4, 4]，[5, 3]，[6, 2]の 5 通り。

出た目の数の和が 12 の場合

[6, 6] の 1 通り。

したがって，出た目の数の和が 4 の倍数になる場合は 3+5+1=9（通り）だから，求める確率は，$\dfrac{9}{36} = \dfrac{1}{4}$

(3) 出た目の数の和が 10 の場合

[4, 6]，[5, 5]，[6, 4]の 3 通り。

したがって，求める確率は，

$$1 - \frac{3}{36} = 1 - \frac{1}{12} = \frac{11}{12} \longleftarrow \binom{\text{出た目の和が}}{\text{10になる確率}}$$

(4) 出た目の数の積が 12，24，36 の場合を考える。

出た目の積が 12 の場合

[2, 6]，[3, 4]，[4, 3]，[2, 6] の 4 通り。

出た目の積が 24 の場合

[4, 6]，[6, 4] の 2 通り。

出た目の積が 36 の場合

[6, 6] の 1 通り。

したがって，出た目の数の積が 12 の倍数になる場合は 4+2+1=7（通り）だから，$\dfrac{7}{36}$

12 の倍数にならない確率は，

$$1 - \frac{7}{36} = \frac{29}{36} \longleftarrow \binom{\text{出た目の数の積が}}{\text{12になる確率}}$$

❻ グーを㋐，チョキを㋑，パーを㋒とする。

(1) 3 人の出し方を樹形図に表すと，次のようになる。

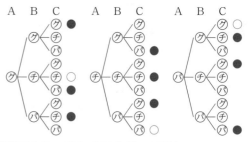

樹形図より，出し方は全部で27通り。

(2) Aだけが勝つのは，○をつけた 3 通り。求める確率は，

$$\frac{3}{27} = \frac{1}{9}$$

(3) あいこになるのは，●をつけた 9 通り。求める確率は，

$$\frac{9}{27} = \frac{1}{3}$$

❼ あたりを①，②，はずれを③，④，⑤，⑥，⑦として，くじのひき方を樹形図に表すと，次のようになる。

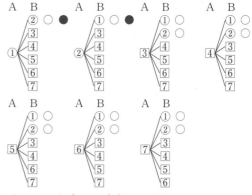

くじのひき方は，全部で42通り。

(1) Bがあたるのは，○をつけた 12 通り。

求める確率は，$\dfrac{12}{42} = \dfrac{2}{7}$

(2) AもBもあたるのは，●をつけた 2 通り。

求める確率は，$\dfrac{2}{42} = \dfrac{1}{21}$

7章　[データの比較]データを比較して判断しよう

❶ (1)　A組：第1四分位数…19冊
　　　　　　第2四分位数…39冊
　　　　　　第3四分位数…56冊
　　　　　B組：第1四分位数…25.5冊
　　　　　　第2四分位数…35冊
　　　　　　第3四分位数…50冊
　 (2)　A組…37冊　　　B組…24.5冊

❷ (1)　A市：第1四分位数…24日
　　　　　　第2四分位数…30日
　　　　　　第3四分位数…42日
　　　　　B市：第1四分位数…34日
　　　　　　第2四分位数…44日
　　　　　　第3四分位数…48日
　 (2)

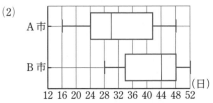

❸ (1)　7月
　 (2)　最大値や最小値に大きな差はなく，第1
　　　四分位数，第2四分位数，第3四分位数
　　　のそれぞれが大きいほうがBなので，B
　　　を仕入れる。

―――――― 解説 ――――――

❶ 小さい順に並べたデータを中央値で分けた約半
数のそれぞれのうち，最小値をふくむほうのデー
タの中央値が第1四分位数，最大値をふくむほう
のデータの中央値が第3四分位数である。
　(1)　A組のデータの個数は10個だから，
　　　　第2四分位数は，$\dfrac{36+42}{2}=39$（冊）
　　　　　　↑
　　　中央値は，5番目と6番目のデータの平均値。
　　　3番目が第1四分位数だから，19冊。
　　　8番目が第3四分位数だから，56冊。
　　　B組のデータの個数は9個だから，
　　　　第2四分位数は35冊。←中央値は5番目。
　　　　第1四分位数は，$\dfrac{22+29}{2}=25.5$（冊）
　　　　　　↑
　　　2番目と3番目のデータの平均値。

第3四分位数は，$\dfrac{48+52}{2}=50$（冊）
　　　　　　↑
7番目と8番目のデータの平均値。

　(2)　（四分位範囲）＝（第3四分位数）－（第1四分位数）
　　　だから，A組は，$56-19=37$（冊），
　　　B組は，$50-25.5=24.5$（冊）

❷ (1)　A市のデータの個数は7個だから，
　　　第2四分位数は30日。←中央値は4番目。
　　　2番目が第1四分位数だから，24日。
　　　6番目が第3四分位数だから，42日。
　　　B市のデータの個数も7個だから，
　　　第2四分位数は44日。
　　　2番目が第1四分位数だから，34日。
　　　6番目が第3四分位数だから，48日。
　 (2)　箱ひげ図は，下の図のような形に表す。

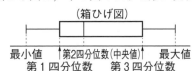

（箱ひげ図）
最小値　↑第2四分位数(中央値)↑　最大値
　　第1四分位数　　第3四分位数

※箱の長さが「四分位範囲」になる。

❸ (1)　「いちばん多く売れた」日は最大値にあた
　　　るので，もっとも最大値が大きい7月である。

❶ (1)　第1四分位数…8問　第2四分位数…13問
　　　第3四分位数…15問
　 (2)　7問
　 (3)

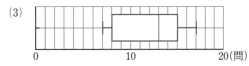

❷ ⑦
❸ ⑦

―――――― 解説 ――――――

❷ ⑦　四分位範囲は，1組が $8-3=5$（点），2組
　　が $9-4=5$（点）で，等しいので正しくない。
　 ⑦　中央値が5点なので，全体の50％以上の人
　　が5点以上だから，正しい。
　 ⑦　データの範囲は，（最大値）－（最小値）であり，
　　1組が $10-1=9$（点），2組が $10-3=7$（点）な
　　ので，正しくない。
　 ⑦　9点の得点の生徒が1組にいるかいないかは
　　判断できない。
❸ 箱が左に寄っているので，ヒストグラムは，左
（値が小さい階級）の度数が大きい形と考えられる。

定期テスト対策 得点 アップ！ 予想問題

p.114~115 第**1**回

1　(1)　$9a-8b$　　　(2)　$-3y^2-2y$

　　(3)　$7x+4y$　　　(4)　$-7a-2b$

　　(5)　$-2b$　　　　(6)　$16x+16y+18$

　　(7)　$1.3a$　　　　(8)　$28x-30y$

　　(9)　$\dfrac{22x-2y}{15}\left(\dfrac{22}{15}x-\dfrac{2}{15}y\right)$　(10)　$\dfrac{19x-y}{6}\left(\dfrac{19}{6}x-\dfrac{1}{6}y\right)$

2　(1)　$32xy$　　　　(2)　$-45a^2b$

　　(3)　$-5a^2$　　　(4)　$14a$

　　(5)　$\dfrac{n}{4}$　　　　　(6)　$10xy$

　　(7)　$\dfrac{2}{5}x$　　　　(8)　$\dfrac{7}{6}a^3$

3　(1)　-13　　　　(2)　4

4　(1)　$a=\dfrac{3}{2}b-2$　(2)　$y=5x+\dfrac{19}{7}$

　　(3)　$b=\dfrac{3}{2}a-3$　(4)　$b=-2a+5c$

　　(5)　$a=-3b+\dfrac{\ell}{2}$　(6)　$a=3m-b-c$

　　(7)　$h=\dfrac{3V}{\pi r^2}$　　(8)　$a=-5b+2c$

5　$\dfrac{39a+40b}{79}$ 点

6　4つの続いた整数は，

　　$n,\ n+1,\ n+2,\ n+3$

　　と表される。したがって，それらの和は，

　　$n+(n+1)+(n+2)+(n+3)$

　　$=4n+6$

　　$=2(2n+3)$

　　$2n+3$ は整数だから，$2(2n+3)$ は2の倍数
　　である。

　　したがって，4つの続いた整数の和は2の倍
　　数である。

▶ 解説 ◀

1　(4)　$(-2a+7b)-(5a+9b)$

　　　　$=-2a+7b-5a-9b$

　　　　$=-7a-2b$

　　(6)　$\begin{array}{r}34x+\ 4y+\ 9\\ -)\ 18x-12y-\ 9\\ \hline 16x+16y+18\end{array}$

　　$\boxed{\begin{array}{l}34x-18x=16x\\ 4y-(-12y)=16y\\ 9-(-9)=18\end{array}}$

(9)　$\dfrac{1}{5}(4x+y)+\dfrac{1}{3}(2x-y)$

　　$=\dfrac{3(4x+y)+5(2x-y)}{15}$

　　$=\dfrac{12x+3y+10x-5y}{15}$

　　$=\dfrac{22x-2y}{15}$

(10)　$\dfrac{9x-5y}{2}-\dfrac{4x-7y}{3}$

　　$=\dfrac{3(9x-5y)-2(4x-7y)}{6}$

　　$=\dfrac{27x-15y-8x+14y}{6}$

　　$=\dfrac{19x-y}{6}$

2　(8)　$\left(-\dfrac{7}{8}a^2\right)\div\dfrac{9}{4}b\times(-3ab)$

　　$=\left(-\dfrac{7a^2}{8}\right)\times\dfrac{4}{9b}\times(-3ab)$

　　$=\dfrac{7\times a\times a\times\overset{1}{\cancel{4}}\times\overset{1}{\cancel{3}}\times a\times\overset{1}{\cancel{b}}}{\underset{2}{\cancel{8}}\times\underset{3}{\cancel{9}}\times\underset{1}{\cancel{b}}}$

　　$=\dfrac{7}{6}a^3$

3　(1)　$3(4a-2b)-2(3a-5b)$

　　　　$=12a-6b-6a+10b=6a+4b$

　　この式に $a=\dfrac{1}{2}$，$b=-4$ を代入する。

4　(5)　かっこをはずして，　$\ell=2a+6b$

　　　ℓ，$2a$ を移項して，　$-2a=6b-\ell$

　　　両辺を -2 でわって，　$a=-3b+\dfrac{\ell}{2}$

　　(7)　両辺を3倍して，　$3V=\pi r^2h$

　　　両辺を入れかえて，　$\pi r^2h=3V$

　　　両辺を πr^2 でわって，　$h=\dfrac{3V}{\pi r^2}$

5　（合計）＝（平均点）×（人数）だから，

　　Aクラスの得点の合計は $39a$ 点，

　　Bクラスの得点の合計は $40b$ 点。

　　したがって，2つのクラス全体の79人の得点の
　　合計は，$(39a+40b)$ 点なので，平均点は，

　　$\dfrac{39a+40b}{39+40}=\dfrac{39a+40b}{79}$（点）

p.116~117 **第2回**

1　$\dfrac{13}{5}$

2　(1)　$x=1$, $y=2$　　(2)　$x=-1$, $y=4$

　　(3)　$x=-1$, $y=3$　　(4)　$x=2$, $y=-1$

　　(5)　$x=-3$, $y=2$　　(6)　$x=-2$, $y=-1$

　　(7)　$x=5$, $y=10$　　(8)　$x=3$, $y=2$

3　$x=2$, $y=-3$

4　$a=2$, $b=1$

5　ドーナツ … 10 個，シュークリーム … 8 個

6　64

7　男子 … 77 人，女子 … 76 人

8　5 km

━━━━━ 解説 ━━━━━

1　$x=6$ を $4x-5y=11$ に代入すると，

$24-5y=11$　これを解いて，$y=\dfrac{13}{5}$

2　上の式を①，下の式を②とする。(2)，(4)，(6)は
代入法で，その他は加減法で解くとよい。

　(4)　①の $5y$ に②の $6x-17$ を代入すると，

　　　$3x+(6x-17)=1$

　　　これを解いて，$x=2$

　(5)　①×2 より，$2x+5y=4$ …③

　　　③×3 より，$6x+15y=12$ …④

　　　②×2 より，$6x+8y=-2$ …⑤

　　　④－⑤ より，$7y=14$　　$y=2$

　(6)　①×10 より，$3x-4y=-2$ …③

　　　③に②を代入すると，$3(5y+3)-4y=-2$

　　　$15y+9-4y=-2$　　$y=-1$

　(7)　①×10 より，$3x-2y=-5$ …③

　　　②×10 より，$6x+5y=80$ …④

　　　③×2 より，$6x-4y=-10$ …⑤

　　　④－⑤ より，$9y=90$　　$y=10$

　(8)　①，②のかっこをはずして整理すると，

　　　$x-4y=-5$ …③

　　　$4x-6y=0$ …④

　　　③×4 より，$4x-16y=-20$ …⑤

　　　④－⑤ より，$10y=20$　　$y=2$

3　$\begin{cases} 5x-2y=16 \\ 10x+y-1=16 \end{cases}$　として解く。

4　連立方程式に，$x=3$, $y=-4$ を代入すると，

　　$\begin{cases} 3a+4b=10 \\ -4a+3b=-5 \end{cases}$　これを加減法で解く。

5　ドーナツの個数を x 個，シュークリームの個数
を y 個とする。

　個数の関係より，$x+y=18$ …①

　代金の関係より，$60x+90y=1320$ …②

　①，②を連立方程式として解く。

6　もとの整数の十の位を x，一の位を y とすると，
もとの整数は $10x+y$，十の位と一の位の数を入
れかえてできる整数は，$10y+x$ と表される。

　$\begin{cases} 10x+y=7(x+y)-6 & \text{…①} \\ 10y+x=10x+y-18 & \text{…②} \end{cases}$

　①，②の連立方程式を解くと，

　$x=6$, $y=4$

　もとの整数は，十の位が 6，一の位が 4 なので，
64 である。

7　昨年度の男子，女子の新入生の人数をそれぞれ

x 人，y 人とすると，男子の 10 % は $\dfrac{10}{100}x$ 人，女

子の 5 % は $\dfrac{5}{100}y$ 人となる。

　昨年度の人数の関係より，$x+y=150$ …①

　今年度増減した人数の関係より，

　$\dfrac{10}{100}x-\dfrac{5}{100}y=3$ …②

　①，②を連立方程式として解くと，

　$x=70$, $y=80$

　今年度の新入生の人数は，

　男子…$70\times\left(1+\dfrac{10}{100}\right)=77$（人）

　女子…$80\times\left(1-\dfrac{5}{100}\right)=76$（人）

得点アップのコツ

割合の問題では，「もとにする量」を x, y とおくと，
式が簡単になることが多い。

8　A地点から峠までの道のりを x km，峠からB
地点までの道のりを y km とする。

　行きの時間の関係より，$\dfrac{x}{3}+\dfrac{y}{5}=\dfrac{76}{60}$ …①

　帰りの時間の関係より，$\dfrac{x}{5}+\dfrac{y}{3}=\dfrac{84}{60}$ …②

　①，②を連立方程式として解くと，

　$x=2$, $y=3$

　したがって，A地点からB地点までの道のりは，

　$2+3=5$（km）

1 (1) $y=\dfrac{20}{x}$　　　　(2) $y=-6x+10$

(3) $y=-0.5x+12$

y が x の1次関数であるもの … (2), (3)

2 (1) $\dfrac{5}{6}$　　　　(2) $y=\dfrac{2}{5}x+2$

(3) $y=-x+3$　　　(4) $y=4x-9$

(5) $y=-2x+4$　　(6) $(3, -4)$

3 (1) $y=x+3$　　　(2) $y=3x-2$

(3) $y=-\dfrac{1}{3}x+2$　(4) $y=-\dfrac{3}{4}x-\dfrac{9}{4}$

(5) $y=-3$

4

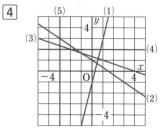

5 (1) 走る速さ … 分速 200 m

　　歩く速さ … 分速 50 m

(2) 家から 900 m の地点

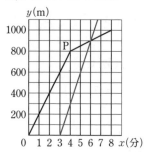

6 (1) $y=-6x+30$　　(2) $0\leqq y\leqq 30$

◆ **解説** ◆

2 (2) 変化の割合が $\dfrac{2}{5}$ だから，求める1次関数

の式を，$y=\dfrac{2}{5}x+b$ とする。この式に，$x=10$，

$y=6$ を代入して，b の値を求める。

(3) 求める1次関数の式を，$y=ax+b$ とする。

傾き a は，$a=\dfrac{-1-5}{4-(-2)}=-1$

だから，$y=-x+b$ となる。

この式に $x=-2$，$y=5$ を代入すると，

$5=2+b$　　$b=3$

したがって，$y=-x+3$

別解　$x=-2$ のとき $y=5$ だから，

$5=-2a+b$　…①

$x=4$ のとき $y=-1$ だから，

$-1=4a+b$　…②

①，②を a，b の連立方程式として解く。

(4) 平行な2直線の傾きは等しいので，傾きが 4

で点 $(2, -1)$ を通る直線の式を求める。

(5) グラフをイメージするとよい。切片は 4，傾

きは $\dfrac{0-4}{2-0}=-2$ となる。

(6) 2直線の交点の座標は，連立方程式の解とし

て求めることができるので，$\begin{cases} x+y=-1 \\ 3x+2y=1 \end{cases}$ を

解く。

3 (2) 2点 $(0, -2)$，$(1, 1)$ を通る直線の式。

(3) 2点 $(0, 2)$，$(3, 1)$ を通る直線の式。

(4) 2点 $(-3, 0)$，$(1, -3)$ を通る直線の式。

(5) 点 $(0, -3)$ を通り，x 軸に平行な直線の式。

4 (3) $y=0$ のとき $x=4$，$y=1$ のとき $x=1$ な

ので，2点 $(4, 0)$，$(1, 1)$ をとり，この2点を

通る直線をひく。

(4) $5y=10$ より，$y=2$

$(0, 2)$ を通り，x 軸に平行な直線になる。

(5) $4x+12=0$ より，$4x=-12$　$x=-3$

点 $(-3, 0)$ を通り，y 軸に平行な直線になる。

5 (1) 走る速さ…$800\div 4=200$ より，分速 200 m

歩く速さ…$(1000-800)\div 4=50$ より，分速 50 m

(2) 兄は，Aさんが出発してから3分後には，家

から 0 m の地点，4分後には 300 m の地点に

いるので，点 $(3, 0)$ と点 $(4, 300)$ を通る直線を

ひく。点 $(6, 900)$ で，Aさんのグラフと交わる。

6 (1) $\triangle ABP=\dfrac{1}{2}\times AP\times AB$

$=\dfrac{1}{2}\times(AD-PD)\times AB$

$y=\dfrac{1}{2}(10-2x)\times 6$

$y=-6x+30$

(2) y が最小のとき，点PはAにあり，

このとき $x=5$ より，

$y=-6\times 5+30=0$

y が最大のとき，点PはDにあり，

このとき $x=0$ より，

$y=-6\times 0+30=30$

p.120～121　第**4**回

1 (1) 90°　　　　(2) 55°
　　(3) 75°　　　　(4) 60°

2 △ABC≡△LKJ
　　2組の辺とその間の角がそれぞれ等しい。
　　△DEF≡△XVW
　　3組の辺がそれぞれ等しい。
　　△GHI≡△PQR
　　1組の辺とその両端の角がそれぞれ等しい。

3 (1) 3060°　　　(2) 十一角形
　　(3) 360°　　　　(4) 正十八角形

4 (1) 仮定　AC=DB，∠ACB=∠DBC
　　　結論　AB=DC
　　(2) ㋐　BC=CB
　　　㋑　2組の辺とその間の角
　　　㋒　△ABC≡△DCB
　　　㋓　合同な図形の対応する辺は等しい。
　　　㋔　AB=DC

5 △ABD≡△CBD
　　2組の辺とその間の角がそれぞれ等しい。

6 △ABC と △DCB において，
　　仮定から，AB=DC　…①
　　　　　　∠ABC=∠DCB …②
　　共通な辺だから，
　　　　　　BC=CB　…③
　　①，②，③より，2組の辺とその間の角がそ
　　れぞれ等しいから，
　　　　　　△ABC≡△DCB
　　合同な図形の対応する辺は等しいから，
　　　　　　AC=DB

━━━━━━━━━━━ 解 説 ━━━━━━━━━━━

1 (1) 右の図のように，ℓ, m
　　に平行な直線をひいて考え
　　るとよい。
　　∠x=59°+31°=90°

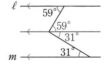

　(2) 右の図より，
　　30°+45°+∠x=130°
　　∠x=55°
　(3) 多角形の外角の和は360°
　　だから，
　　∠x+110°+108°+67°=360° より，
　　∠x=75°

(4) 六角形の内角の和は，
　　180°×(6-2)=720°
　　右の図のように，∠x とと
　　なり合う角を ∠y とすると，
　　150°+130°+90°+∠y+140°+90°=720°
　　より，∠y=120°
　　∠x=180°-120°=60°

2 ∠PQR=180°-(80°+30°)=70° より，
　　∠GHI=∠PQR
　　また，∠GIH=∠PRQ, HI=QR より，1組の辺
　　とその両端の角がそれぞれ等しいから，
　　△GHI≡△PQR

　　ミス注意! 合同の記号≡を使って合同の関係を
　　表すときは，対応する頂点の順もそろえること。

3 (1) 十九角形の内角の和は，
　　180°×(19-2)=3060°
　(2) 求める多角形を n 角形とすると，
　　180°×(n-2)=1620°
　　これを解くと，n=11 より十一角形になる。
　(3) 多角形の外角の和は，360° である。
　(4) 正多角形の外角の大きさはすべて等しいので，
　　360°÷20°=18 より，正十八角形

4 (2) 仮定「AC=DB, ∠ACB=∠DBC」と
　　BC=CB（共通な辺）から，△ABC≡△DCB を
　　導き，「合同な図形では，対応する辺は等しい」と
　　いう性質を根拠として，結論「AB=DC」を導く。

5 △ABD≡△CBD の証明は，次のようになる。
　　△ABD と △CBD において，
　　仮定から，AD=CD　　…①
　　　　　　∠ADB=∠CDB …②
　　共通な辺だから，
　　　　　　BD=BD　　…③
　　①，②，③より，2組の辺とその間の角がそれぞ
　　れ等しいから，
　　　　　　△ABD≡△CBD

6 AC と DB をそれぞれ1辺とする △ABC と
　　△DCB に着目し，それらが合同であることを証
　　明する。合同な図形の対応する辺が等しいことか
　　ら，AC=DB がいえる。

得点アップの コツ
合同な図形の証明では，等しいことがわかっている
辺や角に印をつけて考えるとよい。

1 (1) ∠a＝56°　　(2) ∠b＝60°

(3) ∠c＝16°　　(4) ∠d＝68°

2 (1) △ABC で，∠B＋∠C＝60° ならば，
∠A＝120° である。
正しい

(2) a，b を自然数とするとき，$a+b$ が奇数
ならば，a は奇数，b は偶数である。
正しくない

3 (1) 直角三角形で，斜辺と 1 つの鋭角がそれ
ぞれ等しい。

(2) AD

(3) △DBC と △ECB において，
仮定から，

∠CDB＝∠BEC＝90°　…①

∠DBC＝∠ECB　　…②

BC は共通　　…③

①，②，③より，直角三角形で，斜辺と
1 つの鋭角がそれぞれ等しいから，

△DBC≡△ECB

合同な図形の対応する辺は等しいから，

DC＝EB

4 (1)，(4)，(8)，(9)

5 △AEC，△AFC，△DFC

6 (1) 長方形　　　　(2) EG⊥HF

7 △AMD と △BME において，
仮定から，AM＝BM　　…①
対頂角は等しいから，

∠AMD＝∠BME …②

AD∥EB で，平行線の錯角は等しいから，

∠MAD＝∠MBE …③

①，②，③より，1 組の辺とその両端の角が
それぞれ等しいから，

△AMD≡△BME

合同な図形の対応する辺は等しいから，

AD＝BE　　…④

また，平行四辺形の対辺は等しいから，

AD＝BC　　…⑤

④，⑤より，

BC＝BE

▶ 解説 ◀

1 (3) △ABC は正三角形だから，∠BAC＝60°
∠BAD＝60°＋∠c＝76° より，∠c＝16°

(4) 右の図より，2∠d＋44°＝180°
これを解いて，∠d＝68°

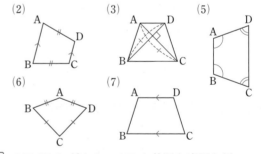

2 (1) △ABC で，∠B＋∠C＝60° のとき，
∠A＝180°－(∠B＋∠C)＝180°－60°＝120° と
なるので，逆は正しい。

(2) a が偶数で b が奇数となる場合もあるので，
逆は正しくない。

3 (1) △EBC と △DCB において，
仮定から，∠BEC＝∠CDB＝90°　…①
BC は共通　　　　　　　　　…②
AB＝AC より，△ABC は二等辺三角形だか
ら，∠EBC＝∠DCB　　　　…③
①，②，③より，直角三角形で，斜辺と 1 つの
鋭角がそれぞれ等しいから，△EBC≡△DCB

4 (1) 1 組の対辺が平行でその長さが等しい。

(4) 2 組の対角がそれぞれ等しい。

(8) ∠A＋∠B＝180° より，AD∥BC
∠B＋∠C＝180° より，AB∥DC
2 組の対辺がそれぞれ平行である。

(9) 対角線がそれぞれの中点で交わる。

(2)，(3)，(5)，(6)，(7)はそれぞれ次の図のように
なる場合があるので，平行四辺形になるとはか
ぎらない。

(2)	(3)	(5)

(6)	(7)

5 AE∥DC だから，AE を共通な底辺と見て，
△AED＝△AEC
EF∥AC だから，AC を共通な底辺と見て，
△AEC＝△AFC
AD∥FC だから，FC を共通な底辺と見て，
△AFC＝△DFC

6 (1) 平行四辺形だから，∠A＝∠C，∠B＝∠D
である。∠A＝∠D とすれば，
∠A＝∠D＝∠B＝∠C で，4 つの角がすべて
等しい四角形になる。

p.124〜125　第**6**回

1 出ない。

2 (1) $\dfrac{1}{4}$　(2) $\dfrac{3}{13}$　(3) $\dfrac{4}{13}$　(4) **0**

3 30 通り

4 15 通り

5 $\dfrac{3}{8}$

6 (1) $\dfrac{1}{3}$　(2) $\dfrac{7}{12}$

7 (1) $\dfrac{4}{25}$　(2) $\dfrac{2}{25}$　(3) $\dfrac{4}{25}$

8 (1) $\dfrac{5}{18}$　(2) $\dfrac{5}{36}$　(3) $\dfrac{1}{3}$　(4) $\dfrac{3}{4}$

9 (1) $\dfrac{3}{7}$　(2) $\dfrac{2}{7}$

━━━ 解　説 ━━━

2 (3)　6の約数1, 2, 3, 6のカードは1つのマークについて4枚だから，全部で 4×4＝16（枚）

3 下の樹形図より，30通り。

  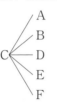

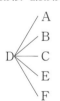 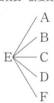 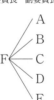

4 順番をつけずに選ぶ場合の数を考える。[A, B]，[A, C]，[A, D]，[A, E]，[A, F]，[B, C]，[B, D]，[B, E]，[B, F]，[C, D]，[C, E]，[C, F]，[D, E]，[D, F]，[E, F] の15通り。

5 表裏の出方を，樹形図をかいて考える。表裏の出方は全部で8通り。表が1回で裏が2回出る場合は○をつけた3通り。

求める確率は，$\dfrac{3}{8}$

6 樹形図は下のようになる。

ひき方は全部で 12 通り。

(1)　○をつけた 4 通りで，確率は，$\dfrac{4}{12}=\dfrac{1}{3}$

(2)　△をつけた 7 通りで，確率は，$\dfrac{7}{12}$

別解 1−(32以上になる確率) と考えて，$1-\dfrac{5}{12}=\dfrac{7}{12}$

7 赤球を①，②，白球を③，④，黒球を5とすると，樹形図は下のようになる。

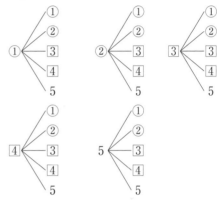

(1)　樹形図より，2個とも白球が出るのは4通り。

(2)　樹形図より，はじめに赤球が出て，次に黒球が出るのは2通りである。

(3)　樹形図より，赤球が1個，黒球が1個出るのは4通りである。

8 (1)　目の出方は全部で36通り。出る目の数の和が9以上になるのは右の表より，10通りである。

A\B	1	2	3	4	5	6
1	2	3	4	5	6	7
2	3	4	5	6	7	8
3	4	5	6	7	8	9
4	5	6	7	8	9	10
5	6	7	8	9	10	11
6	7	8	9	10	11	12

(3)　出る目の数の和が3の倍数になるのは，右の表で，3, 6, 9, 12になるとき。

(4)　1−(奇数になる確率) で求める。積が奇数になるのは，A，Bともに奇数の目が出たとき。

9 (1)　くじのひき方は全部で42通りあり，このうち，Bがあたる場合は18通りある。

(2)　A，Bともにはずれる場合は12通りある。

64 解答と解説

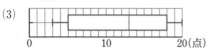

p.126　第**7**回

1 (1)　第1四分位数…5点
　　　　第2四分位数…13点
　　　　第3四分位数…18点

　(2)　**13点**

　(3)

```
|  |  |  |  |  |  |  |  |  |  |
0        10        20(点)
```

2 (1)　**47.5分**　(2)　**18分**　(3)　**10人**

◆ 解説 ◆

1 (1)　第2四分位数は全体の中央値なので，最初に求めるとよい。低いほうから8番目の13点である。
　　第1四分位数は，最小値をふくむほうの7個のデータの中央値なので，5点。第3四分位数は，最大値をふくむほうの7個のデータの中央値なので，18点。

　(2)　(四分位範囲)=(第3四分位数)-(第1四分位数)
　　　　　　　　　　=18-5=13(点)

2 (1)　第2四分位数が中央値なので，47.5分

　(2)　(データの範囲)=(最大値)-(最小値) なので，
　　　　58-40=18(分)

　(3)　第2四分位数を平均値で求めているので，データの個数は偶数である。5番目と6番目の間が中央となるのは，調べた人数が10人のときである。

p.127　第**8**回

1 (1)　$2x+7y$　　　　(2)　$12x-18y$

　(3)　$-y$　　　　(4)　$\dfrac{13x+7y}{10}\left(\dfrac{13}{10}x+\dfrac{7}{10}y\right)$

2 (1)　$x=-2,\ y=5$

　(2)　$x=-3,\ y=-7$

　(3)　$x=2,\ y=-1$

　(4)　$x=3,\ y=1$

3 (1)　$A(-1,\ 0),\ B(4,\ 0)$

　(2)　$(2,\ 3)$　　　(3)　$\dfrac{15}{2}$

◆ 解説 ◆

1 (4)　$\dfrac{3x-y}{2}-\dfrac{x-6y}{5}=\dfrac{5(3x-y)-2(x-6y)}{10}$

　　　　$=\dfrac{15x-5y-2x+12y}{10}$

　　　　$=\dfrac{13x+7y}{10}$

2 (4)　$\begin{cases}0.3x+0.2y=1.1 & \cdots① \\ 0.04x-0.02y=0.1 & \cdots②\end{cases}$

　①の両辺を10倍して，
　$3x+2y=11$　…③
　②の両辺を100倍して，
　$4x-2y=10$　…④
　③，④の連立方程式を，加減法を使って解くとよい。

3 (3)　$AB=4-(-1)=5$

　　　$\triangle PAB=\dfrac{1}{2}\times AB\times 3$

　　　　　　　$=\dfrac{1}{2}\times 5\times 3=\dfrac{15}{2}$

p.128　第**9**回

1 ㋐　**DE**

　㋑　**CE**

　㋒　**対頂角**

　㋓　**2組の辺とその間の角**

　㋔　**対応する角**

　㋕　**錯角**

2 △ABF と △CDE で，
　平行四辺形の対辺は等しいから，
　　　　　　　$AB=CD$　……①
　また，$BF=BC-CF$
　　　　　$DE=DA-AE$
　$BC=DA,\ CF=AE$ だから，
　　　　　　　$BF=DE$　……②
　平行四辺形の対角は等しいから，
　　　　　　　$\angle B=\angle D$　……③
　①，②，③より，2組の辺とその間の角がそれぞれ等しいから，
　　　　　　　△ABF≡△CDE
　合同な図形の対応する辺は等しいから，
　　　　　　　$AF=CE$

3 $\dfrac{3}{8}$

◆ 解説 ◆

3 表裏の出方は全部で8通りあり，合計得点が20点となる場合は，1回だけ表が出る場合で，
(表，裏，裏)，(裏，表，裏)，(裏，裏，表)
の3通りあるから，求める確率は，

$\dfrac{3}{8}$

定期テスト対策

スピード

チェック

教科書の
公式&解法マスター

数学 2 年

\ 付属の赤シートを
使ってね！ /

東京書籍版

スピードチェック

1 章 〔式の計算〕文字式を使って説明しよう
1 節　式の計算 (1)

☑ 1　$3a$, $-5xy$, a^2b などのように，数や文字についての乗法だけで
つくられた式を〔 単項式 〕という。

☑ 2　$2a-3$, $4x^2+3xy-5$ などのように，単項式の和の形で表された式を
〔 多項式 〕といい，ひとつひとつの単項式を，多項式の〔 項 〕という。
例 多項式 $4a-5b+3$ の項は，〔 $4a$, $-5b$, 3 〕

☑ 3　単項式でかけられている文字の個数を，その式の〔 次数 〕という。
例 単項式 $-4xy$ の次数は〔 2 〕，単項式 $5a^2b$ の次数は〔 3 〕

☑ 4　多項式では，各項の次数のうちでもっとも大きいものを，その式の〔 次数 〕
といい，次数が 1 の式を〔 1 次式 〕，次数が 2 の式を〔 2 次式 〕という。
例 多項式 a^2-3a+5 は，〔 2 〕次式
　　多項式 x^3-4x^2+2x-3 は，〔 3 〕次式

☑ 5　文字の部分が同じである項を〔 同類項 〕という。
x^2 と $2x$ は，次数が〔 異なる 〕ので，同類項ではない。
例 $2a+3b-4a-3$ で，同類項は〔 $2a$ 〕と〔 $-4a$ 〕

☑ 6　同類項は，分配法則 $ax+bx=(a+$〔 b 〕$)x$ を使って
1 つの項にまとめることができる。
例 $5x-3-2x-4$ の同類項をまとめると，〔 $3x-7$ 〕
　　$3a-4b-2a+b$ の同類項をまとめると，〔 $a-3b$ 〕

☑ 7　多項式の加法は，多項式のすべての項を加え，〔 同類項 〕をまとめる。
例 $(a+b)+(2a-3b)=$〔 $3a-2b$ 〕
　　$(2x-7y)+(3x+4y)=$〔 $5x-3y$ 〕

☑ 8　多項式の減法は，ひくほうの多項式の各項の〔 符号 〕を変えて加える。
例 $(3x+4y)-(x+y)=$〔 $2x+3y$ 〕
　　$(5a-9b)-(3a-4b)=$〔 $2a-5b$ 〕

1章 〔式の計算〕文字式を使って説明しよう
1節　式の計算 (2)
2節　文字式の利用

☑ **1** 多項式と数の乗法は，分配法則 $a(b+c)=ab+$ 〔 ac 〕 を使って

計算する。　例 $3(2a+5b)=$ 〔 $6a+15b$ 〕

☑ **2** 多項式と数の除法は，わる数を 〔 逆数 〕 にして乗法になおすか，

分数の形にして計算する。　例 $(12x-28y)÷4=$ 〔 $3x-7y$ 〕

☑ **3** 単項式どうしの乗法は，係数の積に 〔 文字 〕 の積をかける。

例 $(-4a)×(-5b)=$ 〔 $20ab$ 〕

☑ **4** 単項式どうしの除法は，分数の形にして 〔 約分 〕 するか，

除法を 〔 乗法 〕 になおして計算する。　例 $(-8xy)÷2y=$ 〔 $-4x$ 〕

☑ **5** 乗法と除法の混じった計算は，全体を1つの分数の形にして

〔 約分 〕 する。　例 $a^2b÷ab^2×2b=\dfrac{a^2b×2b}{ab^2}=$ 〔 $2a$ 〕

☑ **6** 式の値を求めるとき，式を計算してから数を 〔 代入 〕 すると，

求めやすくなる場合がある。

例 $a=2$，$b=3$ のとき，$-9ab^2÷3ab$ の値を求めると，〔 -9 〕

☑ **7** n を整数とすると，3つの続いた整数は，

n，〔 $n+1$ 〕，$n+2$ または 〔 $n-1$ 〕，n，$n+1$ と表される。

例 3つの続いた整数のうち，中央の整数を n として，この3つの整数の

和を n を使って表すと，$(n-1)+n+(n+1)=$ 〔 $3n$ 〕

☑ **8** 2けたの自然数の十の位を x，一の位を y とすると，この自然数は

〔 $10x+y$ 〕 と表される。また，$a×$(整数)は，a の 〔 倍数 〕 である。

m，n を整数とすると，偶数は 〔 $2m$ 〕，奇数は 〔 $2n+1$ 〕 と表される。

☑ **9** x，y についての等式を変形して，x の値から y の値を求める式を導く

ことを，等式を y について 〔 解く 〕 という。

例 $2x+y=3$ を y について解くと，〔 $y=-2x+3$ 〕

$m=\dfrac{a+b}{2}$ を b について解くと，〔 $b=2m-a$ 〕

2章 〔連立方程式〕方程式を利用して問題を解決しよう
1節 連立方程式とその解き方(1)

☑ 1 2つの文字をふくむ1次方程式を〔 2元 〕1次方程式といい，2元1次方程式を成り立たせる文字の値の組を，2元1次方程式の〔 解 〕という。

例 2元1次方程式 $3x+y=9$ について，$x=2$ のときの y の値は〔 $y=3$ 〕

2元1次方程式 $2x+y=13$ について，$y=5$ のときの x の値は〔 $x=4$ 〕

☑ 2 2つ以上の方程式を組み合わせたものを〔 連立 〕方程式という。また，組み合わせたどの方程式も成り立たせる文字の値の組を，連立方程式の〔 解 〕といい，解を求めることを，連立方程式を〔 解く 〕という。

例 $x=3$，$y=2$ は，連立方程式 $x+2y=7$，$2x+y=8$ の解と〔 いえる 〕。

$x=1$，$y=3$ は，連立方程式 $x+2y=7$，$2x+y=6$ の解と〔 いえない 〕。

☑ 3 文字 x をふくむ2つの方程式から，x をふくまない1つの方程式をつくることを，x を〔 消去 〕するという。連立方程式を解くには，2つの文字のどちらか一方を〔 消去 〕して，文字が1つだけの方程式を導く。

☑ 4 連立方程式の左辺どうし，右辺どうしを加えたりひいたりして，1つの文字を消去して解く方法を〔 加減法 〕という。

例 連立方程式 $\begin{cases} x+3y=4 \\ x+2y=3 \end{cases}$ を加減法で解くと，〔 $x=1$，$y=1$ 〕

☑ 5 **例** 連立方程式 $5x+2y=12\cdots$①，$2x+y=5\cdots$② を加減法で解くと，

②×2 は $4x+2y=10$ で，①－②×2 より，〔 $x=2$ 〕 ②より，〔 $y=1$ 〕

☑ 6 連立方程式の一方の式を他方の式に代入することによって，1つの文字を消去して解く方法を〔 代入法 〕という。

例 連立方程式 $\begin{cases} x+2y=5 \\ x=y+2 \end{cases}$ を代入法で解くと，〔 $x=3$，$y=1$ 〕

☑ 7 **例** 連立方程式 $x=y-1\cdots$①，$y=2x-1\cdots$② を代入法で解くと，

②を①に代入して $x=(2x-1)-1$ より，〔 $x=2$ 〕 ②より，〔 $y=3$ 〕

2章 〔連立方程式〕方程式を利用して問題を解決しよう
1節　連立方程式とその解き方 (2)
2節　連立方程式の利用

☑ **1** かっこをふくむ連立方程式は，〔 かっこ 〕をはずし，整理してから解く。

例 連立方程式 $x+2y=9$ …①，$5x-3(x+y)=4$ …② について，

②をかっこをはずして整理すると，〔 $2x-3y=4$ 〕

☑ **2** 係数に分数をふくむ連立方程式は，両辺に分母の〔 最小公倍数 〕をかけて，

分母をはらってから解く。

例 連立方程式 $x+2y=12$ …①，$\dfrac{1}{2}x+\dfrac{1}{3}y=4$ …② について，

②を係数が整数になるように変形すると，〔 $3x+2y=24$ 〕

☑ **3** 係数に小数をふくむ連立方程式は，両辺に 10 や 100 などをかけて，

係数を〔 整数 〕にしてから解く。

例 連立方程式 $x+2y=-2$ …①，$0.1x+0.06y=0.15$ …② について，

②を係数が整数になるように変形すると，〔 $10x+6y=15$ 〕

☑ **4** $A=B=C$ という形の連立方程式は，次の組み合わせをつくって解く。

〔 $A=B,\ A=C$ 〕 または 〔 $A=B,\ B=C$ 〕 または 〔 $A=C,\ B=C$ 〕

例 連立方程式 $x+2y=3x-4y=7$ （$A=B=C$ の形）について，

$A=C,\ B=C$ の形の連立方程式をつくると，〔 $x+2y=7,\ 3x-4y=7$ 〕

☑ **5** 例 連立方程式 $ax+by=5$，$bx+ay=7$ の解が $x=2$，$y=1$ のとき，

a，b についての連立方程式をつくると，〔 $2a+b=5,\ 2b+a=7$ 〕

☑ **6** 例 50 円のガムと 80 円のガムを合わせて 15 個買い，900 円はらった。

50 円のガムを x 個，80 円のガムを y 個として，連立方程式をつくると，

〔 $x+y=15,\ 50x+80y=900$ 〕

☑ **7** 速さ，時間，道のりについて，（道のり）＝（速さ）×（〔 時間 〕）

例 17 km の山道を，峠まで時速 3 km，峠から時速 4 km で歩き，全体で

5 時間かかった。峠まで x km，峠から y km として，連立方程式を

つくると，〔 $x+y=17,\ \dfrac{x}{3}+\dfrac{y}{4}=5$ 〕

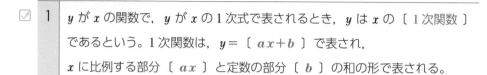

3章　〔1次関数〕関数を利用して問題を解決しよう
1節　1次関数
2節　1次関数の性質と調べ方(1)

☑ **1** y が x の関数で，y が x の1次式で表されるとき，y は x の〔 **1次関数** 〕
であるという。1次関数は，$y=$〔 $ax+b$ 〕で表され，
x に比例する部分〔 ax 〕と定数の部分〔 b 〕の和の形で表される。

☑ **2** 例 1個120円のりんご x 個を100円の箱につめてもらったときの代金が
y 円のとき，y を x の式で表すと，〔 $y=120x+100$ 〕

例 水が15L入っている水そうから，x L の水をくみ出すと y L の水が
残るとき，y を x の式で表すと，〔 $y=-x+15$ 〕

☑ **3** 1次関数 $y=ax+b$ では，x の値が1ずつ
増加すると，y の値は〔 a 〕ずつ増加する。

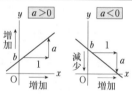

例 1次関数 $y=3x+4$ では，x の値が1ずつ
増加すると，y の値は〔 3 〕ずつ増加する。

☑ **4** x の増加量に対する y の増加量の割合を〔 **変化の割合** 〕という。

1次関数 $y=ax+b$ では，(変化の割合)$=\dfrac{(y \text{ の増加量})}{(x \text{ の増加量})}=$〔 a 〕

例 1次関数 $y=4x-3$ で，この関数の変化の割合は，〔 4 〕

1次関数 $y=2x+1$ で，x の増加量が3のときの y の増加量は，〔 6 〕

☑ **5** 1次関数 $y=ax+b$ のグラフは，$y=ax$ のグラフに〔 **平行** 〕で，
点$(0,$〔 b 〕$)$ を通る直線であり，傾きが〔 a 〕，切片が〔 b 〕である。

例 1次関数 $y=2x-5$ のグラフの傾きは〔 2 〕，切片は〔 -5 〕

1次関数 $y=-2x+3$ のグラフの傾きは〔 -2 〕，切片は〔 3 〕

☑ **6** 1次関数 $y=ax+b$ のグラフは，$a>0$ なら〔 **右上がり** 〕の直線であり，
$a<0$ なら〔 **右下がり** 〕の直線である。

例 1次関数 $y=4x+5$ のグラフは，〔 **右上がり** 〕の直線である。

1次関数 $y=-3x+1$ のグラフは，〔 **右下がり** 〕の直線である。

3章　［1次関数］関数を利用して問題を解決しよう
2節　1次関数の性質と調べ方 (2)
3節　2元1次方程式と1次関数 (1)

☑ **1** 傾き (変化の割合) と1点の座標 (1組の x, y の値) がわかっているときは，1次関数を $y = ax + b$ と表し，a に〔 傾き (変化の割合) 〕をあてはめ，さらに，〔 1点の座標 (1組の x, y の値) 〕を代入し，b の値を求める。

☑ **2** **例** グラフの傾きが3で，点 $(2, 4)$ を通る1次関数の式を求めると，傾きは3で，

$y = 3x + b$ という式になるから，この式に $x = 2$, $y = 4$ を代入して，

$4 = 3 \times 2 + b$ より，〔 $b = -2$ 〕　　よって，〔 $y = 3x - 2$ 〕

☑ **3** 2点の座標 (2組の x, y の値) がわかっているときは，

1次関数を $y = ax + b$ と表し，まず，傾き (変化の割合) a を求め，

次に，〔 1点の座標 (1組の x, y の値) 〕を代入し，b の値を求める。

☑ **4** **例** グラフが2点 $(1, 3)$, $(4, 9)$ を通る1次関数の式を求めると，

傾きは $\dfrac{9-3}{4-1} = 2$ で，$y = 2x + b$ という式になるから，

$x = 1$, $y = 3$ を代入して，$3 = 2 \times 1 + b$ より，〔 $b = 1$ 〕

よって，〔 $y = 2x + 1$ 〕

☑ **5** 2元1次方程式 $ax + by = c$ のグラフは〔 直線 〕である。

方程式 $ax + by = c$ のグラフをかくには，

この方程式を〔 y 〕について解き，傾きと切片を求める。

例 方程式 $2x + y = 5$ のグラフについて，傾きと切片を求めると，

$y = -2x + 5$ と変形できることから，傾きは〔 -2 〕，切片は〔 5 〕

☑ **6** 方程式 $ax + by = c$ のグラフをかくには，

$x = 0$ や $y = 0$ のときに通る2点 $\left(0, \dfrac{〔\ c\ 〕}{〔\ b\ 〕}\right)$, $\left(\dfrac{c}{〔\ a\ 〕}, 0\right)$

を求めてもよい。

例 方程式 $3x + 2y = 6$ のグラフは，$x = 0$ とすると $y = 3$，

$y = 0$ とすると $x = 2$ だから，2点 $(0,$〔 3 〕$)$, $($〔 2 〕$, 0)$ を通る。

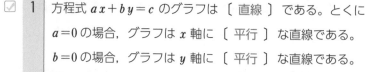

☑ **1** 方程式 $ax+by=c$ のグラフは 〔 直線 〕 である。とくに
$a=0$ の場合，グラフは x 軸に 〔 平行 〕 な直線である。
$b=0$ の場合，グラフは y 軸に 〔 平行 〕 な直線である。

例 方程式 $2y=8$ のグラフは，点(0, 〔 4 〕)を通り，〔 x 〕 軸に平行な直線。

方程式 $3x=9$ のグラフは，点(〔 3 〕, 0)を通り，〔 y 〕 軸に平行な直線。

☑ **2** x, y についての連立方程式の解は，それぞれの方程式のグラフの
交点の 〔 x 〕 座標，〔 y 〕 座標の組である。

☑ **3** **例** 2直線 $3x+y=5$…①, $2x+y=3$…② の交点の座標を求めると，
①−②より，$x=$〔 2 〕 ②より，$y=$〔 -1 〕 よって，(〔 2 〕, 〔 -1 〕)

☑ **4** 2直線が平行のとき，2直線の式を組にした連立方程式の解は 〔 ない 〕。

例 2直線 $2x-y=3$, $4x-2y=1$ の関係は，

2直線の傾きが 〔 等しく 〕，切片が 〔 異なる 〕 ので，〔 平行 〕 になる。

☑ **5** 1次関数を利用して問題を解くには，まず $y=$ 〔 $ax+b$ 〕 の形に表す。

例 長さ $20\,cm$ のばねに $40\,g$ のおもりをつるすと，ばねは $24\,cm$ になった。
おもりを $x\,g$，ばねを $y\,cm$ として，y を x の式で表すと，
$y=ax+20$ という式になるから，$x=40$, $y=24$ を代入して，
$24=a\times40+20$ より，〔 $a=0.1$ 〕 よって，〔 $y=0.1x+20$ 〕

☑ **6** 1次関数を利用して図形の問題を解くときは，
$x\geqq0$, $y\geqq0$ などの 〔 変域 〕 に注意する。

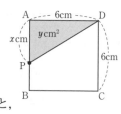

例 1辺が $6\,cm$ の正方形 ABCD で，
点Pが辺 AB 上を A から $x\,cm$ 動くとき，
△APD の面積を $y\,cm^2$ として，y を x の式で表すと，
(△APD の面積) = (AD の長さ) × (AP の長さ) ÷2 だから，
$y=6\times x\div2$ $(0\leqq x\leqq$ 〔 6 〕) よって，〔 $y=3x$ $(0\leqq x\leqq6)$ 〕

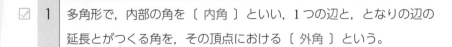

4章 〔平行と合同〕図形の性質の調べ方を考えよう
1節 説明のしくみ
2節 平行線と角 (1)

☑ 1　多角形で，内部の角を〔 内角 〕といい，1つの辺と，となりの辺の

延長とがつくる角を，その頂点における〔 外角 〕という。

☑ 2　2つの直線が交わるとき，向かい合っている角を〔 対頂角 〕という。

対頂角は〔 等しい 〕。

例右の図では，∠a＝〔 60° 〕，∠b＝〔 120° 〕，

∠c＝〔 60° 〕

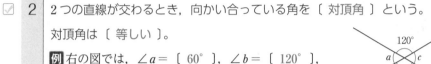

☑ 3　2直線に1つの直線が交わるとき，

2直線が平行ならば，〔 同位角 〕，〔 錯角 〕は等しい。

例右の図では，∠a＝〔 50° 〕，

∠b＝〔 50° 〕，∠c＝〔 130° 〕，

∠d＝〔 50° 〕，∠e＝〔 130° 〕

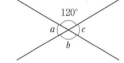

☑ 4　2直線に1つの直線が交わるとき，〔 同位角 〕または〔 錯角 〕が

等しければ，その2直線は平行である。

例右の図の直線のうち，平行であるものを，

記号 // を使って表すと，

〔 a 〕// 〔 c 〕，〔 b 〕// 〔 d 〕

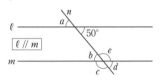

☑ 5　あることがらが成り立つわけを，すでに正しいとわかっている性質を

根拠にして示すことを〔 証明 〕という。

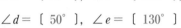

☑ 6　三角形の内角の和は〔 180° 〕である。

例△ABC で，∠A＝35°，∠B＝65°のとき，

∠C の大きさは，〔 80° 〕

三角形の外角は，それととなり合わない2つの〔 内角 〕の和に等しい。

例△ABC で，∠A＝60°，頂点 B における外角が130°のとき，

∠C の大きさは，〔 70° 〕

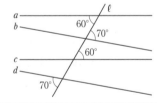
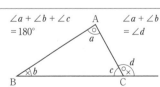

☑ **1** 四角形の内角の和は 〔 360° 〕 である。

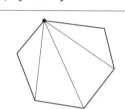

$\angle a + \angle b + \angle c + \angle d = 360°$

例 四角形 ABCD で，∠A＝70°，∠B＝80°，

∠C＝90°のとき，∠D の大きさは，〔 120° 〕

例 四角形 ABCD で，∠A＝70°，∠B＝80°，

頂点 C における外角が 80°のとき，∠D の大きさは，〔 110° 〕

☑ **2** n 角形は，1 つの頂点から出る対角線によって，

(〔 $n-2$ 〕)個の三角形に分けられる。

例 六角形は，1 つの頂点から出る対角線によって，

〔 4 〕 個の三角形に分けられる。

☑ **3** n 角形の内角の和は，〔 $180° \times (n-2)$ 〕 である。

例 六角形の内角の和は，$180° \times (6-2) =$ 〔 720° 〕

正六角形の 1 つの内角の大きさは，$720° \div 6 =$ 〔 120° 〕

☑ **4** 多角形の外角の和は 〔 360° 〕 である。

例 正六角形の 1 つの外角の大きさは，$360° \div 6 =$ 〔 60° 〕

1 つの外角が 45°である正多角形は，

$360° \div 45° =$ 〔 8 〕 より，〔 正八角形 〕

☑ **5** 平面上の 2 つの図形について，一方を移動させることによって他方に

重ね合わせることができるとき，この 2 つの図形は 〔 合同 〕 である。

合同な図形では，対応する線分や角は 〔 等しい 〕。

☑ **6** 四角形 ABCD と四角形 EFGH が合同であることを，記号≡を使って，

〔 四角形 ABCD 〕 ≡ 〔 四角形 EFGH 〕 と表す。

合同の記号≡を使うときは，対応する 〔 頂点 〕 を同じ順に書く。

例 五角形 ABCDE ≡五角形 FGHIJ であるとき，

∠C に対応する角は，〔 ∠H 〕　　辺 EA に対応する辺は，〔 辺 JF 〕

4章 ［平行と合同］図形の性質の調べ方を考えよう
3節　合同な図形 (2)

☑ 1　2つの三角形は，〔 3 〕組の辺がそれぞれ

等しいとき，合同である。

例 AB＝DE，AC＝DF，〔 BC 〕＝〔 EF 〕

のとき，△ABC ≡△DEF となる。

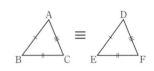

☑ 2　2つの三角形は，2組の辺と 〔 その間 〕

の角がそれぞれ等しいとき，合同である。

例 ∠〔 B 〕＝∠〔 E 〕，AB＝DE，BC＝EF

のとき，△ABC ≡△DEF となる。

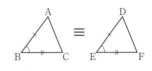

☑ 3　2つの三角形は，1組の辺と 〔 その両端 〕

の角がそれぞれ等しいとき，合同である。

例〔 BC 〕＝〔 EF 〕，∠B＝∠E，∠C＝∠F

のとき，△ABC ≡△DEF となる。

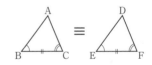

☑ 4　「○○○ ならば □□□」と表したとき，○○○ の部分を 〔 仮定 〕，

□□□ の部分を 〔 結論 〕 という。

例「x が9の倍数ならば x は3の倍数である。」について，

仮定は 〔 x が9の倍数 〕，結論は 〔 x は3の倍数 〕

例「四角形の内角の和は 360° である。」について，

仮定は 〔 ある多角形が四角形 〕，

結論は 〔 その四角形の内角の和は 360° 〕

☑ 5　証明のしくみは，〔 仮定 〕 から出発し，すでに正しいと認められた

ことがらを根拠として使って，〔 結論 〕 を導く。

例「△ABC ≡△DEF ならば AB＝DE」について，

仮定から結論を導く根拠となっていることがらは，

〔 合同な図形の対応する辺は等しい 〕。

スピードチェック

5章 〔三角形と四角形〕図形の性質を見つけて証明しよう

1節　三角形(1)

1　ことばの意味をはっきりと述べたものを〔 定義 〕という。
証明されたことがらのうちで，大切なものを〔 定理 〕という。

2　二等辺三角形で，長さの等しい2つの辺の間の角を〔 頂角 〕，
頂角に対する辺を〔 底辺 〕，底辺の両端の角を〔 底角 〕という。

3　3つの角がすべて〔 鋭角 〕（0°より大きく90°より小さい角）である
三角形を〔 鋭角 〕三角形といい，1つの角が〔 鈍角 〕（90°より大きく
180°より小さい角）である三角形を〔 鈍角 〕三角形という。

4　二等辺三角形の〔 底角 〕は等しい。
二等辺三角形の〔 頂角 〕の二等分線は，
底辺を〔 垂直 〕に2等分する。

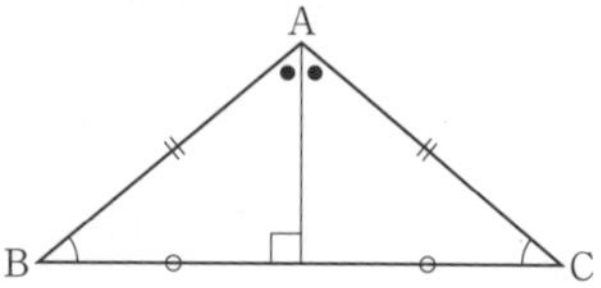

例 二等辺三角形で，頂角が80°のとき，底角は〔 50° 〕
二等辺三角形で，底角が55°のとき，頂角は〔 70° 〕

5　三角形の2つの角が等しければ，その三角形は，
等しい2つの角を底角とする〔 二等辺 〕三角形である。

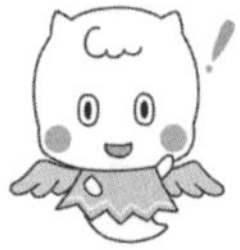

例 ある三角形が二等辺三角形であることを証明するには，
〔 2 〕つの辺または〔 2 〕つの角が等しいことを示せばよい。

6　正三角形の〔 定義 〕は，「3つの辺が等しい三角形」である。
ある定理の仮定と結論を入れかえたものを，その定理の〔 逆 〕という。
あることがらが成り立たない例を〔 反例 〕という。あることがらが
正しくないことを示すには，反例を〔 1つ 〕あげればよい。

例「$x=1$，$y=2$ ならば $x+y=3$ である。」について，この逆は，
「〔 $x+y=3$ ならば $x=1$，$y=2$ である。〕」 これは，〔 正しくない 〕。

例「3つの角が等しい三角形は正三角形である。」について，この逆は，
「〔 正三角形ならば3つの角が等しい。〕」 これは，〔 正しい 〕。

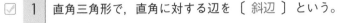
☑ **1** 直角三角形で，直角に対する辺を〔 斜辺 〕という。

2つの直角三角形は，斜辺と1つの〔 鋭角 〕が

それぞれ等しいとき，合同である。

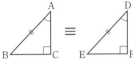

例 ∠C＝∠F＝90°，∠A＝∠D，

　〔 AB 〕＝〔 DE 〕のとき，△ABC ≡ △DEF となる。

☑ **2** 2つの直角三角形は，斜辺と他の〔 1辺 〕が

それぞれ等しいとき，合同である。

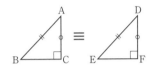

例 ∠C＝∠F＝90°，AC＝DF，

　〔 AB 〕＝〔 DE 〕のとき，△ABC ≡ △DEF となる。

☑ **3** 平行四辺形の定義は，「2組の〔 対辺 〕が

それぞれ〔 平行 〕な四角形」である。

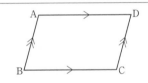

例 ▱ABCD について，2組の対辺がそれぞれ

　平行であることを，式で表すと，〔 AB∥DC，AD∥BC 〕

☑ **4** 平行四辺形では，2組の対辺または2組の対角はそれぞれ〔 等しい 〕。

例 ▱ABCD について，2組の対角が

それぞれ等しいことを，式で表すと，

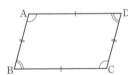

　〔 ∠A＝∠C，∠B＝∠D 〕

☑ **5** 平行四辺形では，対角線はそれぞれの〔 中点 〕で交わる。

例 ▱ABCD の対角線の交点を O とするとき，

対角線がそれぞれの中点で交わることを，

式で表すと，〔 AO＝CO，BO＝DO 〕

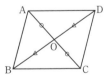

☑ **6** **例** ▱ABCD で，∠A＝120°のとき，∠B＝〔 60° 〕

例 ▱ABCD で，対角線 BD をひくとき，

∠ABD と大きさの等しい角は，〔 ∠CDB 〕

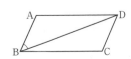

スピードチェック

2節 平行四辺形 (2)

☑ **1** 2組の〔 対辺 〕がそれぞれ平行である四角形は，平行四辺形である。

2組の〔 対辺 〕または2組の〔 対角 〕がそれぞれ等しい四角形は，

平行四辺形である。

対角線がそれぞれの〔 中点 〕で交わる四角形は，平行四辺形である。

1組の対辺が〔 平行 〕でその長さが等しい四角形は，平行四辺形である。

☑ **2** 長方形の定義は，「4つの〔 角 〕がすべて等しい四角形」である。

ひし形の定義は，「4つの〔 辺 〕がすべて等しい四角形」である。

正方形の定義は，「4つの〔 角 〕がすべて等しく，

4つの〔 辺 〕がすべて等しい四角形」である。

正方形は，長方形でもあり，ひし形でもある。

☑ **3** 長方形の対角線は〔 等しい 〕。

ひし形の対角線は〔 垂直 〕に交わる。

直角三角形の斜辺の中点は，

この三角形の3つの頂点から等しい

〔 距離 〕にある。

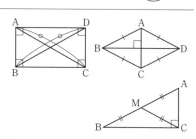

☑ **4** 例 □ABCD について，∠A＝∠B ならば，〔 長方形 〕になる。

□ABCD について，AB＝BC ならば，〔 ひし形 〕になる。

正方形 ABCD の対角線の交点を O とするとき，

△OAB は〔 直角二等辺 〕三角形である。

☑ **5** 底辺 BC を共有し，BC に平行な直線上に頂点を

もつ△ABC，△A´BC，△A″BC の面積は，

△ABC〔 ＝ 〕△A´BC〔 ＝ 〕△A″BC

例 □ABCD で，2つの対角線をひくとき，

△ABC と面積が等しい三角形は，〔 **△ABD, △ACD, △BCD** 〕

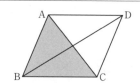

6章 ［確率］起こりやすさをとらえて説明しよう
1節　確率

☑ **1** あることがらが起こると期待される程度を数で表したものを，そのことがらの起こる 〔 確率 〕 という。確率を計算によって求める場合は，目の出方，表と裏の出方，数の出方などは同様に 〔 確からしい 〕 ものとして考える。

☑ **2** 起こる場合が全部で n 通り，ことがら A の起こる場合が a 通りあるとき，ことがら A の起こる確率 p は，$p = \dfrac{〔\ a\ 〕}{〔\ n\ 〕}$

あることがらの起こる確率 p の範囲は 〔 0 〕$\leqq p \leqq$〔 1 〕

かならず起こることがらの確率は 〔 1 〕 であるから，

（A の起こらない確率）＝ 〔 1 〕 － （A の起こる確率）である。

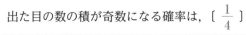

☑ **3** 起こりうるすべての場合を整理してかき出すときは，〔 樹形 〕 図を使う。

☑ **4** 例 2枚の 10 円硬貨を投げるとき，表と裏の出方は全部で 〔 4 〕 通り。

☑ **5** 例 1つのさいころを 1 回投げるとき，

2 の目が出る確率は，〔 $\dfrac{1}{6}$ 〕　　偶数の目が出る確率は，〔 $\dfrac{1}{2}$ 〕

☑ **6** 例 4本のあたりくじが入っている 20 本のくじから 1 本ひくとき，

あたりくじをひく確率は，〔 $\dfrac{1}{5}$ 〕　　はずれくじをひく確率は，〔 $\dfrac{4}{5}$ 〕

例 2枚の 10 円硬貨を投げるとき，2 枚とも表が出る確率は，〔 $\dfrac{1}{4}$ 〕

1 枚は表が出て 1 枚は裏が出る確率は，〔 $\dfrac{1}{2}$ 〕

☑ **7** 例 大小 2 つのさいころを投げるとき，目の出方は全部で 〔 36 〕 通りで，

同じ目が出る確率は，〔 $\dfrac{1}{6}$ 〕

出た目の数の和が 4 になる確率は，〔 $\dfrac{1}{12}$ 〕

出た目の数の積が奇数になる確率は，〔 $\dfrac{1}{4}$ 〕

☑ **8** 例 A，B，C，D の 4 人から 2 人の当番を選ぶとき，

選び方は全部で 〔 6 〕 通りで，A が選ばれる確率は，〔 $\dfrac{1}{2}$ 〕

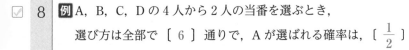

7章 ［データの比較］データを比較して判断しよう

1節 四分位範囲と箱ひげ図

☑ **1** 小さい順に並べたデータの個数が偶数 $(2n)$ 個あるとき，それぞれの四分位数は下のようになる。

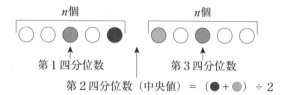

第1四分位数，第3四分位数はそれぞれ前半部分と後半部分のデータの中央値である。

第2四分位数（中央値）＝（● ＋ ●）÷ 2

例 次の6つのデータがある。

> 6 8 10 16 18 20

このデータの最小値は〔 6 〕，最大値は〔 20 〕，

第1四分位数は〔 8 〕，第2四分位数は〔 13 〕，第3四分位数は〔 18 〕

四分位範囲は，（第3四分位数）−（第1四分位数）＝〔 10 〕

☑ **2** 小さい順に並べたデータの個数が奇数 $(2n+1)$ 個あるとき，それぞれの四分位数は下のようになる。

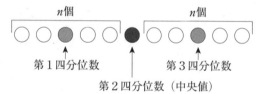

第1四分位数   第3四分位数

第2四分位数（中央値）

例 次の7つのデータがある。

> 6 8 10 16 18 20 30

このデータの最小値は〔 6 〕，最大値は〔 30 〕，

第1四分位数は〔 8 〕，第2四分位数は〔 16 〕，第3四分位数は〔 20 〕

四分位範囲は，（第3四分位数）−（第1四分位数）＝〔 12 〕

☑ **3** 右のような箱ひげ図がある。四分位数などが図のように対応している。

最小値 第〔 2 〕四分位数 最大値

第〔 1 〕四分位数 第〔 3 〕四分位数

東京書籍版　数学2年

教科書ワーク 数学

特別ふろく ②

無料ダウンロード
定期テスト対策問題

こちらにアクセスして，表紙カバーについているアクセスコードを入力してご利用ください。
https://www.kyokashowork.jp/ma11.html

---

1 実力テスト

基本・標準・発展の3段階構成で無理なくレベルアップできる！

数学1年

実力テスト 基本

中学教科書ワーク付録　定期テスト対策問題　文理

1章　正負の数
❶正負の数，加法と減法

20分　得点　点

1 次の問いに答えなさい。　　　　　　　　　　　　　【10点×2＝20点】

(1) -4，$+0.6$，0，-2，$+3$，$+\frac{1}{4}$，-0.6 の7つの数について，絶対値がいちばん小さい数といちばん大きい数をそれぞれ答えなさい。

小さい数　　　　大きい数

(2) 右の数を小さいほうから順に並べなさい。　　-3，$+8$，0，-9

2 次の計算をしなさい。　　　　　　　　　　　　　【10点×8＝80点】
(1) $11+(-4)$　　　　　　　　(2) $-27+13$

数学1年

実力テスト 発展

中学教科書ワーク付録　定期テスト対策問題　文理

1章　正負の数
❶正負の数，加法と減法

30分　得点　点

1 次の問いに答えなさい。　　　　　　　　　　　　　【20点×2＝40点】

(1) 右の数の大小を，不等号を使って表しなさい。　　$-\frac{1}{2}$，$-\frac{1}{3}$，$-\frac{1}{5}$

数学1年

実力テスト 標準

中学教科書ワーク付録　定期テスト対策問題　文理

1章　正負の数
❶正負の数，加法と減法

25分　得点　点

1 次の問いに答えなさい。　　　　　　　　　　　　　【10点×2＝20点】

(1) 絶対値が3より小さい整数をすべて求めなさい。

(2) 数直線上で，-2 からの距離が5である数を求めなさい。

2 次の計算をしなさい。　　　　　　　　　　　　　【10点×8＝80点】
(1) $-6+(-15)$　　　　(差は)(2) $-\frac{2}{5}-\left(-\frac{1}{2}\right)$

---

2 観点別評価テスト

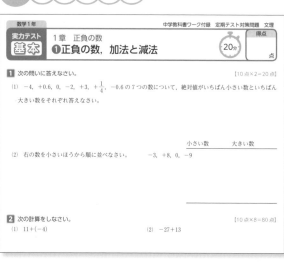

観点別評価にも対応。苦手なところを克服しよう！

解答用紙が別だから，テストの練習になるよ。

数学1年

第❶回 観点別評価テスト　　●答えは，別紙の解答用紙に書きなさい。　40分

1 ✐主体的に学習に取り組む態度
次の問いに答えなさい。

(1) 交換法則や結合法則を使って正負の数の計算の順序を変えることに関して，正しいものを次から1つ選んで記号で答えなさい。
ア　正負の数の計算をするときは，計算の順序をくふうして計算しやすくできる。
イ　正負の数の加法の計算をするときだけ，計算の順序を変えてもよい。
ウ　負の数の乗法の計算をするときだけ，計算の順序を変えてもよい。
エ　正負の数の計算をするときは，計算の順序を変えるようなことをしてはいけない。

(2) 電卓の使用に関して，正しいものを次から1つ選んで記号で答えなさい。
ア　数学や理科などの計算問題は電卓をどんどん使ったほうがよい。
イ　電卓は会社や家庭で使うものなので，学校で使ってはいけない。
ウ　電卓の利用が有効な問題のときは，先生の指示にしたがって使ってもよい。

2 ✐思考力・判断力・表現力等
次の問いに答えなさい。

(1) 次の各組の数の大小を，不等号を使って表しなさい。
① $-\frac{3}{4}$，$-\frac{2}{3}$　　　② $-\frac{2}{3}$，$\frac{1}{4}$，$-\frac{1}{2}$

(2) 絶対値が4より小さい整数を，小さいほうから順に答えなさい。

(3) 次の数について，下の問いに答えなさい。
$-\frac{1}{4}$，0，$\frac{1}{5}$，1.70，$-\frac{13}{5}$，$\frac{7}{4}$
① 小さいほうから3番目の数を答えなさい。
② 絶対値の大きいほうから3番目の数を答えなさい。

3 ✐思考力・判断力・表現力等
次の問いに答えなさい。
(1) 次の数量を，文字を使った式で表しなさい。

解答用紙